铝工业固体废弃物综合利用

李远兵　李淑静　李亚伟　著

北　京

冶金工业出版社

2015

内 容 提 要

本书全面系统地介绍了铝工业固体废料的回收利用技术。主要内容包括氧化铝工业、电解铝工业、铝加工业、赤泥的综合利用、电熔棕刚玉除尘粉的利用、废旧阴极炭块和炭渣的综合利用以及铝灰的综合利用。

本书可供从事与铝工业及耐火材料相关的专业技术人员、科研院所研究人员以及高等院校相关专业的师生参考阅读。

图书在版编目(CIP)数据

铝工业固体废弃物综合利用/李远兵,李淑静,李亚伟著. —
北京:冶金工业出版社,2015.3
　　ISBN 978-7-5024-6835-4

　　Ⅰ.①铝… Ⅱ.①李… ②李… ③李… Ⅲ.①铝工业—
固体废物—废物综合利用 Ⅳ.①X756

中国版本图书馆 CIP 数据核字(2015)第 045784 号

出　版　人　谭学余
地　　　址　北京市东城区嵩祝院北巷 39 号　邮编　100009　电话　(010)64027926
网　　　址　www.cnmip.com.cn　电子信箱　yjcbs@cnmip.com.cn
责任编辑　杨盈园　贾怡雯　美术编辑　彭子赫　版式设计　孙跃红
责任校对　李　娜　责任印制　李玉山
ISBN 978-7-5024-6835-4
冶金工业出版社出版发行;各地新华书店经销;三河市双峰印刷装订有限公司印刷
2015 年 3 月第 1 版,2015 年 3 月第 1 次印刷
169mm×239mm;17.75 印张;344 千字;273 页
66.00 元
冶金工业出版社　投稿电话　(010)64027932　投稿信箱　tougao@cnmip.com.cn
冶金工业出版社营销中心　电话　(010)64044283　传真　(010)64027893
冶金书店　地址　北京市东四西大街 46 号(100010)　电话　(010)65289081(兼传真)
冶金工业出版社天猫旗舰店　yjgy.tmall.com
(本书如有印装质量问题,本社营销中心负责退换)

前　言

　　2014 年上半年，中国原铝产量为 11502kt，占世界原铝产量的 48.7%。铝工业的快速发展导致各种工业固体废弃物日益增多，如何解决废弃物堆放所带来的环境污染和资源浪费问题成为人们关注的焦点，而将工业固体废弃物资源化利用是一种经济有效的手段。

　　作者对铝工业废料回收利用技术进行了长期广泛研究，积累了较丰富的经验。本书较全面、系统地介绍了氧化铝工业、电解铝工业和铝材、铝制品加工业的工艺流程，深入分析目前国内产生量最大、影响最明显的几种铝工业废料的来源及国内外综合利用技术现状，对其在无机材料领域中的应用问题开展分析研究，实现新材料的合成。本书从铝工业废料分类和选用、无机非金属材料制备原理、制备工艺、制品的性能测试和表征研究等方面进行了详细论述，重点介绍了利用铝工业固体废弃物制备各种制品的工艺过程、产品性能及用途。本书在内容的组织安排上，力求少而精，通俗易懂，理论联系实际，切合生产的实际需要，突出行业的特点。

　　本书为作者多年来研究成果的结晶，与国内外同类图书相比，不仅研究内容范围广，而且将研究成果由实验室研究拓展至工业应用，为新材料制备过程中如何实现节省资源消耗、降低原料成本提出新的思路与解决途径，而且可为广大无机非金属材料和冶金行业技术人员提供铝工业固体废弃物再利用信息和有益帮助，对铝工业固体废弃物开展综合利用具有极大的指导意义。

　　在本书的编写过程中，孙莉、胡建宝、祝泉等人于研究生期间参与了本书相关研究的大量工作，刘芳为书稿进行前期整理工作。在此一并表示感谢。

　　由于铝工业固体废弃物种类繁多，其综合利用技术涉及面广，属于多学科交叉领域，加之作者时间有限，疏漏在所难免；此外，铝工业固体废料综合利用技术领域发展速度较快，许多新的工艺技术和成果在书中反映得不够全面，敬请广大读者谅解并给予批评指正。

作 者

2014 年 11 月

目　　录

氧化铝工业

世界氧化铝工业有着一百多年的历史。法国萨林德厂被认为是氧化铝工业的诞生地。第一个氧化铝工业生产方法——烧结法就是 1856~1860 年在这里研究出来的。1958 年吕·查得里提出铝土矿——苏打烧结法生产氧化铝。由于在烧结过程中欧冠铝土矿中的 Al_2O_3、SiO_2 将与苏打反应，生成不溶性的铝硅酸钠，造成氧化铝和苏打的大量损失。1880 年由米尤列尔提出往苏打、铝土矿炉料中添加石灰石，使得烧结过程不生成或生成很少铝硅酸钠，大大减少了氧化铝和苏打的损失；后又改为添加石灰，以至发展成为今天的碱－石灰烧结法，这一方法是目前处理高硅铝土矿生产氧化铝的主要工业生产方法。1889~1892 年奥地利人拜耳发明了用苛性碱溶液直接浸出铝土矿生产氧化铝的拜耳法，为氧化铝的大规模生产和迅速发展开辟了道路。此法用于处理低硅铝土矿，特别是处理三水铝石型优质铝土矿时，其经济效果远非其他生产方法所能比拟。烧结法和拜耳法是目前生产氧化铝的主要工业方法。

1904 年世界氧化铝产量仅为 1000t，1941 年发展为 100 万吨，1987 年世界上氧化铝厂的总年产能达到 4300 万吨，一百多年来，随着世界铝需求的增加，氧化铝工业发展很快，2013 年世界氧化铝总年产量已达到 110.238 万吨。氧化铝生产国主要有中国、澳大利亚、美国、俄罗斯、巴西、牙买加、日本、德国、法国、苏里南和加拿大等。

国外氧化铝绝大多数采用拜耳法，其次是烧结法和联合法。多年来国外氧化铝生产在改革工艺流程，减低能耗，研制高效能、低消耗的大型专用设备，探索资源的综合利用，提高产品质量，增加产品品种，检测分析，操作控制自动化等方面都取得了很大进展。氧化铝工业发展中出现了从发达国家转向铝土矿生产国家的明显趋势，新建氧化铝厂靠近矿山和能源基地。氧化铝工业的另一个特点是工厂建设规模日益扩大。工厂大型化使劳动生产率提高，单位产品投资与成本降低。欧洲和日本的氧化铝工厂以生产粉状氧化铝为主，美洲则以生产砂状为主。由于现在广泛采用大型预焙阳极中间下料电解槽，以及为满足环境保护的要求，电解烟气净化由湿法改为干法，粉状氧化铝已无法满足生产要求。因此，铝电解用氧化铝逐渐向砂状型转化。氧化铝主要作为电解炼铝生产金属铝的原料，为了满足原铝增长的需求，世界许多国家正在大力发展氧化铝工业。氧化铝除主要供电解炼铝用以外，在其他工业部门也得到了广泛应用。这种非电解炼铝用氧化铝属于多品种氧化铝。

我国铝工业发展非常迅速，对铝的需求越来越大。自1954年山东铝厂投产以来，又有郑州铝厂、贵州铝厂、山西铝厂相继投产，现在又相继建成中州铝厂、平果铝厂、重庆铝厂。形成了一个以我国中部地区为氧化铝生产基地，西北、西南地区为电解铝生产基地的比较合理的布局，氧化铝产量和品种将不断增加。根据我国铝土矿资源的特点和生产现状，我国氧化铝工业必须发展自己的技术，50多年来，我国采用并发展了烧结法、首创了混联联合法，氧化铝总回收率和碱耗与国外同类工厂相比已达到了先进水平，并且用最经济的方法从循环母液中回收金属镓，成功地利用了氧化铝生产过程中的废渣——赤泥生产水泥，从而提高了氧化铝生产的综合效益。当前，我国氧化铝工业的主要技术发展方向是：继续发展具有我国特点的烧结法和联合法生产工艺，采用间接加热强化溶出，流态化焙烧等新技术和新设备。

1.1 铝土矿

地壳中铝的平均含量（质量分数）为8.7%（折成氧化铝为16.4%），仅次于氧和硅，居于第三位。由于铝的化学性质活泼，它在自然界只以化合物状态存在。地壳中的含铝矿物约有250种，其中约40%是各种硅铝酸盐，最重要的含铝矿物只有14～15种。世界上生产的氧化铝95%左右是从铝土矿中提炼出来的，可见铝土矿就是目前生产氧化铝以及电熔刚玉的主要矿石资源。

1.1.1 矿物组成

铝土矿亦称高铝矾土或铝矾土，是一种组成复杂，化学成分变化很大的矿石，其主要含铝矿物为三水铝石（$Al_2O_3 \cdot 3H_2O$）、一水软铝石（或 $\gamma\text{-}Al_2O_3 \cdot H_2O$ 勃姆石、波美石）和一水硬铝石（$\alpha\text{-}Al_2O_3 \cdot H_2O$ 硬水铝石）。所谓铝土矿不是矿物名称，而是一水硬铝石、一水软铝石、三水铝石的混合物，其主要化学成分是 Al_2O_3，一般含量为40%～80% 天然铝土矿化学成分中的杂质变化也很大，除 Al_2O_3 外，还有 SiO_2、TiO_2、Fe_2O_3、CaO、MgO、K_2O、Na_2O 等，这些化学成分组成了如下的矿物：三水铝石、一水铝石，还有硅线石系矿物（即硅线石、红柱石、蓝晶石，其化学通式为 $Al_2O_3 \cdot SiO_2$）、高岭石（$Al_2O_3 \cdot SiO_2 \cdot 2H_2O$）、金红石（$TiO_2$），以及迪开石和含铁矿物等。

铝土矿的矿石构造为三水铝石多呈松散碎屑状，而一水硬铝石主要为石质块状。矿石结构有土状、致密状与豆鲕状。铝土矿可以具有白色到褐色之间的很多颜色，一般含铁高的呈红色，含铁低的呈灰白色、黄褐色及褐色。硬度变动于1～7之间。

氧化铝水合物是构成自然界各种类型铝土矿的主要成分，也可以利用诸多的人工方法来制取。

结晶的氧化铝水合物通常按所含结晶水数目的不同，分为三水型氧化铝和一水型氧化铝两类。目前认为三水型氧化铝的同类异晶体包括：三水铝石、拜耳石和诺水石（或称新三水铝石）。一水型氧化铝的同类异晶体则包括一水软铝石和一水硬铝石。

除上述结晶的氧化铝水合物外，还有一种结晶不完善或者低结晶的氧化铝水合物，称之为铝胶，如拟薄水铝石和无定型铝胶，其结晶都不完善，属于铝胶类。

氧化铝水合物的分类、命名及表示符号见表 1 – 1。

表 1 – 1   氧化铝水合物的分类、命名及其表示符号

类 别	组 成	名 称	常 用 符 号
三水型氧化铝	$Al_2O_3 \cdot 3H_2O$	三水铝石	$Al(OH)_3$ 或 $Al_2O_3 \cdot 3H_2O$
		拜耳石	$\beta\text{-}Al(OH)_3$ 或 $\beta\text{-}Al_2O_3 \cdot 3H_2O$
		诺水铝石	$\beta'\text{-}Al(OH)_3$ 或 $\beta\text{-}Al_2O_3 \cdot 3H_2O$
一水型氧化铝	$Al_2O_3 \cdot H_2O$	一水软铝石	$\gamma\text{-}AlOOH$ 或 $\gamma\text{-}Al_2O_3 \cdot H_2O$
		一水硬铝石	$\alpha\text{-}AlOOH$ 或 $\alpha\text{-}Al_2O_3 \cdot H_2O$
铝 胶	$Al_2O_3 \cdot nH_2O$	拟薄水铝石	$\alpha Al_2O_3 \cdot nH_2O (n = 1.4 \sim 2.0)$
		无定型铝胶	$Al_2O_3 \cdot nH_2O (n = 3 \sim 5)$

（1）三水铝石。三水铝石是天然三水铝石型铝土矿的主要成分。它是氧化铝生产中从铝土矿提炼氧化铝的中间产品，工业生产称之为普通氢氧化铝（俗称氢氧化铝）。

三水铝石结晶属单斜晶系，晶体呈鳞片形状，有玻璃光泽，硬度为 2.5 ~ 3.0，人造三水铝石的密度是 $2.42g/cm^3$，而天然山水铝石的密度则稍小，为 2.34 ~ $2.39g/cm^3$。

三水铝石在热液中脱水后可转变为一水软铝石，转变温度为 160 ~ 230℃，若在碱液中可加速其转变，且转变温度也可降至 120℃。三水铝石在空气中加热会发生一系列脱水和晶型转变，而在 1000 ~ 1200℃ 高温下最终都能转变成为 $\alpha\text{-}Al_2O_3$。

三水铝石是典型的两性化合物，能较快地溶于酸及碱溶液中。例如与硫酸作用生成相应的硫酸盐：

$$2Al(OH)_3 + 3H_2SO_4 =\!=\!= Al_2(SO_4)_3 + 6H_2O$$

在苛性碱溶液中则生成铝酸钠：

$$Al(OH)_3 + NaOH =\!=\!= NaAl(OH)_4$$

一般来说，用酸溶解三水铝石应该满足溶解后溶液的 pH 值小于 4；而用碱溶解则应该保持溶解后溶液的 pH 值大于 12。反之，从铝盐或铝酸盐的溶液中析出 $Al(OH)_3$，那么对于酸性溶液应该用碱中和使 pH 值大于 4，而对于碱性溶液

则应该用酸中和使溶液的 pH 值小于 12。

（2）一水软铝石。一水软铝石是构成自然界中一水软铝石型铝土矿的主要成分。这种氧化铝水合物也很容易人工制得。如在溶出器中以 200℃ 左右的温度把三水铝石在水介质中溶出，可得一水软铝石。

一水软铝石结晶属斜方晶系，晶体呈极细小的透镜状，通常以松散状或豆状集合体产出，密度 3.01 ~ 3.06g/cm³，硬度是 3.4 ~ 4.0，在酸或碱溶液中都容易溶解，溶解性能大致介于三水铝石与一水硬铝石之间。

（3）一水硬铝石。一水硬铝石是构成自然界一水硬铝石型铝土矿的主要成分，人工制造一水硬铝石比较困难。

一水硬铝石与一水软铝石相同，结晶属斜方晶系，晶体呈条状，密度 3.3 ~ 3.5g/cm³，硬度 6 ~ 7。一水硬铝石是氧化铝水合物中化学性质最稳定的化合物，因此，在酸和碱溶液中的溶解性比三水铝石和一水软铝石都差。

（4）铝胶。自然界中存在的铝胶主要在铝土矿形成时起重要作用，它是一种介稳状态物，以后再结晶成三水铝石。

人工制造铝胶的方法很多。如低温中和铝盐溶液时可得无定型铝胶，无定型铝胶属于胶体，含有不定量的水分。另一方法沉淀出来的铝胶称为拟薄水铝石也称假一水软铝石，带 1 ~ 2 个结晶水，颗粒极细，它经过老化作用，可以转变为拜耳石和三水铝石。铝胶可作为生产活性氧化铝和石油化工用催化剂的原料。

1.1.2　铝土矿类型

根据铝土矿中含有铝矿物存在形态的不同将铝土矿分为三水铝石型、一水软铝石型、一水硬铝石型以及混合物型四种类型。根据铝土矿的成因又可把它分为红土型铝土矿、沉积型铝土矿、岩溶型铝土矿、堆积型铝土矿四大类。

评价铝土矿的质量不仅看它的化学成分，铝硅比的高低，而且还要看铝土矿的类型。铝土矿中游离成分氧化铝的含量（质量分数）变动于 45% ~ 75% 之间。与其他有色金属矿石相比，铝土矿可算是相当富的矿。铝土矿中的二氧化硅是碱法（尤其是拜耳法）生产氧化铝中最有害的杂质。铝土矿中氧化铝与二氧化硅的质量比值称为铝土矿的铝硅比，以符号 A/S 表示。铝硅比越高，说明矿石中的二氧化硅含量越少。氧化铝生产要求铝土矿铝硅比和氧化铝含量越高越好，因为这两项要求对氧化铝厂技术经济指标影响很大。处理铝硅比低的铝土矿较处理铝硅比高的铝土矿在工艺上要复杂得多，并且单位产品的投资及成本较高。

铝土矿的类型对氧化铝的可溶性影响较大，三水铝石最易溶于苛性碱溶液，一水软铝石次之，一水硬铝石最难溶。资料指出用苛性碱溶液溶出澳大利亚的三水铝石－一水软铝石混合型矿，溶出温度 245℃，苛性碱浓度 115g/L，溶出时间只需 7min。用我国一水硬铝石型矿在 245℃，用浓度为 240g/L 的苛性碱溶液需要 150min 溶出。如果用同样容积的设备处理澳矿要比处理我国矿提高产能约 10 倍，而且对以后生产工序的技术经济指标也有影响。由此可以看出，铝土矿的矿石类型不同，将对拜耳法生产氧化铝的投资和成本引起很大的差别，但对烧结法的影响则不大。

1.1.3 铝土矿资源

1.1.3.1 世界铝土矿资源

世界铝土矿分布在世界 49 个国家中，且分布很不均衡，许多大型优质的铝土矿分布在赤道两侧的一些国家。几内亚、澳大利亚、巴西、苏里南、牙买加、喀麦隆、印度尼西亚等赤道地区国家有大量的新生代三水铝石型矿，占世界铝土矿总储量（350 亿吨）的 80%。此外，地中海北岸也是铝土矿资源比较集中的地区，希腊、法国、匈牙利、前南斯拉夫等地中海地区的国家有中生代一水软铝石型铝土矿，占世界铝土矿资源的 5%。我国的铝土矿属一水硬铝石型铝土矿。世界主要国家铝土矿储量及品位见表 1 - 2。

表 1 - 2　世界主要国家铝土矿储量及平均品位

序 号	国 别	储量/亿吨	年开采量/万吨	品位/%		矿物类型
				$w(Al_2O_3)$	$w(SiO_2)$	
1	几内亚	93.8	1560	40 ~ 50		三水铝石
2	澳大利亚	46	3619	47 ~ 52	4 ~ 5	三水铝石
3	巴西	33.2	875	55		三水铝石
4	越南	33				
5	牙买加	30	1150	50	2 ~ 3	三水铝石 一水软铝石
6	印度	26.5	200	45 ~ 60	1 ~ 5	三水铝石
7	苏里南	19.7	200	45 ~ 60	2 ~ 3	三水铝石
8	喀麦隆	18.8		40 ~ 44		三水铝石
9	中国	18.0	65	10 ~ 12		一水硬铝石
10	印尼	17.6	51.3	55	4	三水铝石
11	委内瑞拉	11.1	70	51		三水铝石
12	希腊	6.0	400	56 ~ 58	2 ~ 4	一水硬铝石 一水软铝石
13	前南斯拉夫	5	350	53	6.5	一水软铝石

1.1.3.2 我国铝土矿资源

我国铝土矿资源较为丰富，其储量已查明的为 11.6 亿吨，仅次于澳大利亚、几内亚、巴西、牙买加等7国，居世界第8位。据地质学家著述，我国铝土矿矿床分三种明显不同类型，第一种是处于低洼地带的均匀层状矿床，主要位于河南省，但辽宁、山东和山西也有。这些矿床中的矿石，特别是河南矿，质量很高（$w(Al_2O_3)=60\%\sim70\%$，$w(SiO_2)=6\%\sim17\%$，$w(Fe_2O_3)=2\%$）。A/S平均值为5.78。其次，在低洼地带有碎裂型矿床，最有代表性的是贵州修文矿区的厚水平矿体，山东和云南也存在这种矿体，很容易通过露天开采。铝土矿平均组成为：$w(Al_2O_3)=70\%$、$w(SiO_2)=11\%$、$w(Fe_2O_3)=2\%$、$w(TiO_2)=2.9\%$，A/S超过6。第三种类型是由玄武岩风化后形成的矿床，在福建漳浦矿区就有这种矿，但矿床贫富不一，平均A/S大约为2.2，Al_2O_3含量约为47.6%。这些已知矿床全部属于地台型，矿床主要为石炭纪的，其次是二叠纪的。一水硬铝石为主要矿物，仅有少量的三水铝石型铝土矿，大部分铝土矿都含有工业上可以利用的镓、锗还有轴。综上所述，我国铝土矿在质量方面的特点是含氧化铝和二氧化硅均高，含氧化铁低（也有少部分高铁的）。铝硅比多数在4~7之间，铝硅比10以上的优质铝土矿较少。我国各省区铝土矿的储量及平均品位见表1-3。

表1-3　中国铝土矿的储量及平均品位

序号	地　区	储量/万吨	平均品位			
			$w(Al_2O_3)/\%$	$w(SiO_2)/\%$	$w(Fe_2O_3)/\%$	A/S
1	山西省	65000	62.35	11.58	5.78	5.38
2	贵州省	41941.4	65.75	9.04	5.48	7.27
3	河南省	34000	65.32	11.78	3.44	5.54
4	广西壮族自治区	16566	54.83	6.43	18.92	8.53
5	山东省	5212	55.53	15.8	8.78	3.61

1.1.4　铝土矿的品级指标

无论是冶炼棕刚玉，还是生产工业氧化铝，对铝土矿的质量都有严格要求。我国对铝土矿按化学成分和用途分级见表1-4。

表1-4　铝土矿技术指标

品　级	指　标		
	化　学　成　分		用　途　举　例
	A/S	$w(Al_2O_3)/\%$	
一级品	≥12	≥73	刚玉型研磨材料、高铝水泥、氧化铝
		≥69	氧化铝
		≥66	氧化铝
		≥60	氧化铝

品　级	指　标		用 途 举 例
	化 学 成 分		
	A/S	$w(Al_2O_3)/\%$	
二级品	≥9	≥71	高铝水泥、氧化铝
		≥67	氧化铝
		≥64	氧化铝
		≥50	氧化铝
三级品	≥7	≥69	氧化铝
		≥66	氧化铝
		≥62	氧化铝
四级品	≥5	≥62	氧化铝
五级品	≥4	≥58	氧化铝
六级品	≥3	≥54	氧化铝
七级品	≥6	≥48	氧化铝

注：一～六级品适用于一水硬铝石型，七级品适用于三水铝石型矿石。

1.2 工业氧化铝

1.2.1 氧化铝

1.2.1.1 氧化铝的基本性质

氧化铝在自然界的储量丰富。天然结晶的 Al_2O_3 被称为刚玉，如红宝石、蓝宝石即为含 Cr_2O_3 或 TiO_2 杂质的刚玉。大部分氧化铝是以氢氧化铝的形式存在于铝矾土和红土中的。

Al_2O_3 的相对分子质量为 101.94，密度 3.4～4.0 g/cm^3。Al_2O_3 有很多种晶体结构，常见的有 α、β、γ 三种。近几年来，由于 ρ-Al_2O_3 在常温下具有复水性，可作为不定形耐火材料的高效结合剂，因而受到重视。

（1）α-Al_2O_3。由于它与天然氧化铝矿物——刚玉近似，习惯上也把它称为刚玉。它是 Al_2O_3 所有变体中密度最大和最稳定的。α-Al_2O_3 属于三方晶系，熔点为 2053℃，烧结时分散的 α-Al_2O_3 晶体可以相互反应而形成大尺寸的晶体。α-Al_2O_3 不溶于水，仅缓慢溶于碱和强酸中，但可以被氢氟酸和硫酸氢钾腐蚀。

在 α-Al_2O_3 晶体结构中，氧离子作六方最紧密堆积，质点间距小，结构牢固，不易被破坏。α-Al_2O_3 中化学结合键由离子键向共价键键型过渡，因而常呈现完好的晶型，如桶状、短柱状，少数呈短柱状或双锥面上有较粗的条纹。集合体呈致密粒状或块状。

α-Al_2O_3 具有共价键的特性，故有较高的硬度。刚玉的硬度为 9，仅次于金刚石。熔融 α-Al_2O_3 也常作磨料。α-Al_2O_3 及其单晶的性质见表 1 – 5。α-Al_2O_3 在所有的温度下都是稳定的，其他变体当温度达到 1000 ~ 1600℃ 都不可逆地转变为 α-Al_2O_3。

表 1 – 5 α-Al_2O_3 的物理性质

晶 系	三方	介电常数	C∥11.5(25℃,10^3 ~ 10^{10}Hz)
	$a = 0.4578$nm		C⊥9.3(25℃,10^3 ~ 10^{10}Hz)
	$b = 1.2991$nm	耐电压/V·m^{-1}	4.8×10^7
真密度/g·cm^{-3}	3.99	体积故有电阻率/Ω·m^{-1}	10^{17}
熔点/℃	2053	折射率	C∥1.768
热导率/W·$(m·K)^{-1}$	35		C⊥1.760
热容/J·$(g·K)^{-1}$	0.75	硬度	12(莫氏)
热膨胀系数/$℃^{-1}$	C∥6.6×10^{-6}		2300(维式)
	C⊥5.366×10^{-6}	杨氏模量/GPa	4.8×10^2
介质衰损因数/kHz	1×10^{-5}	耐压强度/GPa	3

（2）β-Al_2O_3。β-Al_2O_3 长期以来作为 Al_2O_3 的一种变体，但严格来说它不是 Al_2O_3 的独立变体。它通常是由于 K^+、Na^+、Rb^+、Ca^{2+}、Sr^{2+}、Ba^{2+} 等碱金属离子、碱土金属离子以及稀土离子（Ln）氧化物的存在而生成的。β-Al_2O_3 的构成式为 R_2O : Al_2O_3 = 1 : 6 及 Ln_2O_3 : Al_2O_3 =（1:10）~（1:12）。当 Al_2O_3 晶体中的 Na_2O 含量（质量分数）为 5%、K_2O 含量为 7% 左右时，Al_2O_3 全部转变为 β-Al_2O_3。

含 Na 的 β-Al_2O_3 具有较高的钠离子电导率，是一种很好的固体电解质材料。它是一个非计量化合物，一般来说 Na_2O : Al_2O_3 =（1:9）~（1:11）。

β-Al_2O_3 是白色电熔刚玉和铝铬砖的主要成分之一，也是 β-Al_2O_3 陶瓷的主要成分。电熔 β-Al_2O_3 砖用于玻璃窑炉衬，抗碱侵蚀能力极强。

（3）γ-Al_2O_3。γ-Al_2O_3 是 Al_2O_3 的低温形态，等轴晶系，面心立方结构，属于具有缺陷型尖晶石结构。γ-Al_2O_3 晶体尺寸很小，约零点几微米，以致在显微镜下都无法观察清楚。它通常由很多粒子聚在一起，形成多孔的球形聚集体。这种团聚体内含有 25% ~ 30% 的气孔，活性很高，在吸附催化等领域应用广泛。γ-Al_2O_3 结构疏松，密度为 2.45 ~ 3.66g/cm^3，易于吸水，且能被酸碱溶解，性能不稳定，不能直接用于生产氧化铝陶瓷。添加适当的添加剂进行高温煅烧，γ-Al_2O_3 可全部转变为 α-Al_2O_3。

（4）ρ-Al_2O_3。一般认为 ρ-Al_2O_3 是结晶程度最差的 Al_2O_3 变体，是 Al_2O_3 各晶

态中唯一能在常温下自发水化的形态。但用 X 射线分析却很难表明它是晶态，仅在 0.14nm 处有一平缓的衍射峰。

ρ-Al_2O_3 是由三水铝石（$Al_2O_3 \cdot 3H_2O$）在减压条件下低温脱水（400Pa，600℃）制成的，也可采用由工业拜耳法制成的 $Al(OH)_3$，在 1～10s 瞬间通过 800～900℃的热风气流热分解而获得。工业勃姆石在回转窑中快速分解也可制得具有水化性能的 ρ-Al_2O_3，ρ-Al_2O_3 是高纯不定形耐火材料的理想结合剂。

1.2.1.2　工业氧化铝

工业氧化铝是将铝土矿原料经过化学处理，除去硅、铁、钛等氧化物而制得，是纯度很高的氧化铝原料，Al_2O_3 的质量分数一般在 99% 以上。工业氧化铝的技术条件见表 1-6。

表 1-6　工业氧化铝的技术条件

级　别	化学成分（质量分数）/%				
	$w(Al_2O_3)$	$w(SiO_2)$	$w(Fe_2O_3)$	$w(Na_2O)$	灼减
一级	≥98.6	≤0.02	≤0.03	≤0.50	≤0.8
二级	≥98.5	≤0.04	≤0.04	≤0.55	≤0.8
三级	≥98.4	≤0.06	≤0.04	≤0.60	≤0.8
四级	≥98.3	≤0.08	≤0.05	≤0.60	≤0.8
五级	≥98.2	≤0.10	≤0.05	≤0.60	≤1.0
六级	≥97.8	≤0.15	≤0.06	≤0.70	≤1.2

工业氧化铝呈白色松散的结晶粉末状，是由许多粒径小于 0.1μm 的小晶体组成的多孔球形聚集体，平均粒度有 80～100μm、50～80μm 及 50μm 以下。其矿相是由 40%～76% 的 γ-Al_2O_3 和 24%～60% 的 α-Al_2O_3 组成，有时尚含由一水软铝石向 γ-Al_2O_3 转化和由一水硬铝石向 α-Al_2O_3 转化的中间化合物。在 950～1200℃，γ-Al_2O_3 可转变成 α-Al_2O_3（刚玉），同时发生显著的体积收缩。

工业氧化铝按照物理性质不同，通常分为砂状、细粒状及粉状三种。三者的性质差别较大，但没有严格区分三种氧化铝的统一标准。砂型氧化铝呈球状，颗粒较粗，平均粒度约为 80～100μm，安息角小，只有 30°～50°，烧结程度较低，灼减 0.8%～1.5%，其中 α-Al_2O_3 含量少于 35%，多数在 20% 左右，γ-Al_2O_3 含量较高，具有较大活性。粉状氧化铝平均粒度在 50μm 以下，细粉较多，安息角 ≥42°，煅烧温度高，灼减小于 0.5%，α-Al_2O_3 含量大于 70%，真密度大，堆积密度低。颗粒型介于两者之间。

1.2.2　氧化铝生产工艺

从铝土矿或其他含铝原料提取氧化铝的方法很多，大致有碱法、酸法、酸碱联合法与热法四类。

用碱法生产氧化铝时，是用碱（NaOH 或 Na₂CO₃ 等）处理铝矿石，使矿石中的氧化铝变成可溶于水的铝酸钠。矿石中的铁、钛等杂质和绝大部分硅则成为不溶解的化合物。把不溶解的残渣（由于被氧化铁染成红色，故氧化铝生产废渣被统称为赤泥）与溶液分离，洗涤后弃之或作综合处理。将纯净的铝酸钠溶液进行分解，以析出 Al(OH)₃，经分离、洗涤和燃烧后，可获得氧化铝产品。分解母液则循环使用，用来处理另一批铝矿。

碱法有拜耳法、烧结法及拜耳－烧结联合法等多种方法。目前世界上 95% 的氧化铝是用拜耳法生产的，少数采用烧结法、联合法。

酸法是用硝酸、硫酸、盐酸等酸处理含铝原料而得到相应铝盐的酸性水溶液。虽然酸法研究已有半个多世纪，但由于这种方法投资大，酸回收复杂，尚未实现工业应用。酸碱联合法是一种具有工业价值的方法。

热法实质上是在电炉或高炉内还原熔炼矿石，同时获得硅铁合金与含 Al₂O₃ 的炉渣，这一方法还在研究中。

1.2.2.1 拜耳法生产氧化铝

拜耳法用于氧化铝生产已有一百多年的历史，几十年来已经有了很大的发展和改进，但仍然习惯地沿用这个名称。目前，该法仍是世界上生产氧化铝的主要方法。拜耳法用在处理低硅铝土矿（一般要求 $A/S > 8$），特别是用在处理三水铝石型铝土矿时具有流程简单、作业方便、能量消耗低、产品质量好等优点。现在除了受原料条件限制的某些地区外，大多数氧化铝厂都采用拜耳法生产氧化铝。拜耳法处理一水硬铝石型铝土矿时工艺条件要苛刻一些。拜耳法最主要的缺点是不能单独地处理氧化硅含量太高的矿石，此外，拜耳法对赤泥的处理也很困难。

A 拜耳法生产氧化铝的原理

拜耳法的基本原理是由拜耳（K. J. Baiyer）精心研究出来的。他在 1889 年的第一个专利谈到用氢氧化铝的晶粒作为种子，使铝酸钠溶液分解，也就是种子分解法。1892 年提出的第二专利系统地阐述了铝土矿所含氧化铝可以在氢氧化钠溶液中溶解成铝酸钠的原理，也就是今天所采用的溶出工艺方法。直到现在，工业生产上实际使用的拜耳法工艺流程还是以上述两个基本原理为依据。因此，拜耳法生产氧化铝的原理可归纳如下：用苛性碱溶液溶出铝土矿中的氧化铝而制得铝酸钠溶液，采用对溶液降温、加晶种、搅拌等措施，从溶液中分解出氢氧化铝，将分解后的母液（主要成分为 NaOH）经蒸发用来重新溶出新的一批铝土矿，溶出过程是在加压下进行的。

B 拜耳法生产氧化铝的基本流程

由于各地铝土矿的矿物成分和结构的不同以及采用的技术条件各有特点，各个工厂的具体工艺流程也常有差别。拜耳法处理铝土矿的基本流程如图 1 - 1 所示。

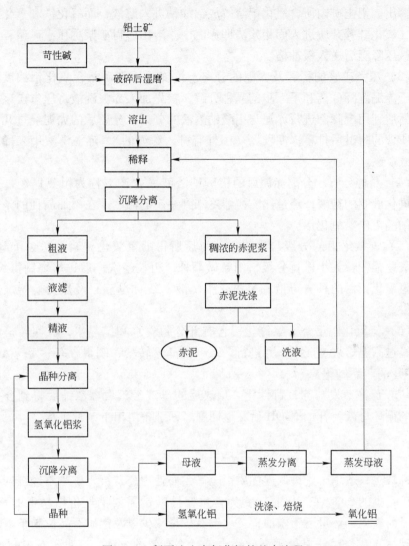

图 1 - 1 拜耳法生产氧化铝的基本流程

拜耳法生产氧化铝的原矿浆制备、高压溶出、压煮矿浆稀释及赤泥分离和洗涤、晶种分解、氢氧化铝分级与洗涤、氢氧化铝焙烧、母液蒸发及苏打苛化等主要生产工序。具体如下：

（1）原矿浆制备。首先将铝土矿破碎到符合要求的粒度（如果处理一水硬铝石型铝土矿需加少量的石灰），与含有游离 NaOH 的循环母液按一定的比例配合，而后一道送入湿磨内进行细磨，制成合格的原矿浆，并在矿浆槽内贮存和保温。

（2）高压溶出。原矿浆经预热后进入压煮器组（或管道溶出器设备），在高压下溶出。铝土矿内所含氧化铝溶解成铝酸钠进入溶液，而氧化铁和氧化钛以及部分二氧化硅等杂质进入固相残渣即赤泥中。溶出所得矿浆称压煮矿浆，经自蒸发器减压降温后送入缓冲槽。

（3）压煮矿浆的稀释及赤泥的分离与洗涤。压煮矿浆含氧化铝浓度高，为了便于赤泥沉降分离和下一步的晶种分解，首先加入赤泥洗液将压煮矿浆进行稀释，然后利用沉降槽进行赤泥与铝酸钠溶液的分离。分离后的赤泥经过几次洗涤回收所含的附碱后排至赤泥堆场（国外有排入深海的），赤泥洗液用来稀释下一批压煮矿浆。

（4）晶种分解。分离赤泥后的铝酸钠溶液（生产上称为粗液）经过进一步过滤进化后制的精液，经过热交换器冷却到一定的温度，在添加晶种的条件下分解，结晶析出氢氧化铝。

（5）氢氧化铝的分级与洗涤。分解后所得的氢氧化铝浆液送去沉降分离，并按氧化铝颗粒大小进行分级，细粒做晶种，粗粒经洗涤后送焙烧制得氧化铝。分离氢氧化铝后的种分母液和氢氧化铝洗液（统称母液）经热交换器预热后送去蒸发。

（6）氢氧化铝焙烧。氢氧化铝含有部分附着水和结晶水，在回转窑内或流化床经过高温焙烧、脱水，并进行一系列的晶型转变，制得含有一定 γ-Al_2O_3 和 α-Al_2O_3 的产品氧化铝。

（7）母液蒸发与苏打苛性化。预热后的母液经蒸发器浓缩后得到合乎浓度要求的循环母液，补加 NaOH 后又返回湿磨，准备溶出下一批矿石。

1.2.2.2 烧结法生产氧化铝

拜耳法只适用于处理低硅优质铝土矿，而处理高硅铝土矿是不经济的，这是由于矿石中的 SiO_2 在溶出时转变为含水铝硅酸钠需要消耗价格昂贵的苛性碱。基于目前氧化铝产量逐年增加，三水铝石矿量减少以及铝矿石品位趋于下降的情况，碱－石灰烧结法是处理高硅铝土矿行之有效的方法。这时矿石中的 SiO_2 主要转变为原硅酸钙，而且使用和消耗的是价格低廉的碳酸钠。特别是我国一水硬铝石型 $A/S < 4$ 的矿石，采用烧结法生产更为有利。烧结法的碱耗较低，氧化铝总回收率高，但也存在生产流程复杂、设备投资高、能耗高、产品质量较差等缺点。

A 碱－石灰烧结法生产氧化铝的原理

碱－石灰烧结法生产氧化铝的原理是：将铝土矿与一定量的纯碱、石灰（或石灰石）配成炉料在高温下进行烧结，使氧化硅与石灰化合成不溶于水的原硅酸

钙 $2CaO \cdot SiO_2$，氧化铁与纯碱化合成可以水解的铁酸钠 $Na_2O \cdot Fe_2O_3$，而氧化铝与纯碱化合成可溶于水的固体铝酸钠 $Na_2O \cdot Al_2O_3$。将烧结产物（通常称为烧结块或熟料）用水溶出时，$Na_2O \cdot Al_2O_3$ 便进入溶液，$Na_2O \cdot Fe_2O_3$ 水解放出碱，而氧化铁以水合物形式与 $2CaO \cdot SiO_2$ 一道进入赤泥，再用二氧化碳分解铝酸钠溶液便可以析出氢氧化铝。分离氢氧化铝后的母液称为碳分母液（主要成分为 Na_2CO_3），经蒸发后又可返回配料。因此，在烧结法中碱也是循环使用的。

碱－石灰烧结法虽可以处理高硅铝土矿，然而杂质含量增加，不仅增大了物料流量和加工费用，而且使熟料品位和质量变差，溶出困难，技术经济效果显著恶化，通常要求碱－石灰烧结法所处理的矿石铝硅比应在 3 以上。目前，碱－石灰烧结法所处理原料除铝土矿外，还可以是霞石和拜耳法赤泥或者拜耳法和铝土矿混合原料。

B　碱－石灰烧结法生产氧化铝基本工艺流程

以铝土矿为原料的碱－石灰烧结法生产氧化铝工艺基本流程如图 1－2 所示。

碱－石灰烧结法生产氧化铝有生料的制备、熟料烧结、熟料溶出、赤泥分离及洗涤、粗液脱硅、精液碳酸化分解、氢氧化铝分离及洗涤、氢氧化铝焙烧、母液蒸发等主要生产工序。

（1）生料浆的制备。将铝土矿、石灰（或石灰石）、碱粉、无烟煤及碳分蒸发母液按一定比例，送入原料磨磨成料浆，经料浆槽调配合格即成生料浆，它是烧结合格的物质基础。为了清除硫的危害，在生料中还配有一定量的无烟煤。

（2）熟料烧结。熟料烧结过程通常在回转窑内进行。调配合格的生料浆送入窑内在 1200 ~ 1300℃ 的高温作用下发生一系列的物理化学变化，主要生成 $Na_2O \cdot Al_2O_3$、$Na_2O \cdot Fe_2O_3$ 和 $2CaO \cdot SiO_2$，烧成物部分熔融，冷却后成为灰墨色的块状或粒状物料即熟料。

（3）熟料溶出。熟料破碎到合乎要求的粒度后用稀碱溶液（生产上称为调整液）在湿磨内进行粉碎溶出。其中的有用成分 Al_2O_3 和 Na_2O 转入溶液，即成为 $NaAl(OH)_4$ 溶液，$2CaO \cdot SiO_2$ 和 Fe_2O_3 等杂质进入固相赤泥中。

（4）赤泥分离及洗涤。为了减少溶出过程中 Al_2O_3 和 Na_2O 的化学损失，赤泥和铝酸钠溶液必须进行快速分离。为了回收赤泥副液中所带走的 Al_2O_3 和 Na_2O，将赤泥进行多次洗涤后再排入堆场。

（5）粗液脱硅。在熟料溶出过程中，$2CaO \cdot SiO_2$ 不可避免地与溶液反应，使溶出后含 Al_2O_3 为 120g/L 左右的铝酸钠溶液中含有 SiO_2 5 ~ 6g/L，生产上称之为粗液。粗液中 SiO_2 在以后的碳酸化分解过程中又将随氢氧化铝一同析出，使产品不纯。为保证产品氧化铝的质量，粗液必须进行专门的脱硅处理，使溶液中的 SiO_2 含量降低到 0.3g/L 以下，经脱硅处理后的铝酸钠溶液称之为精液。脱硅后固体产物称之为硅渣，硅渣中含有相当数量的 Al_2O_3 和 Na_2O，需要返回配料中加

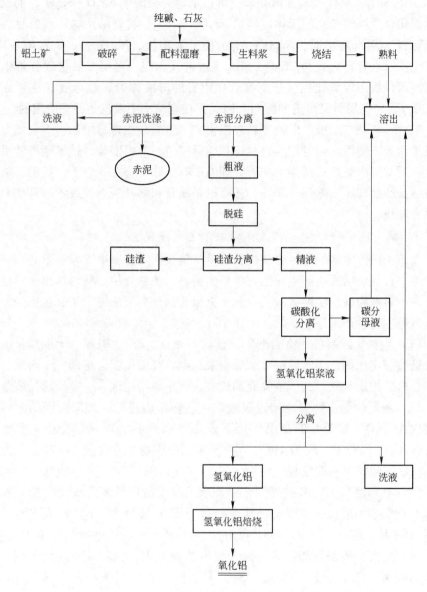

图1-2 碱-石灰烧结法生产氧化铝基本流程

以回收。

（6）精液碳分。精液分解在分解槽中进行，连续不断地往分解槽中通入 CO_2 气体，可以使铝酸钠溶液分解析出氢氧化铝（生产上称碳酸化分解为碳分）。为了使氧化铝质量符合要求，分解到一定程度就停止通气。

（7）氢氧化铝与母液分离并经洗涤后，焙烧得氧化铝碳分母液少部分供配制调整液，其余大部分经蒸发浓缩到一定浓度后返回去配制生料浆。

1.2.2.3 联合法生产氧化铝

联合法是将拜耳法与烧结法联合使用生产氧化铝的方法，该方法的最大特点是可用烧结法系统所得的铝酸钠溶液来补充拜耳法系统中的碱损失。联合法适用于大规模生产和处理 A/S 在 $5 \sim 7$ 的原料。

A 并联法

并联法是指拜耳法与烧结法平行进行，各自处理高品位及低品位的矿石，各自派出自己的废渣——赤泥。拜耳法与烧结法互为利用的方面是：拜耳法析出的碱不设苛化来处理，而是送烧结法配料；拜耳法的碱耗用烧结法的铝酸钠精液来补充；拜耳法与烧结法生产出来的氢氧化铝合并洗涤而焙烧。

使用并联法时，工厂必须同时有高品位矿和低品位矿的供应，高品位矿供拜耳法处理，低品位矿供烧结法处理。并联法生产氧化铝的工艺流程如图 1 - 3 所示。

B 串联法

串联法是指拜耳法与烧结法的串联，矿石先经拜耳法处理，产出的残渣——赤泥再经烧结法处理，最终的残渣由烧结法排出。

该方法与纯拜耳法及纯烧结法的不同点是：

（1）拜耳法的赤泥不外排而是送烧结法配料，再经烧结法处理，配料时不加矿石。

（2）拜耳法生产过程中循环累积起来的碱洗出后，不设苛化处理而是送烧结法配料，简化了拜耳法工艺流程。

（3）烧结法产出的铝酸钠精液不设碳酸化分解处理，而是送往拜耳法种子分解工序，简化了烧结法工艺流程又补充了拜耳法的碱耗。

串联法的优点是：矿石经二道处理，矿石中的氧化铝回收率高（矿石中大部分氧化铝由加工费用及投资费用较低拜耳法工艺得到，仅少量是由烧结法得到）；拜耳法部分的生产能力大，烧结法部分的生产能力小，故使工厂的投资较小，产品成本较低。

目前，世界上只有唯一的一个串联法生产厂——哈萨克斯坦的巴夫洛达尔氧化铝厂仍在运行。

C 混联法

混联法是指拜耳法与烧结法联合在一起，既有串联的内容也有并联的内容。高品位矿石先经拜耳法处理，产出的残渣赤泥再经烧结法处理，同时在烧结配料时加入低品位矿石与拜耳法赤泥同时处理，最终的残渣赤泥由烧结法排出。

本法是中国的独创，解决了赤泥熟料烧成时的技术问题，但是带来了配料复

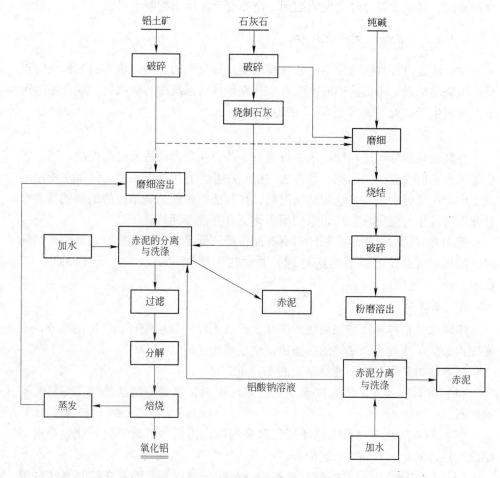

图 1-3　并联法生产氧化铝工艺流程

杂、烧结法产能加大使产品成本加高等不利因素。目前中国的郑州铝厂、贵州铝厂及山西铝厂都是混联法工艺流程。

1.3　电熔棕刚玉

棕刚玉是以天然铝土矿为原料，以炭素（主要是焦炭）为还原剂，同时加入铁屑做沉淀剂（形成硅铁沉于电炉炉底），经过高温熔化和杂质还原后冷却而结晶成的棕褐色熔块。棕刚玉的化学成分一般为 $w(Al_2O_3) \geqslant 94.5\%$，$w(SiO_2) \leqslant 3.5\%$，$w(TiO_2) \leqslant 3.5\%$，$w(Fe_2O_3) \leqslant 1\%$。矿物组成以 $\alpha\text{-}Al_2O_3$ 为主，晶体形状中心部分为菱形、厚板形和带有裂纹的颗粒，周边有较多的氧化硅、氧化钙熔体结晶，呈长板状，最大的晶体呈骸状片晶。由于杂质尚未完全除去，因此棕刚玉中还有六铝酸钙、钙斜长石、尖晶石、金红石等次晶相以及玻璃相、铁合金和固溶体。

1.3.1 棕刚玉生成原理

棕刚玉冶炼是利用铝对氧的亲和力比铁、硅、钛等元素大的基本原理,通过控制还原剂的数量,用还原冶炼的方法使铝矾土中的主要杂质还原,被还原的杂质生成硅铁合金并与刚玉熔液分离,从而获得结晶质量符合要求,Al_2O_3 的质量分数大于 94.5% 的棕刚玉。

有关氧化物的标准生成自由能 $\Delta G^{\ominus}$ 与温度 T 的关系如图 1-4 所示,从中可以判断出采用电熔还原法是否能将高铝矾土中的除 Al_2O_3 以外的其他氧化物予以还原及分离出去。

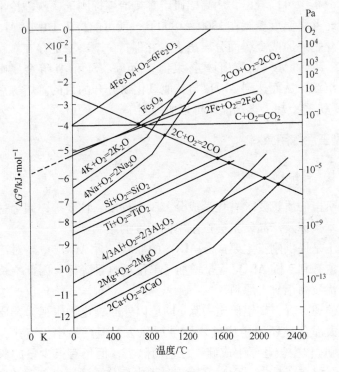

图 1-4 各氧化物的标准生成自由能 $\Delta G^{\ominus}-T$ 关系图

$\Delta G^{\ominus}$ 与各氧化物生成反应的平衡常数 K_p 有如下关系:

$$\Delta G^{\ominus} = -R\ln K_p = RT\ln p(O_2)$$

式中,$p(O_2)$ 为平衡氧压,可以看出 $p(O_2)$ 越低,金属元素对氧的亲和力越大,$\Delta G^{\ominus}$ 就越小,则氧化物就越稳定;相反 $p(O_2)$ 越高,$\Delta G^{\ominus}$ 越大,则氧化物越不稳定,也就越容易被还原。

图 1-4 中 CO 生成反应的 $\Delta G^{\ominus} - T$ 曲线走向是随温度升高而降低，这条线几乎能与所有金属氧化物生成反应的 $\Delta G^{\ominus} - T$ 线相交，这意味着从理论上讲，高铝矾土中的绝大多数氧化物在一定条件下都能被碳化还原，即用碳在一定温度下可以将高铝矾土中的杂质还原分离出去。

从图 1-4 中可以得到各种氧化物被碳还原为金属元素的开始温度，即氧化物生成反应的 $\Delta G^{\ominus} - T$ 线与 CO 生成反应的 $\Delta G^{\ominus} - T$ 线交叉点处温度。在高于此开始温度的条件下，相应的氧化物可被碳还原为金属，可以看出高铝矾土中存在的氧化物 FeO、K_2O、Na_2O、SiO_2、TiO_2 和 MgO 被碳还原成金属 Fe、K、Na、Si、Ti 和 Mg 的开始温度分别约为 720℃、750℃、980℃、1530℃、1650℃ 和 1830℃，而 Al_2O_3 被碳还原的开始温度约为 2010℃。

从上述分析中可以看出，用高铝矾土直接冶炼棕刚玉，从理论上说，只要加入足够的碳，并将温度控制在 1800~1900℃，就可能将矾土中除 Al_2O_3 和 CaO 以外的其他氧化物还原成金属而分离出去，并保持 Al_2O_3 稳定存在。在还原成的金属元属中 K、Na 和 Mg 以气态形式挥发掉，而 Fe、Si 和 Ti 等金属则多数与铁屑形成铁合金沉淀，从而达到 Al_2O_3 与其他氧化物分开的目的。熔炼后被清除大部分杂质的 Al_2O_3 经冷却、再结晶即可形成棕刚玉。

1.3.2 棕刚玉冶炼用原料

1.3.2.1 高铝矾土

对高铝矾土的质量要求有化学成分、脱水程度、粒度等，因为这些因素对棕刚玉冶炼技术指标及产品质量会产生不同程度的影响。

高铝矾土是提供刚玉主要成分 Al_2O_3 的原料，含 Al_2O_3 愈高对冶炼刚玉的各项技术指标愈有利。随 Al_2O_3 含量增加，单位耗电量降低。因此冶炼棕刚玉要求尽可能采用优质高铝矾土原料。

从产品的观点看，高铝矾土中除 Al_2O_3 以外的氧化物应视为杂质。SiO_2 虽然在冶炼中绝大部分被还原生成硅铁合金而除去，但产品中仍有少量 SiO_2 残留。Fe_2O_3 在冶炼过程中被还原生成硅铁合金而除去，但仍有极少量的氧化铁与氧化铝生成尖晶石留在产品中。TiO_2 在冶炼过程中部分被还原进入硅铁合金，仍有相当部分留在棕刚玉中。它是棕刚玉着色的主要因素。CaO 和 MgO 在冶炼过程中难以被还原，原料中 CaO 和 MgO 绝大部分仍存在于产品中。Na_2O 和 K_2O 在冶炼过程中虽然能在高温下挥发一部分，但是不能被还原，仍留在棕刚玉中，对质量影响很大。

高铝矾土煅烧脱水不仅提高了品位，节省能源，更大的好处是熟料能使炉况稳定，提高生产效率，从而获得较好的技术经济指标。高铝矾土熟料的粒度不宜过大，也不宜过细，一般控制在 10~25mm。

1.3.2.2 炭素材料

炭素材料作为冶炼刚玉的还原剂。用来还原高铝矾土中的杂质。刚玉冶炼常用的炭素材料有石油焦、焦炭、无烟煤等。对这些材料的化学成分要求见表1-7，其灰分的化学成分见表1-8。

表1-7 炭素材料的化学成分（质量分数） （%）

种 类	固定碳	挥发分	灰分	水分
石油焦	≥88	≤8	≤1.5	≤2
焦炭	≥85	≤2	≤10	≤2
无烟煤	≥75	≤10	≤15	≤2

表1-8 焦炭、无烟煤灰分的化学成分（质量分数） （%）

种 类	Fe_2O_3	FeO	SiO_2	CaO	MgO	Al_2O_3	S
焦炭	10~13		35~50	11~15	0~1	25~35	
无烟煤	5~8	3~8	38~48	8~12	1~4	18~21	0~1

冶炼刚玉可以采用任何一种炭素材料做还原剂，只要它具有足够高的反应能力，其灰分中杂质较少，含Al_2O_3较高，还要从最经济合理的原则来决定。

做还原剂的炭素材料其有用成分是固定碳，所以碳含量越高越好。挥发分和灰分对刚玉冶炼和产品质量不利，必须控制其含量。若挥发分和水分过多，则在冶炼过程中会产生一定数量的气体，影响炉况稳定。

炭素材料的粒度与电炉容量大小有一定的对应关系，原则上电炉容量大，炭素材料粒度也大，在2500kV·A电炉上使用5~10mm粒度的炭素材料是可以的。

1.3.2.3 铁屑

铁屑又称稀释剂，因我国高铝矾土中的氧化铁含量较低，在冶炼刚玉的混合料中往往按比例加入一定量的铁屑。刚玉冶炼常用铸铁屑，对铁屑的质量要求是化学成分及粒度。铁屑的化学成分及含量见表1-9。

表1-9 铁屑的化学成分及含量

化学成分	含量（质量分数）/%
Fe	≥88
Si	≤2.5
Al	≤0.4

要求铁屑粒度小，输送方便，适合刚玉冶炼。对铁屑中铝的成分要严格控

制。铁屑加入量是根据高铝矾土中 SiO_2 含量的多少而确定，高铝矾土中氧化铁的含量也影响铁屑用量，氧化铁被还原成生铁可以减少部分铁屑用量。

1.3.3 棕刚玉生产工艺

棕刚玉生产分为冶炼和碎选两个过程。冶炼工艺过程主要包括开炉、熔炼、控制、精炼四个阶段；棕刚玉碎选则根据熔炼方法不同分为熔块法碎选和倾倒法碎选。

1.3.3.1 棕刚玉冶炼工艺流程

开炉首先要做好开炉前的准备，即连接电极并调整电极长度。开炉时要摆放好起弧焦，然后送电，起弧。当电极起弧后，待电流上升到负荷的 20% ~50% 时就可以在弧光区加少量料压住弧光；待电流上升到 80% 时，就可加料而进入熔炼阶段。

熔炼分为焖炉法和敞炉法。

焖炉法的特点是料层厚，在冶炼的大部分时间内弧光完全被炉料层所覆盖。电炉容量大小不同，料层厚度稍有差异，变压器容量为 1800 ~2500kV · A 的电炉，冶炼初期料层厚度一般在 600 ~1000mm 左右，中间一般采用间歇式加料，即哪里下沉就加到哪里，定期焖炉。后期料层逐渐减薄。高铝熟料的粒度较粗。

敞炉法的特点是料层薄，高铝熟料粒度较细，弧光暴露在外的时间较长。熔炼期采取分批定期投料。料层厚度一般在 300mm 左右。

两种方法各有优缺点，敞炉法的刚玉质量较均匀，但耗电量较高，生产效率低。

熔炼阶段约占整个冶炼时间的 80% 以上，这个阶段使炉料熔化成液态。杂质进行还原，生成硅铁合金并和刚玉熔液分离。控制就是在一定时期内基本停止加料，让炉内的料尽量熔融和还原，使熔化面积向外扩大。熔炼期如果炉况"控制"得好，熔液就缓慢上升，整个料面均匀下降，料下得多，熔化得快，即可获得较好的效果。

精炼是最后一个阶段，目的是使杂质充分还原，硅铁合金较好地沉淀聚集，炉内气体畅通排出，精炼好坏直接影响刚玉质量和产量。

棕刚玉冶炼工艺方法分为倾倒法、熔块法和流放法。倾倒法冶炼工艺流程如图 1-5 所示，熔块法冶炼工艺流程如图 1-6 所示。

倾倒法和熔块法相比，倾倒法具有半连续生产、热能利用率合理，生产效率高、电力和料耗低等优点，并为碎选机械化创造条件。流放法在国内尚未投入生产。

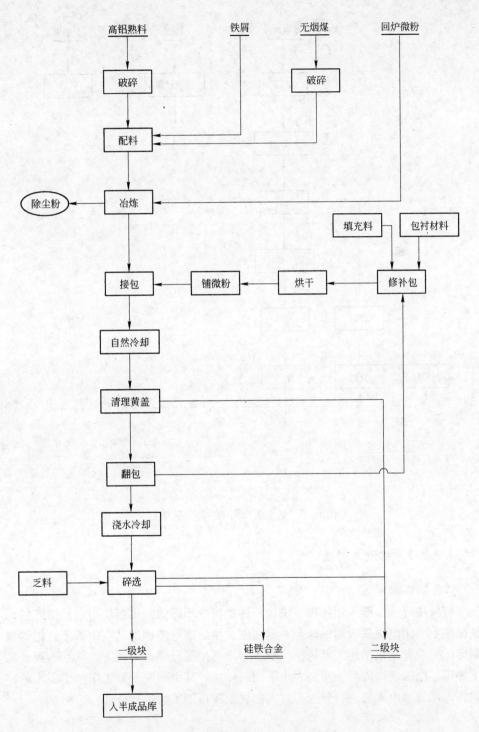

图1-5 倾倒法棕刚玉冶炼工艺流程

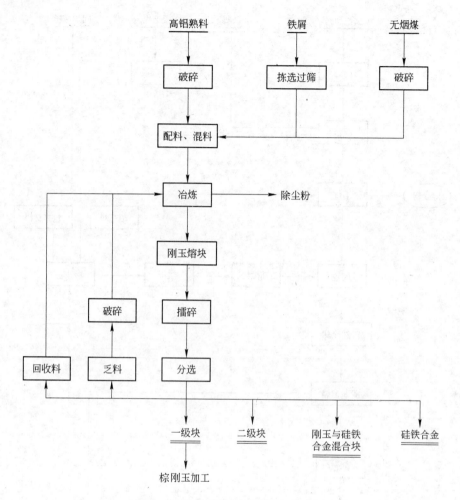

图 1-6 熔块法棕刚玉冶炼工艺流程

1.3.3.2 棕刚玉碎选

A 熔块法碎选

熔块法碎选一般采用两种方法。一种是将冷却好的刚玉熔块吊运到擂碎场的铁砧座上，用电磁铁吸附钢球至一定高度，然后断电使钢球从空中落下，把熔块砸碎。另一种是用吊运工具将整个刚玉熔块直接提升到一定高度，然后落到铁砧上摔碎。刚玉块擂碎后，得到大小不同的碎块。其中适应下道工序加工要求的碎块，即可就地由人工进行分选，过大的块则需再加工后进行分选。

B 倾倒法碎选

倾倒法碎选：消除接包中刚玉表面上的杂质，用桥式起重机将刚玉熔块翻到翻包盘中。浇水冷却，清除接包底部的烧结细粉，再用电磁吸盘吸除硅铁合金，用落锤将大块擂碎。吊至六方格筛上，通不过的大块再用落锤或大锤擂碎，使其全部通过六方格筛，将碎块运到料仓中。

要求对擂碎的料块进行分选，以便更适合下道工序破碎设备的要求。破碎后的料块还要进行化学分析，要选出杂质含量高的料块。

1.4 电熔亚白刚玉

众所周知，在一般情况下冶炼棕刚玉的还原程度为氧化铁98%、氧化硅90%、氧化钛50%左右，氧化钙和氧化镁基本上不能还原。棕刚玉杂质含量高，会严重影响耐火制品性能。由于工业氧化铝价格昂贵，来源缺乏，耐火材料生产中需要的工业氧化铝难以得到满足。近年来，中钢集团洛阳耐火材料研究院等单位，利用我国丰富的高铝矾土，采用还原法冶炼出 Al_2O_3 不小于98.5%的灰白色刚玉，俗称亚白刚玉。用亚白刚玉替代致密刚玉配制成出铁沟浇注料，在上海宝钢大型高炉主沟上使用，与同期用致密电熔刚玉配制成的铁沟料水平相当。替代致密电熔刚玉及电熔白刚玉制作滑板、刚玉砖、耐磨浇注料等，均取得与使用致密刚玉及白刚玉同样的结果。而亚白刚玉的生产成本仅是电熔致密刚玉的36.6%，因此亚白刚玉的开发，不但解决了工业氧化铝供不应求的局面，而且走出了一条我国独特的用高铝矾土直接电熔制取较高纯度刚玉的新途径。

1.4.1 电熔亚白刚玉的原理

冶炼亚白刚玉与冶炼棕刚玉不同，冶炼棕刚玉主要将矾土中的 SiO_2 和 Fe_2O_3 还原成 Si 和 Fe 分离出去。而亚白刚玉不但将 SiO_2 和 Fe_2O_3 还原成 Si 和 Fe 分离出去，还要尽可能将 Al_2O_3 以外的其他氧化物，尤其是矾土中的 TiO_2 还原成金属 Ti 分离出去。

采用电熔加碳还原过程很复杂。实际还原反应开始温度与理论计算有别，而还原完成程度取决于动力条件，如所选用原料的纯度、配料混合程度、还原剂加入量与加入顺序、电炉功率、炉型和熔融制度等均影响还原反应速度。为了将杂质中相对比较稳定、还原温度较高的 TiO_2 还原掉，必须加入过量的碳，这样会导致在冶炼成的刚玉熔块中出现 Al_4C_3，而 Al_4C_3 是刚玉熔块中的有害杂质。因为 Al_4C_3 遇水或在潮湿的空气中存放会反应发生水解反应放出甲烷（CH_4），从而使刚玉颗粒粉化。因此在冶炼后期必须进行脱碳处理，以排除 Al_4C_3 的生成。如冶炼后期加入脱碳剂（铁磷）或吹入氧气，使熔体中的碳与脱碳剂反应生成 CO 或 CO_2 逸出，从而排除碳化物的形成。还可以在熔炼后期加入高纯硅石粉，也能减少和限制碳化物的生成和刚玉中游离碳的含量，其反应式如下：

$$Al_4C_3 + 3Fe_2O_3 \Longrightarrow 2Al_2O_3 + 6Fe + 3CO \uparrow$$

$$Al_4C_3 + 9FeO \Longrightarrow 2Al_2O_3 + 9Fe + 3CO \uparrow$$

$$2Al_4C_3 + 9SiO_2 ==== 4Al_2O_3 + 9Si + 6CO\uparrow$$

反应生成的单质铁和硅生成硅铁合金沉于熔液下部与刚玉分离。

1.4.2 亚白刚玉冶炼用原料

冶炼亚白刚玉对原料的要求比棕刚玉严格，特别是对高铝矾土熟料要求高，不但要求 Al_2O_3 含量高，而且要求难以还原的氧化物含量要尽可能低，否则难以达到指标要求。具体要求见表 1 – 10 和表 1 – 11。

表 1 – 10 高铝矾土的要求指标

$w(Al_2O_3)/\%$	$w(TiO_2)/\%$	$w(CaO + MgO)/\%$	投料粒度/mm
>85	≤4.5	≤0.5	<30

表 1 – 11 炭素材料的要求指标

固定碳/%	灰分/%	水分/%	粒度/mm
≥75	<12	<3	5 ~ 10

1.4.3 亚白刚玉冶炼工艺

亚白刚玉 （$w(Al_2O_3)$≥98% 和 $w(Al_2O_3)$≥98.5%）的冶炼过程和棕刚玉的冶炼过程不同。其特点是中期配加过量碳进行还原，后期为精炼澄清期配加脱碳剂进行脱碳处理。即前、中期为还原熔炼期，后期为氧化精炼期。

1.4.3.1 还原熔炼期

在还原熔炼期 Fe_2O_3、SiO_2、TiO_2 的还原反应如下：

（1） Fe_2O_3 的还原按以下反应式进行：

$$3Fe_2O_3 + C ==== 2Fe_3O_4 + CO\uparrow$$
$$Fe_3O_4 + C ==== 3FeO + CO\uparrow$$
$$FeO + C ==== Fe + CO\uparrow$$

（2） SiO_2 的还原，当氧化铁还原到一定低浓度时，SiO_2 开始还原，并在熔液中金属铁的参与下进行还原反应：

$$SiO_2 + Fe + 2C ==== FeSi\downarrow + 2CO\uparrow$$

另外，还有一部分 SiO_2 与碳直接反应生成气态 SiO 和 Si 挥发逸出：

$$SiO_2 + C ==== SiO\uparrow + CO\uparrow$$
$$SiO + C ==== Si\uparrow + CO\uparrow$$

（3） TiO_2 的还原，在 Fe_2O_3 和 SiO_2 还原结束后，TiO_2 开始还原，钛的氧化物在高铝矾土中可能存在的形式有 TiO_2、TiO_3、Ti_2O_3 和 Ti_3O_4 等，其中以 Ti_2O_3 和 TiO_2 最为稳定，氧化钛还原不能直接生成金属钛，而是生成 TiC：

$$TiO_2 + 3C = TiC + 2CO\uparrow$$
$$Ti_2O_3 + 5C = 2TiC + 3CO\uparrow$$

在金属铁的参与下 TiC 发生分解并生成钛铁合金沉淀到炉底，反应如下：

$$TiO_2 + 2C + 3Fe = Fe_3Ti\downarrow + 2CO\uparrow$$
$$Ti_2O_3 + 3C + 6Fe = 2Fe_3Ti\downarrow + 3CO\uparrow$$

从上述可知，Fe_2O_3 和 SiO_2、TiO_2 的还原有先后之分，而且开始还原的温度也不同。在还原熔炼期，各种原料不能平均混合。如果平均混合加入，熔炼前期的配碳就会过剩，这样就会导致电极周围的配合料熔化较快，电极上提较快，使料熔化不到边缘，熔化面积得不到扩大，整个炉温提不上来，从而导致炉温较低，钛铁合金下沉不充分及后期脱碳不彻底。通过实践可得出结论：前期的配碳量调整系数以偏低较好。而中期的配碳量调控系数以略偏高较好，这样缓慢改变调整系数，可保证有充足的时间使前期熔融刚玉中的杂质逐渐而又充分地得到还原。澄清剂铁屑的配加量也随调整系数而作适当改变。

1.4.3.2　氧化精炼期

氧化精炼期主要是脱碳精炼，即将熔体中的残 C 或已生成碳化物的 C 氧化成 CO 逸出。其主要措施有两种：一是吹氧脱碳；二是加脱碳剂铁磷或高纯硅石粉进行脱碳。其化学反应如下：

吹氧脱碳　　　　　　$$2C + O_2 = 2CO\uparrow$$
$$2Al_4C_3 + 9O_2 = 4Al_2O_3 + 6CO\uparrow$$

脱碳剂脱碳　　　　　$$3C + Fe_2O_3 = 2Fe\downarrow + 3CO\uparrow$$
$$C + FeO = Fe\downarrow + CO\uparrow$$
$$Al_4C_3 + 3Fe_2O_3 = 2Al_2O_3 + 3CO\uparrow + 6Fe\downarrow$$
$$Al_4C_3 + 9FeO = 2Al_2O_3 + 3CO\uparrow + 9Fe\downarrow$$
$$2Al_4C_3 + 9SiO_2 = 4Al_2O_3 + 9Si\downarrow + 6CO\uparrow$$

还原熔炼期结束后，进入氧化精炼期。氧化精炼期炉池上表面的熔化层不能太厚，也不能再加料，此时开始脱碳。

吹氧脱碳是比较有效的方法，不会带入任何的杂质，但需要增设吹氧装置和吹氧管（枪）。

加脱碳剂的量是根据还原熔炼期结束后的沾棍颜色来判断的，并根据反应的剧烈程度来控制加脱碳剂（铁磷）的快慢。一般铁磷要分若干次加入。脱碳反应是放热反应，因此在加铁磷脱碳时可适当降低输入功率，待反应剧烈程度下降后，再提高功率（达到满负荷的 80% 左右），以保证不使熔液温度下降。待反复加铁磷脱碳和根据沾棍颜色判断合格后，即可逐渐降低功率停炉。

冶炼亚白刚玉对电气工作参数有特殊的要求。在还原熔炼期，开始熔化炉料时可保持稍高的二次电压，之后采用较低的二次电压和较高的二次电流埋弧操作。这样有利于提高炉池内的温度和还原杂质。而在氧化精炼期，宜采用较高二次电压、较低二次电流明弧操作，这样有利于脱碳时所生成的 CO 逸出，同时也不易造成加脱碳剂时因反应剧烈而出现喷溅现象。在后期精炼时，采用低电压、大电流，目的是增大电阻热，提高炉内熔液温度，使熔解在刚玉熔液中的游离碳更加充分地将残留的杂质还原掉，从而降低杂质含量，提高 Al_2O_3 含量。

亚白刚玉的生产工艺流程如图 1-7 所示。

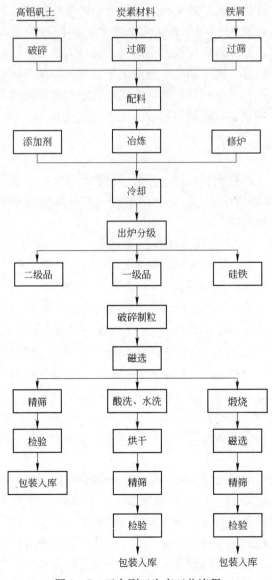

图 1-7 亚白刚玉生产工艺流程

冶炼炉功率不能太小，一般要求变压器容量在 1800kV·A 以上，要求电压控制方便，必须采用石墨电极。

1.4.4 亚白刚玉的理化性能指标

亚白刚玉的主晶相为刚玉，Al_2O_3 含量一般为 98.0%，刚玉结晶呈不规则粒状，尺寸一般在 $1 \sim 1.5mm$ 之间。刚玉晶间和晶内有少量杂质矿物，主要为六铝酸钙（CA_6）、金红石、钛酸铝及其固溶体，其理化指标与致密电熔刚玉相当，颜色也相近，是仅次于电熔白刚玉和电熔致密刚玉的新型耐火材料。部分电熔亚白刚玉产品的理化性能指标见表 1-12。

表 1-12 电熔亚白刚玉的理化性能

产　　　地		郑州		登封 1	焦作	登封 2	
		规格值	典型值	规格值	规格值	规格值	典型值
化学成分（质量分数）/%	Al_2O_3	≥98.0	98.22	≥98.0	>98.0	>98.0	98.40
	SiO_2	≤0.5	0.30	≤0.5	≤0.35	<0.45	0.38
	TiO_2	≤1.0	0.70	<0.8	<0.7	<1.00	0.75
	Fe_2O_3	≤0.3	0.09	<0.3	<0.5	<0.10	0.05
	CaO	≤0.4	0.37	≤0.4	≤0.40	<0.45	0.40
	MgO	≤0.4	0.29	≤0.4	≤0.40	<0.40	0.23
	K_2O	≤0.3	0.11	≤0.2	≤0.20	<0.04	0.03
	Na_2O	≤0.03	0.02		≤0.05	<0.04	0.018
	C			<0.1	<0.1	<0.15	0.10
体积密度/$g \cdot cm^{-3}$		>3.80		≥3.85（3.85~3.95）	≥3.90	≥3.85	

采用酸洗处理法，可消除机械加工后残余的铁磁性物质，从而提高 Al_2O_3 含量，降低 Fe_2O_3 含量。采用高温氧化法热处理，游离碳可以与刚玉分离，碳化物也能被氧化掉。如碳含量（质量分数）0.18% 的刚玉料，经高温氧化后，碳含量降低到 0.10%，而 $CaO \cdot 6Al_2O_3$ 也明显减少。

1.4.5 亚白刚玉的显微结构

在配有波谱的 JEOL733 型扫描电镜上和 AN10000 能谱仪上，进行亚白刚玉的显微结构和组成分析。

（1）从外观来看，亚白刚玉是一个致密的整体，有油脂光泽，整体观察呈黑色，略带灰色，磨成细粉颜色随粒度减少而逐渐变灰到灰白色，切面平滑。

在反光镜下放大 200 倍观察：

整个矾刚玉晶体形状不规则，边界不平直；主晶相 $\alpha\text{-}Al_2O_3$ 晶体一般在

1000μm 以上，晶界宽度一般为 50μm 左右，晶界充满许多矿物，晶体内有许多气孔和金属化合物，这些金属化合物是熔体结晶前包裹在熔体中的。如图 1-8~图 1-11 所示。在电镜下的二次电子像，更清晰地反映了晶界不平直，晶体镶嵌有针状晶体的化合物，如图 1-12 和图 1-13 所示。

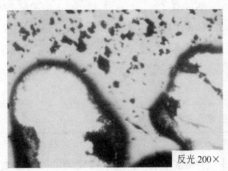

图 1-8　亚白刚玉中白色物为
　　　　金属化合物

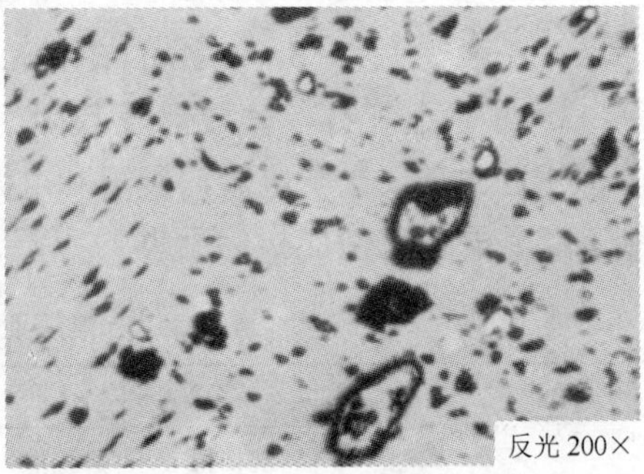

图 1-9　亚白刚玉晶内气孔内
　　　　白亮点为金属化合物

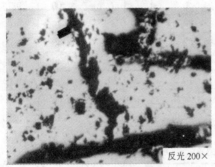

图 1-10　亚白刚玉晶界不平直并且很宽

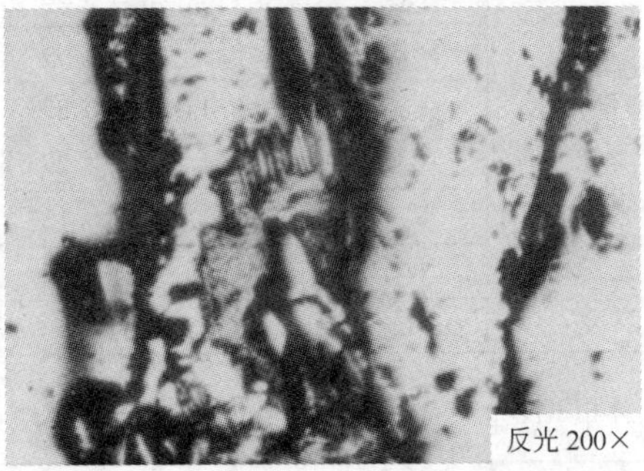

图 1-11　亚白刚玉晶界内有许多矿物

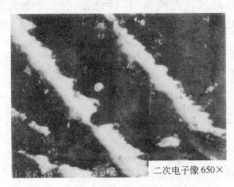
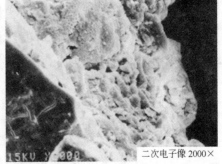

图 1-12　亚白刚玉中的针状晶体

图 1-13　亚白刚玉晶界夹杂的矿物

（2）微区成分分析。对试样作了波谱分析，主要分析 C、O、N 元素，波谱分析结果如下：

当微区分析在晶体上时，波谱分析中四个点中均没有 N 元素的显示，当波谱分析晶体气孔边缘或气孔时，4 个点中就有 2 个点显示有 N 元素；同样当波谱分析晶内的夹杂物时，也显示有 N 元素；以上种种现象说明亚白刚玉中存在着氮化物，这些氮化物主要集中在晶内夹杂及晶内气孔边缘。

在波谱分析的同时，对 C 也作了相应分析，同样 C 也存在于晶内夹杂和晶内气孔边缘；从冶炼过程来看，C 是避免不了的。对一晶体作 Ti 的面扫描，扫描结果是中间白色只有 Ti 元素（能谱分析），如图 1 – 14 所示。刚玉中镶嵌白色物，1、2 点的成分均为 Ti 元素，如图 1 – 15 所示。可以说，镶嵌于刚玉晶体中的白色物质可能是 TiO_2、TiC、TiN 或 Ti_xO_y 中的一种，从这种典型的四边形来看，很有可能是 TiC。

图 1 – 14　Ti 元素面扫描成分像

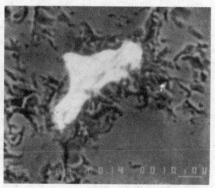
图 1 – 15　刚玉晶体中的白色物

能谱分析有元素 Fe、Ti 和微量的 Zr，波谱分析无 C、N、O 元素，所以可以确定是金属 Fe 和 Ti。

晶界杂物如图 1 – 16 所示，能谱分析 1 点成分：Al、Si、Ca、K；2 点成分：Al、Si、Ca、Fe。

晶界中主要含有玻璃相和铝硅钙钾铁等组成的矿物。

1.4.6　亚白刚玉的应用

以全部白刚玉、全部亚白刚玉和两种材料共配所制砖的化学分析及物理性能见表 1 – 13。

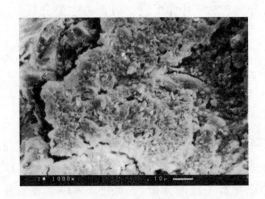

图 1 – 16　晶界杂物

表 1 – 13　刚玉料及砖的理化性能

项　目	白刚玉料	亚白刚玉料	全白刚玉砖	全亚白刚玉砖	共配刚玉砖
$w(SiO_2)/\%$	0.12	0.185	0.152	0.87	0.2
$w(Al_2O_3)/\%$	99.16	98.73	98.74	97.2	98.84
$w(Fe_2O_3)/\%$	0.18	0.314	0.114	0.0	0.42
$w(TiO_2)/\%$	微	0.69		1.06	
$w(R_2O)/\%$	<0.5	0.041			
显气孔率/%			21	23	23.6
体积密度/$g \cdot cm^{-3}$	3.16	3.82	3.12	3.04	3.05
耐压强度/MPa			96.5	111.8	81.6
荷软温度/℃			>1700	>1700	>1700
热震稳定性/次（1100℃水冷）			5~8	1~2	平均20 最高32

　　从表 1 – 13 可见，全部白刚玉砖热震稳定性为 5~8 次，而由白刚玉和亚白刚玉共配的砖，热震稳定性则大幅度提高，平均 20 次，最高达 32 次。但全亚白刚玉砖该性能又急剧下降，仅有 1~2 次。全部用未经脱碳处理的亚白刚玉料制砖，此刚玉砖烧出后即已严重开裂，如图 1 – 17 所示。

　　全白刚玉砖中颗粒与基质紧密结合，玻璃相很少，基质中 α-刚玉结晶细小，约几微米至一百微米（如图 1 – 18 所示）。白刚玉和亚白刚玉共配砖中骨料和基质结合的不如全白刚玉砖紧密，甚至宏观就可发现细微裂隙。基质中 α-刚玉结晶尺寸长大，可为全白刚玉砖的 3~4 倍，并接近于球形，玻璃相增加（如图 1 – 19 所示）。在玻璃相中存在如前述的团状物（如图 1 – 20 所示）。其成分见表 1 – 14。

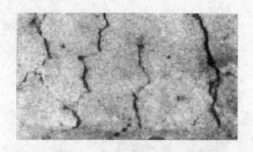

图 1-17　未经脱碳处理亚白刚玉砖的照片

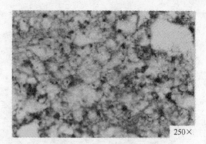

图 1-18　全白刚玉砖基质

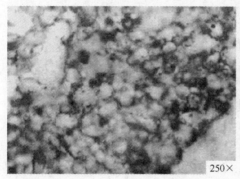

图 1-19　亚白刚玉和白刚玉共配砖基质　　　图 1-20　亚白刚玉和白刚玉共配砖中团状物

表 1-14　从中心向边缘方向团状物成分（质量分数）变化　　　　（%）

部　位		Al₂O₃	ZrO₂	CaO	TiO₂
	中心黑区	52.32	27.97	5.14	14.02
亚白刚玉料中 α-Al₂O₃ 缝隙内团状物（经脱碳处理）	1	8.15	44.34	16.39	31.11
	2	11.30	43.63	11.33	33.79
	3	18.81	24.67	12.33	44.18
	4	17.79	26.39	13.38	43.16
	5	8.37	2.32	1.00	88.30
亚白刚玉砖玻璃相中团状物		59.46		7.38	33.87

亚白刚玉料中仍可见碳化物，且碳化物周边有放射状裂纹。全亚白刚玉砖体显微结构极其致密。基质中 α-刚玉结晶粗大，为全白刚玉砖的 8～10 倍，玻璃相明显增多，且其在结晶间的通道宽度可达 $100\mu m$（如图 1-21 所示）。骨料颗粒中碳化物周边放射状裂纹清晰（如图 1-22 所示）。基质中仍有如上团状物。

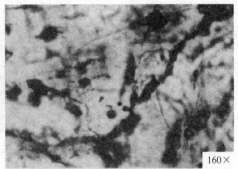

图 1-21　全亚白刚玉砖基质　　　　图 1-22　碳化物周边放射状裂纹

全白刚玉砖中骨料和基质成分相差不大，玻璃相少且骨料和基质紧密结合，烧结均匀。但两种原料共配砖，在高温烧结时，因白刚玉和亚白刚玉两材料杂质含量不同，膨胀系数不同，致使结构产生裂纹。同时，因亚白刚玉的加入，杂质含量增加，相应地玻璃相也增加，并促使基质中刚玉结晶长大，由此引起的烧结收缩亦会与骨料间形成裂纹。还应注意到，基质中因液相作用，结晶粗大多呈球体，以球形相接触而具有点结合的特征。

基于上述原因，在温度急变时，共配砖由于砖中微裂纹的存在及基质中某些近球体结晶的点结合易于流动，对产生的热应力均能起到缓冲作用，从而获得较好的热震稳定性。

全亚白刚玉砖基质中有更多的玻璃相，烧结极其良好，且不存在如共配砖因使用两种原料而产生微裂纹的问题，故砖体异常致密，但其结构却没有优良的弹性性能。此外，如前所述，颗粒中碳化物周边有放射状裂纹，此裂纹产生可能是在煅烧时氧化形成的。一般碳化钛约在 500℃ 发生形态变化并转变为黑钛石（Ti_3O_5）。而黑钛石此时转变为锐钛矿，密度则由 $4.26g/cm^3$ 降至 $3.86g/cm^3$，从而产生膨胀裂纹，这种氧化开裂现象在进行热震稳定性试验时（或以后使用时）仍然会表现出来，并对热震稳定性产生不良影响。共配砖中因只有部分亚白刚玉，此影响应该较小。

全亚白刚玉砖由于其砖体弹性性能差以及加热时碳化物氧化等原因，不能缓冲热应力，因此其热震稳定性较差。

应该提出的是，脱碳处理后刚玉料中，特别是砖中玻璃相内所见团状物，在高温煅烧时未被玻璃相溶解，说明它是具有较高熔点的物质，这种物质能提高玻璃相黏度，对提高砖的强度是有利的。

1.5　电熔白刚玉

电熔白刚玉是以煅烧氧化铝或工业氧化铝为原料，在电弧炉内高温熔化而成的，主要化学成分为 Al_2O_3（$w(Al_2O_3) > 99\%$），白色块料，显气孔率 6% ~ 10%，主晶相 $\alpha\text{-}Al_2O_3$，晶体为长条形和菱形。由于原料很纯，在电炉作业中不发生化学反应，但熔融液体的温度和冷却速度对块料的结构有很大影响。在均质方面，重要的是要获得尽可能致密的料块。原料中的 Na_2O 凝固时形成 $\beta\text{-}Al_2O_3$，容易聚集在料块中的中央部位，会对耐火材料、研磨材料带来不利的影响，所以必须注意原料中 Na_2O 的含量。

1.5.1 电熔白刚玉生成原理

白刚玉的冶炼过程，基本上是工业氧化铝粉熔化再结晶的过程，不存在还原过程。工业氧化铝含 Al_2O_3 98.5%（质量分数）以上，还有少量的 Na_2O、SiO_2 和 Fe_2O_3 等杂质。电熔处理虽有一定净化提纯作用，但还不能将其完全排除。其中 Na_2O 与 Al_2O_3 在熔融状态中生成 $\beta\text{-}Al_2O_3$（$Na_2O \cdot 11Al_2O_3$），生成量随着 Na_2O 含量的增加而增大。由于 $\beta\text{-}Al_2O_3$ 的熔点低，密度小，因此熔块冷却结晶时，偏析于熔块的上中部，虽然通过碎选可以剔除，但仍会有少量留在刚玉熔体中，严重影响白刚玉熔块的耐火性能。因此对工业氧化铝中的 Na_2O 含量必须严格控制。

为了消除或减弱氧化钠的危害，在白刚玉冶炼中采取了三种办法：加石英砂、加氟化铝、铝酸钠冷却偏析。

加石英砂法：加石英砂的目的是形成三斜霞石或霞石（$Na_2O \cdot Al_2O_3 \cdot 2SiO_2$），限制铝酸钠的生成。

加氟化铝法：氟化铝进入熔炉后，首先与氧化钠发生如下反应，生成氟化钠。

$$2AlF_3 + 3Na_2O \Longrightarrow Al_2O_3 + 6NaF\uparrow$$

铝酸钠冷却偏析法：因为铝酸钠的熔点为 1900℃，较氧化铝的熔点低，所以冷却时刚玉最先结晶出来，而把含铝酸钠较多的熔液留在尚处于液态的中上部位。铝酸钠晶体与刚玉晶体的外观构造不一样，很容易识别，可在出炉后分选除掉。

1.5.2 电熔白刚玉生产工艺

电熔白刚玉生产也分为冶炼和碎选两个过程。冶炼工艺过程及其碎选方法与棕刚玉的基本相同。

1.5.2.1 冶炼工艺过程

白刚玉的冶炼工艺过程与棕刚玉的基本相同，也分为开炉、熔炼、控制、精炼四个阶段。

（1）开炉阶段。开炉阶段基本上与棕刚玉的相同，但起弧方法不同，冶炼白刚玉有纸筒法、碳棒法和木炭起弧法三种。

（2）熔炼阶段。白刚玉的熔炼阶段分为薄料层熔炼及厚料层熔炼两种，前者在熔炼过程中以经常跑弧光为主，料层厚度一般在 $150 \sim 200mm$ 之间。这种方法的优点是熔炼所得的产品色泽较白，杂质 $\beta\text{-}Al_2O_3$ 偏析较好。缺点是热损失大，操作条件较差，熔炼时间较长。后者料层较厚，熔炼中弧光被料层覆盖的时间较长，只间断性跑弧光。这种工艺适用于大功率电炉，尤其是无炉衬电炉，其优点是热利用率较高，熔炼时间缩短，便于机械加料。不足之处是产品色泽差，$\beta\text{-}Al_2O_3$ 偏析较差。

（3）控制阶段。控制就是在一定时间内，一般是在熔炼中期，基本上停止加料，让炉内的炉料尽量熔化并扩大熔化面积。在此期间使用较低电压、最大功率，最大限度提高炉液面温度，使炉液面形成红盖，此时可结束控制。

（4）精炼阶段。精炼是白刚玉生产中很关键的一个阶段，它直接关系到产品的质量、数量和物料消耗指标，尤其对刚玉色泽和 $\beta\text{-}Al_2O_3$ 的结晶偏析有决定性的影响。因此要有充分的精炼时间使剩余的炉料尽量熔化和使其中的炭素挥发。原则上以电炉表面全部是红盖后，再熔炼 $20 \sim 30min$ 为宜。

除有足够的精炼时间外，还要使熔液有足够高的温度，保持液面平稳而缓慢地冷却，以便于杂质偏析。为此应采用逐渐缩小电流缓慢停炉的方法。

1.5.2.2 白刚玉冶炼工艺方法

白刚玉的冶炼方法与棕刚玉的类似，分为倾倒法、熔块法和流放法。一般白刚玉的冶炼工艺流程较简单。

A 倾倒法白刚玉冶炼工艺流程

倾倒法工艺是白刚玉生产过程中常用的工艺方法之一，其工艺流程如图 1-23 所示。

倾倒法冶炼白刚玉与棕刚玉的不同点有：

（1）对于炉体砌筑的材料，由于白刚玉纯度较高，呈纯白色，因此炉体一般采用白刚玉砂或工业氧化铝粉作为砌筑材料。

（2）接包分两种，即无衬接包和有衬接包。无衬接包要强制水冷，有衬接包一般采用石墨和白刚玉耐火制品做包衬，以免影响产品质量。

B 熔块法白刚玉冶炼工艺流程

熔块法白刚玉冶炼工艺是白刚玉另一主要冶炼工艺之一，其流程图如图 1-24 所示。

熔块法冶炼白刚玉与棕刚玉的不同点：

（1）白刚玉炉的炉衬不仅要有良好的隔热性能，而且透气性要好，或者有

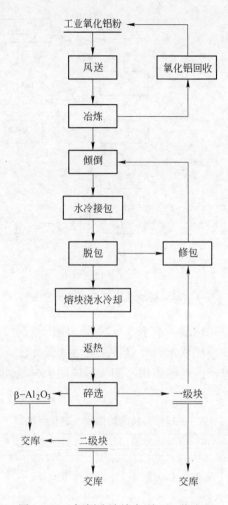

图 1-23 倾倒法冶炼白刚玉工艺流程

专门的通气孔道，否则各种受热炉气会穿入熔液而后逸出，形成熔液"放炮"。

（2）白刚玉炉体也分为两种：一种是有衬的，修砌材料比棕刚玉炉的要求严格，一般要求是烧结制品；另一种是无衬的，只有一个钢制的圆锥体，修砌简便，但热损失大。根据测定，无炉衬的热损失占产品能量消耗的 24% 以上，而有炉衬的热损失占 4% 左右。

1.5.2.3 电熔白刚玉的碎选

白刚玉碎选方法与棕刚玉基本相同。但对白刚玉浇水冷却的水质要清洁，否则会影响刚玉的质量和色泽。

白刚玉熔块上部一般为疏松的骨架或多孔状构造，杂质含量较高，中心和下

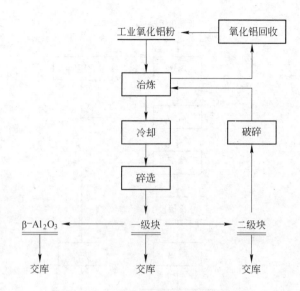

图 1 - 24　熔块法冶炼白刚玉工艺流程

部为紧密的大块或颗粒状构造，杂质含量较低。刚玉块擂碎后，除块体大小能适应下道工序加工要求外，还要根据外观特点进行人工分选。选取炉体中间和下部的结晶大、气孔少和致密度高的熔块，加工后供耐火材料使用，各种电熔白刚玉的理化性能见表 1 - 15。

表 1 - 15　各种电熔白刚玉理化性能

| 类　别 | 化学成分（质量分数）/% | | | | | | | 物 理 性 能 | | |
	Al_2O_3	SiO_2	Fe_2O_3	CaO	MgO	TiO_2	R_2O	气孔率/%	体积密度/g·cm⁻³	真密度/g·cm⁻³
白刚玉块	99.70	0.12	0.026	0.012	0.01	<0.3	—	12.9	3.41	3.933
白刚玉砂 1	99.30	0.15	0.06	0.13	—	—	0.20	9.5	3.52	—
白刚玉砂 2	99.50	0.07	0.01	0.03	0.05	—	0.10	—	—	—
白刚玉粉	99.4	<0.01	0.01	0.02	0.10	—	0.18	—	—	—

1.6　烧结刚玉

美国铝业公司于 1935 年研制成功板状氧化铝，但他们的板状氧化铝是采用预烧后的工业氧化铝经细磨成球后，在略低于其熔点的温度即 1925℃ 左右的超高温条件下烧结制备的。由于这种烧结刚玉价格较电熔刚玉便宜，而且无论在纯度，还是烧结性和高温特性等方面都优于电熔刚玉，在美国、西欧等国家或区域已被广泛用于耐火材料。美国铝业公司也先后在德国、荷兰等国建有分公司生产烧结刚玉。日本于 1965 年开始从美国引入烧结刚玉生产技术，1973 年建成了生产烧结刚玉的工厂，其使用范围和数量在逐渐提高和扩大。近年来，我国上海、江苏、山东等地的一些厂家也开始生产烧结刚玉，而且得到了比较致密的烧结刚玉。

将工业氧化铝或者高铝矾土通过煅烧的方法制取刚玉（α-Al_2O_3）材料称为烧结刚玉。根据煅烧温度及材料的显微结构、性能的差异，分为轻烧刚玉（一般低于 1650℃）、烧结刚玉（1650～1925℃）、烧结板状刚玉（一般在 1925℃ 以上）。根据使用的原料不同，烧结刚玉可以分为矾土烧结刚玉和氧化铝烧结刚玉。矾土烧结刚玉的主要原料是高铝矾土，它一般是选用优质矾土经过煅烧、破碎、湿法球磨、成型以及高温煅烧而成，主要应用于磨料工业，耐火材料中很少采用。耐火材料中所使用的烧结刚玉多指用工业氧化铝作为原料，在高温下烧结而成的氧化铝烧结刚玉。

1.6.1 烧结刚玉的生产工艺

烧结刚玉的生产工艺过程，一般是将工业氧化铝预烧，使 γ-Al_2O_3 转化为 α-Al_2O_3，然后再细磨、成球、高温烧成，俗称二步法。也有采用将工业氧化铝即 γ-Al_2O_3 直接磨细、成球、高温烧成的一步法生产烧结刚玉。各生产厂家烧结刚玉的生产工艺都不尽相同，但都符合下述的基本生产工艺流程：

原料→磨细→混料→成型→干燥→烧成→加工→检验

现将具体生产工艺过程叙述如下。

1.6.1.1 原料

根据烧结刚玉使用的原料不同，可分为矾土烧结刚玉和氧化铝烧结刚玉。

矾土烧结刚玉的主要原料是高铝矾土，一般选用优质矾土经过煅烧、破碎、湿法球磨、成型及高温煅烧而成。矾土烧结刚玉主要用于磨料工业，耐火材料很少采用。

氧化铝烧结刚玉是用工业氧化铝作原料，在高温下烧结而成的。由于生产工业氧化铝的方法不同，其工业氧化铝的性能也有差异。因此必须考虑工业氧化铝的杂质含量，以及粉碎、成型、烧结等性质对最终烧结刚玉质量的影响，以便考虑原料性能与生产工艺的配合。其次根据烧结刚玉产品的质量要求，结合工厂的生产工业条件，必须对工业氧化铝理化指标作严格规定。如对生产高纯低硅刚玉砖用的烧结刚玉，应严格规定其 SiO_2 的质量分数小于 0.5%，因此生产这种烧结刚玉的工业氧化铝其 SiO_2 的质量分数也必须很低。如果在生产烧结刚玉的工艺过程中不能保证除去 Na_2O，则必须选择 Na_2O 含量低的工业氧化铝作为烧结刚玉的原料。

1.6.1.2 磨细

氧化铝烧结的重要条件是应该达到单晶体大小的分散度,故氧化铝超细粉碎是制备烧结刚玉熟料的基础。工业氧化铝的分散度对烧结刚玉熟料气孔率的影响见表 1-16。

表 1-16 分散度对烧结刚玉熟料气孔率的影响

筛上料（质量分数)/%		3.0	2.0	2.5	0.08
粒径为 10~60μm/%		32.0	24.2	10.6	1.12
粒径小于10μm/%		65.0	73.8	86.9	98.8
吸水率/%	1650℃	3.9	2.3	1.9	0.2~0.4
	1750℃	2.2	2.0	1.1	0.1
气孔率/%	1650℃	13.1	8.0	6.7	0.9~1.6
	1750℃	7.8	7.1	4.0	0.3
密度/g·cm^{-3}	1650℃	3.34	3.44	3.55	3.71
	1750℃	3.48	3.50	3.60	3.72

工业氧化铝为多孔球状集合体,干法粉碎时,很难破坏这种多孔聚集体结构。采用这种结构的颗粒也难以获得高致密度的制品。煅烧后的工业氧化铝容易粉碎,烧结刚玉最好是采用 α-Al$_2$O$_3$ 细小晶体的氧化铝作原料,所以烧结刚玉的生产工艺普遍采用工业氧化铝预烧后磨细的二步法。但是,燃烧工业氧化铝增加一道工序,必然提高产品成本。为此,一些工厂都致力于直接采用工业氧化铝磨细的一步法生产烧结刚玉。晶辉特种耐火材料厂将工业氧化铝进行湿磨,湿磨时由于水的分散膨胀、劈裂作用,较易破坏集合体的多孔结构,因此粉碎效率和效果都比较好。物料粉碎到一定细度后,加入助磨剂,这种物质吸附在颗粒表面后,既可以解凝,又因降低了颗粒的表面能而使粉碎效率提高。加入助磨剂还可减少用水量,提高分散性和泥浆的流动性,有利于超细粉碎的顺利进行。

采用球磨机和筒磨机磨细工业氧化铝较困难,而间歇式振动磨机磨细效果较好,用此种磨机磨细工业氧化铝约 6~8h,磨细 α-Al$_2$O$_3$ 约 0.5~3.5h。磨细后物料中小于2μm 的颗粒占65%~75%,平均粒径 1.0~1.2μm,不过这种振动磨机产量较低,连续式振动磨机产量比较高。用振动磨机干法磨细的工业氧化铝,经1750~1900℃煅烧后的烧结刚玉熟料,其吸水率小于 0.5%~2%,气孔率小于5%~6%。

用筒磨机干法磨细工业氧化铝产量比较高,如长为6m,直径 1.635m 的双仓筒磨机,其产量为 2.5~3.6t/h,但是磨出的物料小于 10μm 的约占72%,而小于2μm 的只有30% 左右。这种氧化铝经 45MPa 压力压制的试样,烧后的吸水率

（3.6%）和气孔率（12.09%）都很高。

加入表面活性物质，如疏水性硅有机溶液 0.05%～0.075%，可降低氧化铝颗粒硬度，提高筒磨机粉碎后物料的分散度，其小于 $10\mu m$ 颗料含量约占 85%，小于 $2\mu m$ 颗粒含量为 46%，还能避免氧化铝细粉黏结在球上。加入表面活性物质，可提高振动磨机的产量，磨细同样的氧化铝，磨细时间可缩短二分之一至四分之三。加入表面活性物质还可提高细粉的流动性，便于磨细后物料的输送。

无论采用何种磨机，采用钢球作研磨体优于采用陶瓷及硅质球，前者能使磨后物料中粒径 $1～2\mu m$ 的颗粒含量增加。采用小球可增加细粉的含量，如在所有条件不变的情况下，球体直径由 15mm 降至 6mm，则研磨体比表面积增大约 1.5 倍，按颗粒平均直径评价，粉碎强度提高约 1 倍。一般不用硅质球做研磨体，它会使物料中磨入部分 SiO_2 杂质，只有配加黏土或含 SiO_2 成分的料才允许采用硅质球和硅质内衬。如用此种磨机运转 24h，则物料中 SiO_2 的质量分数由原料中 SiO_2 含量 0.2%～0.3% 增至 4.5%。而用钢球磨入的铁量不大于 0.05%～0.1%。粉碎氧化铝时，最好是采用刚玉陶瓷作内衬，装入刚玉研磨体的振动磨机或球磨机。这样既能保证有足够的粉碎强度，又能保证氧化铝物料磨细后的纯度。

有的资料介绍用金属球湿法磨细工业氧化铝，若使氧化铝达到很高的分散度，则磨入的铁量较高，按 Fe_2O_3 计算为 0.3%～0.5%，有的资料还提高到 0.98%～1.4%。不能用这种磨细的物料制备烧结刚玉，若使用这种物料则必须用酸洗，随后用水多次洗涤，这样就使工艺复杂化，成本提高。最好是采用刚玉陶瓷内衬，采用刚玉球，用湿法细磨才能合理。要特别注意，不允许向磨好的物料中加入未细磨的工业氧化铝，否则未细磨的工业氧化铝会大大地提高烧结刚玉熟料的气孔率。加入 20% 未磨细的工业氧化铝，1750℃煅烧后的熟料气孔率将增至 16%～17%。

1.6.1.3　物料的混合

采用一步法生产是将水、液体状助磨剂、致密添加剂、工业氧化铝等均匀地加入连续式振动磨机内、经过振动粉碎后的浆料，在浆池内再被充分地搅拌，然后过筛、吸铁、压滤。这样既保证了物料磨碎的细度又保证了添加剂及颗粒的均匀分布，为获得致密均匀的烧结刚玉奠定基础。

采用二步法生产烧结刚玉，一般是将干磨好的 $\alpha\text{-}Al_2O_3$ 细粉，加入亚硫酸纸浆废液 1%～1.5%（干重）或 1.5% 的甲基纤维素 6%～8%，也可加入两者的混合物。还有加入 2.5% 的聚乙烯醇 4%～10% 作结合剂，在混砂机中混炼 15～25min 的，泥料水分为 3%～8%。各厂家的混料设备不尽相同，分别采用湿碾机、双轴搅拌机、高速对流式混炼机等。一般 $\alpha\text{-}Al_2O_3$ 粉的泥料水分为 8%～10%，$\gamma\text{-}Al_2O_3$ 向 $\alpha\text{-}Al_2O_3$ 转变的氧化铝泥料水分为 $(18+1)\%$。

无论是磨 γ-Al_2O_3 的一步法物料，还是磨 α-Al_2O_3 的二步法物料，若是采用刚玉陶瓷作内衬，刚玉球作研磨介质采用湿法细磨的生产工艺，则可考虑在磨机内做到既粉碎又混合，磨出的泥料可直接成型。

1.6.1.4 成型

采用湿法球磨的物料可采用不锈钢真空挤泥机成型，真空度不大于0.095MPa。成型后的坯体，断面无气孔，呈致密状。

用干料的混炼机上混炼好的泥料，在辊式成球机上成球。成球机的压力为60～80MPa，为提高球坯的密度，可以采取二次成球或多次成球工艺。

还可以在液压机、摩擦压砖机及其他压力机上成型，最好用液压机，以保证压力均匀和慢速，避免细料极易产生的过压裂纹。为了便于随后的干燥和煅烧，应压成矩形坯体。为了便于刚玉熟料的破碎，坯体厚度不宜过大，一般为 20～30mm。改变坯体尺寸，对煅烧致密化并无多大影响。采用 50MPa 压力压成的湿坯体，平放时耐压强度为 1.5～2.0MPa，侧放时为 0.8～1.0MPa。用粒度小于 10μm 占 95% 以上的氧化铝料，在液压机上压制坯体，压力由 30～60MPa 提高到 120MPa，虽然坯体的密度有所提高，但煅烧后熟料的密度提高不大，而且也不能降低煅烧温度。

美国铝业公司是将磨细的氧化铝在旋转筒中成球，成球过程中不断喷水，使球表面有一定黏性，以便球种在细粉中能像滚雪球一样不断长大，球种的尺寸一般为 6.35mm，成球后坯体直径 25.4～33.0mm，一般采用淀粉做结合剂增加其强度。

有的采用成球盘滚球，成球盘直径 3.5～5.0mm，倾斜摆放，倾斜角度可以按照要求调整。在盘的垂直上方装有下料管和喷水管，在圆盘开动时，经球磨机和振动磨机磨耗的物料由下料管排放到成球盘上，同时打开水管，对着圆盘上的物料喷雾，由于成球圆盘旋转，则物料立即形成小球，并在不断排下的物料中滚动，越滚越大，当球的直径达到 30～35mm 时，让球在无粉料的盘下部再滚动一段时间，令其滚实，提高球的强度和密度，然后排出成球圆盘，通过输送带进入干燥器。

用工业氧化铝细粉压球，作为生产烧结刚玉熟料的成型方法是合适的，用这种方法生产的烧结刚玉熟料的密度与半干法成型坯体热料的密度相同。滚球法成球易产生分层结构、这种结构煅烧后容易破碎。压球法成球不易产生分层结构。

1.6.1.5 干燥

无论采用何种成型方法，其坯体都必须进行干燥，因为干燥后的坯体强度迅速提高，使煅烧过程中坯体的破损率降低。采用半干法压制的坯体，一般应干燥到水分小于（2＋0.5）％，以避免坯体燃烧产生开裂。普遍采用隧道窑干燥器及输送式干燥器。

采用竖窑或回转窑煅烧的球状坯体，可采用炉箅式预热机进行干燥。球坯必须以不动的状态干燥，不能用转筒干燥。特别是用回转窑燃烧熟料，必须装入箅式预热机进行干燥，因为回转窑煅烧时有强大的气流，球坯干燥不好就要受到破坏，并产生细粉。煅烧强度较高的高铝熟料排尘量达20％，刚玉熟料的排尘量可能更高。

1.6.1.6 煅烧

烧结刚玉的煅烧设备，因成型方法不同，采用的煅烧窑炉也不同。用半干压法制成标型砖形状的坯体及挤压出的坯体，一般采用隧道窑或倒焰窑煅烧；球形坯体采用回转窑，竖窑或其他窑煅烧。球料在竖窑中煅烧有一个很好的优点，即球料在其中破坏得较少。竖窑煅烧刚玉熟料，窑的利用系数大，生产效率高，热耗低，可以连续机械化生产，目前一些生产烧结刚玉及板状刚玉的厂家都选用竖窑煅烧。

1.6.2 烧结刚玉显微结构及理化性能

烧结刚玉的主晶相均为 $\alpha\text{-}Al_2O_3$，但由于烧结温度及添加物不同，$\alpha\text{-}Al_2O_3$ 晶体尺寸及晶粒形貌有一定差异。如 1650～1750℃ 煅烧熟料中的刚玉晶体多为 5～15μm 的等轴晶体，其中个别晶粒尺寸达 100～200μm，偶然可见（50μm×200μm）～（200μm×400μm）的菱形晶体，晶粒分布不均匀。1750～1830℃ 煅烧的熟料，平均晶粒尺寸为 50～100μm。1900～1950℃ 煅烧的熟料，等轴晶体尺寸很多，而且多由粗大的菱形晶体组成。1900℃ 煅烧的熟料，$\alpha\text{-}Al_2O_3$ 晶体尺寸等于 50～150μm，1950℃ 煅烧的刚玉晶体呈板状或者薄片状。而在（1500＋20）℃ 煅烧的熟料晶体尺寸小于 10μm，其中有分布不均匀的（3μm×10μm）～（5μm×15μm）的单个细小的 $\alpha\text{-}Al_2O_3$ 针状晶体。（1300＋20）℃ 煅烧的熟料，$\alpha\text{-}Al_2O_3$ 呈隐晶质存在。典型烧结刚玉产品的理化指标见表 1－17。

表 1－17　烧结刚玉产品的理化指标

指　标	美国	江苏	辽宁	山东
$w(Al_2O_3)/\%$	>99.5	≥98.0	≥99.0	≥99.0
$w(Na_2O)/\%$	<0.4	<0.3	<0.3	<0.4
$w(K_2O)/\%$				
$w(SiO_2)/\%$	0.2	<0.6	<0.1	<0.35
$w(CaO)/\%$	0.04			
$w(MgO)/\%$			<0.1	

指　标	美国	江苏	辽宁	山东
$w(Fe_2O_3)/\%$	0.05	<0.5	<0.1	<0.25
体积密度/$g \cdot cm^{-3}$	3.5 ~ 3.7	>3.55	≥3.55	>3.5
吸水率/%		<0.8		<1.5
显气孔率/%	2 ~ 3	<4.5	<7.5	<4.5
烧结温度/℃	1800 ~ 1900	1830	1850	<1900

1.6.3　烧结刚玉的优点及与电熔刚玉的对比

（1）烧结刚玉的化学成分。烧结刚玉的 Al_2O_3 纯度高，质量分数达99.5% ~ 99.6%以上，杂质少，尤其是 Na_2O。

（2）烧结刚玉的组织结构。烧结刚玉的组织结构是一个致密的 $α\text{-}Al_2O_3$ 多晶烧结体，含少量 $β\text{-}Al_2O_3$ 结晶，不存在玻璃相。而电熔刚玉是具有平板状伟晶面的单晶体。烧结刚玉是不规则和多角形的晶体，晶体尺寸为 5 ~ 80μm，而电熔刚玉是由片状和棒状的 1000μm 大结晶组成的。

（3）烧结刚玉的烧结性能。烧结刚玉的烧结性能比电熔刚玉好，因为它是在 1800℃ 以上温度下煅烧的，结晶尺寸从 10μm 成长为 100μm 以上，形成的结晶之间致密烧结。烧结刚玉和电熔刚玉组织上最明显的差别是结晶大小和气孔状态，电熔刚玉是大气孔多，且形状也不定，开口气孔较多。烧结刚玉的总气孔率与电熔刚玉没有大的差别，但大部分以闭口气孔的形式呈球状分布在颗粒中，也有的集中在晶界，有结晶越发达，气孔径越大的倾向。在煅烧时，烧结刚玉比电熔刚玉的收缩大，正因为烧结时有收缩，才使得制砖烧成时收缩小，从而能保证获得尺寸精确的制品，使制品具有能在较低温度下烧结的特点。电熔刚玉的制品，成型体烧后几乎没有变化，既难以烧结，也难以产生成型体强度。

（4）烧结刚玉的机械强度。烧结刚玉比电熔刚玉机械强度大，因为结晶粒子表面有微小的凹凸，所以很容易和结合剂结合为一体。另外，由于结晶没有过大的成长，保留了适当的活性，因此很容易与各种结合剂以很高的强度致密结合；电熔刚玉的晶体从几百微米成长为几千微米，而且粒米表面平滑，缺少活性，很难与结合剂结合成强固的结合体。烧结刚玉的机械强度除了与结晶大小有关，还与气孔率大小有关，因为烧结刚玉密度大，气孔少，所以强度较大。

（5）烧结刚玉的性能。根据上述原因，烧结刚玉的化学稳定性很高，其熔融和软化温度高，热传导率大，具有优良的耐急冷急热性，耐熔融金属和熔渣的侵蚀能力也强，具有优良的高温和低温电绝缘性，在氧化和还原气氛下稳定，硬度大，具有很高的耐磨性能，最适合做耐火材料。

2 电解铝工业

目前全世界共有 44 个产铝国家，1998 年世界原铝产量将近 22250 万吨，这些铝都是用电解法或称霍尔－赫劳尔特（Hall-Heroult）法生产出来的。该方法由美国的 C. M. Hall 和法国的 Paul L. T. Heroult 于 1886 年同时发明，熔融电解生产金属铝要点是采用碳质电极，以冰晶石作氧化铝溶剂。1888 年 11 月 Hall 等人在北美建成了第一个装置，后来发展成为美国铝业公司。大约同时，Heroult 在瑞士纽哈森建立的第一批铝电解槽也投产了。

电解法自诞生以来其基本理论变动很小，但电解槽的结构却有很大的改进和发展，当前世界上主要有四种电解槽：旁插阳极棒连续自焙阳极电解槽（即旁插槽），上插阳极棒连续自焙阳极电解槽（即上插槽），连续预焙阳极电解槽，预焙阳极电解槽（即预焙槽）。近 40 年来，预焙槽的发展最快。为了进一步增加铝产量和降低能耗，各工业国家纷纷致力于电解槽的大型化和操作自动化以及有关工艺设备的试验研究，许多国家已建成和投产 20 万安培以上大型现代化中间加料的预焙槽系列，电解槽的机械化、自动化程度和劳动生产率日益提高。随着科学的发展，管理技术也在不断提高，生产技术经济指标不断刷新，环境保护也越来越受重视，有的国家解决得很好或已基本解决。总的看来，世界铝生产发展的趋势是铝电解槽在不断大型化和现代化，铝生产技术在不断地改进，铝产量在不断地增长，对环境的影响在不断地改善。

金属铝采用电解方法生产出来以后，一般均将铝液铸造成铝锭，即商品铝锭，以供用户重新熔化后进行各种方式的深加工，制成各种铝制品。

工业铝电解流程如图 2－1 所示。

2.1 铝的性质及用途

2.1.1 铝的性质

铝是一种银白色的轻金属，位列元素周期表第三周期ⅢA 族，原子序数 13，原子量 26.9814，其主要特性如下：

（1）熔点低。铝的熔点与纯度有密切关系，纯度 99.996% 的铝熔点为 660℃。

（2）沸点高。液态铝的蒸气压不高，沸点为 2467℃。

（3）密度小。铝的密度只有钢的 1/3，常温下工业纯铝的密度为 2.70 ~

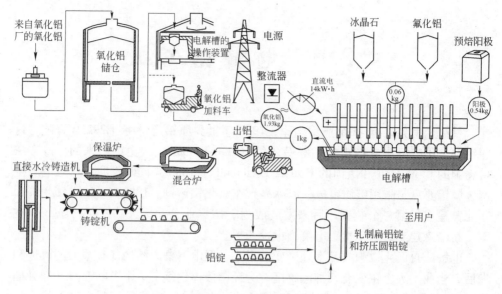

图 2 - 1　铝电解流程

$2.71g/cm^3$，随着温度升高，铝的密度随之降低，在 950℃ 时铝液的密度为 $2.303g/cm^3$。

（4）电阻率小。纯度为 99% ~ 99.5% 的铝电阻率为 $(2.80 ~ 2.85) \times 10^{-8}$ Ω/m，在常用金属中铝的导电性仅次于银和铜，居第三位。铝中添加其他元素，都会增大铝的电阻率。固体和液体铝的电阻率均随温度降低而减小，靠近 0K 时，铝的电阻率接近零。

（5）铝具有良好的导热能力。铝的导热性能差不多是不锈钢的十倍，在 20℃ 时，铝的热导率为 $237W/(m \cdot K)$。

（6）铝具有良好的反光性能，特别是对于波长为 $0.2 ~ 12\mu m$ 的光线。

（7）铝没有磁性，不产生附加的磁场，所以在精密仪器中不会起干扰作用。

（8）铝易于加工，可用一般的方法把铝切割、焊接或黏接，铝易于压延和拉丝。铝的再生利用率高，易与多种金属构成合金。

（9）铝具有良好的防腐蚀性。铝表面在空气中和氧易结合成一层牢固的氧化铝薄膜，这层氧化铝薄膜是连续、无孔的，阻止铝向内层进一步氧化，提高了铝的抗氧化和抗腐蚀能力。

（10）铝没有毒性，可以用作食品包装。

（11）铝再生循环利用率高，是一种节能储能绿色环保型金属。

2.1.2　铝的用途

由于铝具有质轻，导热性、导电性和可加工性良好，可构成高强度、耐腐蚀性的合金以及可再生循环利用等优良的性能，因而铝成为有色金属中应用最广泛的金属，是仅次于钢铁的第二大金属。铝工业现在是世界上最大的电化学冶金工业，铝的产量在金属中仅次于钢铁，居有色金属之首。它的应用主要表现在下面几个方面：

（1）轻型结构材料。因铝及其合金质轻、机械性能好、易加工，所以已成为当今制造各种交通运输工具不可缺少的结构材料。近年来汽车工业用材料要求向体形小、质量轻的方向发展，所以用铝量不断增加。每千克铝材可代替 2.2kg 钢材，这样就大大减轻了车体的质量，这对节约燃料是非常有利的。另外，火车车厢、轮船船体等也都采用大量的铝材。此外，国防工业、宇宙航空航天工业的用铝量也在日益增长。

（2）建筑工业材料。铝材已在建筑方面得到广泛的应用。它的应用主要是用铝合金型材制作房屋的结构架和门窗柜橱一类的设施，以此代木，经久耐用，美观大方。

（3）电气工业材料。因铝质轻、导电又好，所以铝在电力输配、器件制造等方面已成为制造电线、电缆、电容器、整流器、母线以及无线电器材的主要材料。

（4）耐腐蚀材料。由于铝表面有一层很坚硬、致密的氧化铝薄膜，所以它有很好的耐腐蚀性。在化学工业上常用铝及其合金制造各种反应器、储槽和管道等。

（5）食品包装材料。因铝是无毒性的金属材料，所以在食品包装方面也得到了广泛应用。目前从大型的仓库储槽、容缸到小型的食品罐头盒子及零用包装铝箔都有铝的应用。同时，它还是人们日常生活中常用炊具和一些装饰品的主要原材料。

2.2 世界铝电解工业技术现状

目前，电解铝工业仍以改善和提高霍尔－赫劳尔特电解槽技术水平为主，着力于节能减排，降低能耗、物耗和原铝成本，在从源头上就减少气固废物料污染的同时，加强废物料废铝的无害化和资源化处理，实现资源再生和循环利用，进一步提高产品质量和扩大产品种类。

现代化预焙电解槽的电流强度继续向超大型化发展。继法国 AP18 和 AP30 型电解槽技术后，AP50 技术已问世。最近，俄罗斯铝业启动了电流强度为 400kA 的 RA400 槽型电解槽系列两条。该系列是在原 300kA 电解槽技术基础上开发的第二代超大型电解槽，该槽日产量 3t，电流效率 94%，电耗 13800kW·h/t，减少 33% 污染物。目前正在开发 450～500kA 电解槽，预计将开展 RA500 电解槽试验。600～740kA 超大容量电解槽也在开发研究中。

国外大容量（300kA 以上）电解槽阳极电流密度为 0.8A/cm² 以上，主要经济技术指标：电流效率 93%～95%，直流电耗 13000～13500kW·h/t；最先进的技术指标电流效率可达 96%，电耗略低于 13000kW·h/t。

法国彼斯涅 AP 系列电解技术被公认为代表当今国际领先水平。从 AP 电解系列技术中不难看出其具有如下几个特点：

（1）阳极电流密度较高，可达 0.8A/cm² 以上，单位阴极面积产能大。

（2）槽电压和电解稳定性均较高，电解质过热度都较低，不超过 10℃，槽膛内形中炉帮和伸腿的固相结壳厚度稳定合理，因此电流效率高，可达 95%～96%，电耗可低到 13000kW·h/t，槽寿命达 2000 天。

（3）物质的量之比、氧化铝和阳极效应系数低，说明其设计操作和控制技术水平高。

国外铝电解的数学模型、传感器、控制和新材料等功能化技术水平较高。采用的物理场数学模型精确有效，电解槽结构设计质量高，槽电解运行稳定性好，电流效率可达 95%～96%。应用了半连续传感器实时在线检测控制温度、过热度、分子比、熔体高度和氧化铝浓度，控制水平先进，控制效应系数向零目标发展。在高电流密度、高槽电压、高电解温度条件下，通过槽电压、分子比和过热度的软件程序控制技术，实现电解槽的能量平衡、物料平衡和液固相平衡，即过热度和炉帮伸腿构成的固相电解质槽膛内型稳定合理。这样不仅电流效率高、炭耗低，而且电解槽寿命长。

开发应用抗熔体渗透的槽衬耐火材料、热电偶套管、优质碳素阴阳极、可湿润阴极和惰性阳极等新型材料。

优化电解质组成，降低电解质电压降和提高电流效率。

工业铝电解生产中产生的废渣、废槽衬等废物料实行有价成分再生回收并循环利用，或对其做无害化处理，减轻铝电解工业废物对环境污染。美国铝电解工业总排氟量达到 0.7kg/t 水平。

为了大幅度提高电解法能量效率和减少二氧化碳排放量，国外开展力求降低阴阳极之间电压降的工业试验，采用炭阳极开沟槽、TiB₂ 可湿润阴极、惰性阳极、导流式或双极多室式新型结构电解槽等新工艺新技术新材料新设备。

对于有望替代现有霍尔－赫劳尔特电解法的一些炼铝新工艺方法，如碳热还原法、氯化铝双极多室电解法等长远课题还在继续进行研究。

2.3 铝电解原料及要求

铝电解生产所需用的原材料大致分三类：原料——氧化铝，熔剂——氟化盐（包括冰晶石、氟化铝、氟化钠、氟化镁、氟化钙和氟化锂等），预焙阳极——炭块或炭糊。

2.3.1 铝电解原料——氧化铝

氧化铝是当前冰晶石－氧化铝熔盐电解法的唯一原料，是从矿石中提炼出来的有一定粒度要求的白色粉料，流动性很好，不溶于水，能溶解在熔融的冰晶石中，熔点 2050℃，真密度 3.5～3.6g/cm³，体积密度 1.0g/cm³。工业氧化铝中通常含有 Al_2O_3 98.5%（质量分数）左右。

氧化铝在电解生产中的作用是：（1）不断地补充电解质中的铝离子，使其浓度保持在一定的范围内，保证电解生产的持续进行；（2）氧化铝覆盖在电解质壳面上可以起到良好的保温作用，覆盖在阳极炭块上可防止阳极炭块的氧化；（3）在烟气净化系统中充当吸附剂，用来吸附阳极气体中的氟化氢气体。

为了取得良好的生产指标，对氧化铝的要求是非常严格的，主要体现在化学纯度和物理性能上：

（1）化学纯度。工业氧化铝通常含有 98.5% 的氧化铝以及二氧化硅、三氧化二铁、二氧化钛、氧化钠、氧化钙和水等少量杂质。在电解过程中，那些电位比铝正的元素的氧化物杂质，如二氧化硅、三氧化二铁都会优先还原，还原出来的 Si 和 Fe 等杂质进入铝内，从而使铝的品位降低，且降低电流效率；而那些电位比铝负的元素的氧化物杂质，如氧化钠、氧化钙会分解冰晶石，使电解质组成发生改变并增加氟盐消耗量。氧化铝中的水分同样分解冰晶石，不仅引起氟化盐的消耗，还会增加铝液中的氢含量，同时产生氟化氢气体，污染环境。五氧化二磷等高价氧化物杂质则会降低电流效率。所以铝工业对于氧化铝的纯度提出了严格的要求，具体标准见表 2－1。

表 2－1　我国氧化铝质量标准

级 别	代 号	$w(Al_2O_3)/\%$	杂质成分（质量分数）/%			
			SiO_2	Fe_2O_3	Na_2O	灼减
一级	Al_2O_3-1	≥98.6	≤0.02	≤0.03	≤0.50	≤0.8
二级	Al_2O_3-2	≥98.5	≤0.04	≤0.04	≤0.55	≤0.8
三级	Al_2O_3-3	≥98.4	≤0.06	≤0.04	≤0.60	≤0.8
四级	Al_2O_3-4	≥98.3	≤0.08	≤0.05	≤0.60	≤0.8
五级	Al_2O_3-5	≥98.2	≤0.10	≤0.05	≤0.60	≤1.0
六级	Al_2O_3-6	≥97.8	≤0.15	≤0.06	≤0.70	≤1.2

（2）物理性能。工业氧化铝的物理性能，对于保证电解过程正常进行和提高气体净化效率，有很大的影响。一般要求它具有较小的吸水性，能够较多较快地溶解在熔融冰晶石里，粒度适宜、飞扬损失少，并且能够严密地覆盖在阳极炭块上，防止它在空气中氧化。当氧化铝覆盖在电解质结壳上时，可起到良好的保

温作用。在气体净化中，要求它具有较好的活性和足够的比表面积，从而能够有效地吸收氟化氢气体。另外，氧化铝要有良好的流动性。这些物理性能取决于氧化铝晶体的晶型、形状和粒度。

根据氧化铝的物理性能不同，可分为三类：砂状、粉状和中间状，其特性见表 2-2。

表 2-2 不同类型氧化铝的特性

氧化铝类型	安息角/(°)	灼减	粒度累计/%	
			≤44μm	≤74μm
砂状	30	1.0	5~15	40~50
中间状	40	0.5	30~40	60~70
粉状	45	0.5	50~60	80~90

砂型氧化铝呈球状，颗粒较粗，安息角小，只有 30°~35°，其中 α-Al_2O_3 含量少于 10%~15%，γ-Al_2O_3 含量较高，具有较大的活性，适于在干法净化中用来吸附 HF 气体，在半连续下料的电解槽上载氟氧化铝可用作原料，故砂型氧化铝得到广泛应用。粉型氧化铝呈片状和羽毛状，颗粒较细，安息角大，为 45°，其中 α-Al_2O_3 含量达到 80%。中间型氧化铝介乎两者之间。

生产每吨铝所需的 Al_2O_3 量，从理论上计算等于 1889kg。实际上由于工业氧化铝中 Al_2O_3 的质量分数大约为 98.5%，以及在运输和加料过程中有飞扬和机械损失，所以生产每吨铝所需的工业氧化铝量是 1920~1940kg。

2.3.2 铝电解熔剂——氟化盐

铝电解熔剂包括冰晶石、氟化铝、氟化钠、氟化镁、氟化钙、氟化锂等，氧化铝可熔于由冰晶石和其他几种氟化物组成的熔剂中，构成氟盐-氧化铝熔液。

2.3.2.1 冰晶石

冰晶石分天然和人造两种。天然冰晶石产于格陵兰岛，无色或雪白色，密度为 2.95g/cm^3，硬度 2.5，熔点 1009.2℃，在自然界中贮量有限。因此现代铝工业则使用合成的人造冰晶石，其为灰白色的粉末，易黏于手，不溶于水。

冰晶石的化学式为 Na_3AlF_6，从分子结构上讲，1mol 冰晶石是由 3mol 氟化钠（NaF）和 1mol 氟化铝（AlF_3）结合而成，所以又可写成 $3NaF \cdot AlF_3$，此种配比的冰晶石称为正冰晶石。正冰晶石在常温下呈白色固体，其实测熔点约为 1010℃，自然界中天然冰晶石的储量极少，工业上所用的冰晶石均为化学合成产品。

冰晶石中氟化钠物质的量与氟化铝物质的量之比，称为冰晶石的摩尔比（俗称分子比）。正冰晶石的摩尔比等于3，冰晶石的摩尔比既可大于3，也可小于3，摩尔比等于3的冰晶石又称为中性冰晶石，大于3的称为碱性冰晶石，小于3的称为酸性冰晶石。摩尔比大于3或者小于3的冰晶石其熔点均小于正冰晶石。

在工业上也将冰晶石中氟化钠与氟化铝的组成比用质量比表示，在比值上，摩尔比是质量比的2倍，即摩尔比等于3的冰晶石，其质量比等于1.5。

摩尔比等于3（质量比等于1.5）的冰晶石形成的电解质称为中性电解质，摩尔比大于3（质量比大于1.5）的冰晶石形成的电解质称为碱性电解质，摩尔比小于3（质量比小于1.5）的冰晶石形成的电解质称为酸性电解质。目前铝工业均采用酸性电解质生产。

冰晶石是熔剂的主要成分，它的作用有三点：第一，能较好地溶解氧化铝，并且所构成的熔体可在纯冰晶石熔点以下进行电解；第二，在电解温度下，冰晶石熔液的密度比铝液密度要小10%，故电解出来的铝液能沉积在槽底上面；第三，冰晶石具有良好的导电性。目前，冰晶石是铝电解生产中最理想的一种熔剂。

从理论上讲冰晶石在电解过程中是不消耗的，但实际上由于冰晶石中的氟化铝被带进电解液中的水分分解，或自身挥发，氟化钠被电解槽内衬吸收以及操作时的机械损失等原因，故冰晶石在生产过程中是有一定损耗的，在正常情况下大约生产1t铝需耗冰晶石5~10kg。

2.3.2.2 氟化铝

氟化铝（AlF_3）是一种白色的细微粉末，属菱形六面体结构，其颗粒比氧化铝稍大，流动性次之，不粘手。氟化铝是冰晶石－氧化铝熔液的一种添加剂，它既可以弥补电解质中氟化铝的损失，又可以调整电解质的分子比，降低电解温度，以保证生产技术条件的稳定，其单耗为20~30kg/t。因氟化铝用量也较大，它没有熔化温度，只有升华温度，沸点为183℃，易挥发和飞扬，故在向槽内添加时应注意操作方法。

氟化铝也是一种人工合成产品，铝工业上所使用的氟化铝，其质量标准见表2-3。

表2-3　工业用氟化铝质量标准 （GB 4292—1984）

级别	化学成分（质量分数）/%						
	F	Al	Na	$SiO_2 + Fe_2O_3$	SiO_4^{2-}	H_2O	P_2O_5
一级	≥61	≥30	≤4	≤0.40	≤1.2	≤7.0	≤0.05
二级	≥60	≥30	≤5	≤0.50	≤1.5	≤7.5	≤0.05

2.3.2.3 氟化钠

氟化钠（NaF）是一种白色粉末，易溶于水，同样是电解质的一种添加剂，其质量标准见表2-4。

表2-4 氟化钠质量标准

级别	化学成分（质量分数）/%						酸度（HF）
	NaF	SiO₂	Na₂SO₄	水中不溶物	Na₂CO₃	H₂O	
一级	98	0.5	0.3	0.7	0.5	0.5	0.1
二级	95	1.0	0.5	3	1.0	1.0	0.1
三级	84		2.0	10	2.0	1.5	

氟化钠多用于电解槽的预热或开动初期调整分子比，因为在这个时期，新槽的炭素内衬对氟化钠有选择性的吸收，使电解质的分子比急剧下降，同时装新槽所用冰晶石的分子比较低，而生产条件又要求分子比要高，以便提高炉温，所以装炉和开动初期，要加一定量的氟化钠。

但在多数工厂用碳酸钠代替氟化钠，因为碳酸钠在高温下易分解成氧化钠，氧化钠再与冰晶石起反应生成氟化钠，起到提高分子比的作用。由于碳酸钠比氟化钠更易溶解，价格低廉，选择碳酸钠替代氟化钠更加经济。

2.3.2.4 氟化钙

氟化钙（CaF_2）也是电解质的一种添加剂，属于面心立方结构，熔点1423℃。铝工业常用的氟化钙是一种天然矿石，俗称萤石，用它作添加剂以改善电解质的物理化学性质，工业所用的氟化钙的质量标准见表2-5。

表2-5 氟化钙质量标准 （%）

级别	$w(CaF_2)$	$w(SiO_2)$	$w(Fe_2O_3)$	$w(MnO_2)$	$w(CaCO_3)$	$w(H_2O)$
一级	≥98	<0.8	<0.3	<0.02	<1.0	<0.5
二级	≥97	<1.0	<0.3	<0.02	<1.2	<0.5
三级	≥95	<1.4	<0.3	<0.02	<1.5	<0.5

新槽启动时多添加氟化钙，它有益于炉帮的形成，可使炉帮比较坚固，同时也可降低电解质的初晶温度，从而降低电解温度。氟化钙的含量在生产过程中随电解质的损失而减少，但在生产中并不添加氟化钙，这是因为原料氧化铝中含有少量的氧化钙，氧化钙与电解质中的氟化铝反应可生成氟化钙，所以它可自行补充累积。

2.3.2.5 氟化镁

氟化镁（MgF_2）是一种工业合成品。其作用与氟化钙基本相似，对炉帮形成起矿化剂作用，但在降低电解质温度、改善电解质性质、分离炭渣、提高电流效率和电解质导电率方面比氟化钙的作用更为明显,实践证明这是一种较好的添加剂。工业铝电解中对氟化镁的质量要求见表2-6。

表2-6 氟化镁质量标准 （％）

$w(F)$	$w(Mg)$	$w(SiO_4^{2-})$	$w(SiO_2)$	$w(R_2O_3)$	$w(H_2O)$
>45	>32	<1.5	<0.9	<2.0	<1.0

2.3.2.6 氟化锂

氟化锂或者碳酸锂,对降低电解温度和提高电解质导电率有显著效果,是提高电流效率和降低电耗的一种良好的添加剂,应当推广应用。

2.3.3 阳极材料

在冰晶石-氧化铝熔盐电解生产中,作为导电的阴阳极的各种材料,既能良好导电,又能耐高温,抗腐蚀,同时价格低廉的目前只有炭素材料,因此铝工业生产都采用炭素材料作阴阳极和各种炭糊。在电解过程中,炭阴极原则上不消耗,炭阳极由于直接参与电化学反应而消耗。

目前,工业上采用的电解槽有两大类:自焙阳极电解槽和预焙阳极电解槽。自焙阳极电解槽阳极材料使用的是阳极糊,而预焙阳极电解槽则采用预焙阳极块。

2.3.3.1 阳极糊

阳极糊是一种具有一定粒度配比的石油焦或沥青焦或两种焦的混合物,与一定比例的熔融沥青混捏而成的混合糊料,然后再按照一定要求制成团状或者块状,使用中将这种团状或块状的糊料加在自焙槽上部专门的阳极框套中,阳极导电棒插入直流电流,由阳极糊的电阻产生的焦耳热和熔体电解质的高温把糊逐渐烧结成一定形状的固体（习惯上称为阳极锥体）,浸入电解质中的部分参与电解过程中的电化学反应（主要在底掌上）而不断被消耗,因此需定期向阳极框套内添加阳极糊,以补充其消耗。一般每吨铝消耗阳极糊在500kg左右。阳极糊生产的工艺流程如图2-2所示。

产品阳极糊的质量标准见表2-7。

表2-7 产品阳极糊的质量标准

等级	灰分/%	电阻率/$\mu\Omega \cdot m^{-1}$	抗压强度/MPa	孔隙度/%
特级	≤0.5	<80	>26.5	<32
一级	≤1.0	<80	>26.5	<32
二级	≤1.5	不规定	>26.5	<32

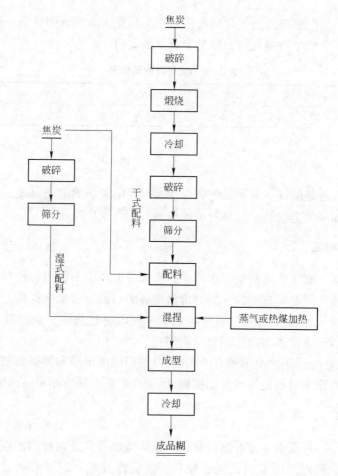

图 2-2 阳极糊生产工艺流程

2.3.3.2 铝电解预焙阳极炭块

预焙阳极炭块是利用一定粒度、一定配比的石油焦和残极，与一定比例的煤沥青（黏结剂），经过混捏、成型、焙烧而成的阳极炭块。预焙阳极炭块生产的基本工艺流程如图 2-3 所示。

阳极炭块的用途是做预焙电解槽的阳极。采用预焙阳极的好处是避免了自焙阳极在电解过程中有沥青烟和其他有害气体的散发，同时使用预焙阳极后槽电压降低，更有利于电解槽大型化和自动化控制。

预焙阳极净耗大约每吨铝 400~450kg，毛耗（包括残极）为 500~550kg。因预焙阳极的消耗使得其中的杂质被还原后以硅、铁、钛、钒等元素杂质进入到铝液中，故对预焙阳极的理化指标要求严格，在化学成分上要求灰分越低越好，尤其是对硅、铁、镍、钒、钠、硫等的控制，在物理性能上要求电阻率和气孔率要小。

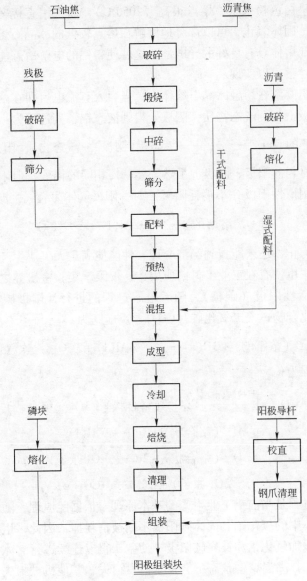

图 2-3 预焙阳极块生产工艺流程

2.4 铝电解基本理论知识

铝的工业生产，一直采用冰晶石－氧化铝熔盐电解法。本节以冰晶石－氧化铝熔盐电解为基础，介绍有关铝电解的基本理论知识。

2.4.1 铝电解基本原理

含铝矿石在专门的氧化铝厂，生产出纯度较高的固体氧化铝，作为铝电解的原料。氧化铝呈白色粉末状，熔点很高（2050℃），欲采用直接融化提炼铝，困难很大。但是，固体氧化铝可以部分地溶解在熔点较低的冰晶石熔液中，形成均匀熔体，并且此熔体具有良好的导电性，这就使得铝的电解冶炼能在低于氧化铝熔点较多的条件下得以实现。

固体氧化铝溶解在熔融冰晶石熔体中，当通入直流电后即在两极上发生电化学反应，在阳极上得到气态物质，阴极上得到液态铝，其过程为：

$$溶解的氧化铝 \xrightarrow[960℃]{通入直流电} 液态铝（阴极）+ 气态物质（阳极）$$

使用不同材料的阳极，阴极上虽然都能获得相同的铝液，但阳极气态物质却不相同。当采用惰性阳极（不消耗阳极）时，阳极气体为氧气，即：

$$Al_2O_3（溶解的） \xrightarrow{直流电} 2Al(1) + \frac{3}{2}O_2(g)$$

但到目前为止，还未能找到经济合理、性能能满足大工业生产的惰性阳极材料，因此该方法也没有在工业上付诸应用，还仅限于实验室研究之中。铝工业生产中全部采用活性阳极（碳极），随着电解过程的进行，阳极碳参与电化学反应，生成碳的化合物——二氧化碳（CO_2），反应式为：

$$2Al_2O_3（溶解的）+ 3C(s) \xrightarrow{直流电} 4Al(1) + 3CO_2（一次气体）$$

其电极反应过程为：

$$Al_2O_3(s) \xrightarrow{熔解、电离} 2Al^{3+}（络合状）+ 3O^{2-}（络合状）$$

阴极 $$Al^{3+}（络合状）+ 3e^- \longrightarrow Al(1)$$

阳极 $$O^{2-}（络合状）- 2e^- \longrightarrow O（原子）$$

$$2O（原子）+ C(s) \longrightarrow CO_2(g)$$

上述反应过程是当前铝工业生产的基本原理。依据此原理，随着反应不断进行，电解质熔体中的氧化铝、固体碳阳极不断被消耗掉，因此，生产中需不断向电解质熔体中添加氧化铝和补充碳阳极，使生产得以连续进行。冰晶石在原理上不会被消耗，但在高温熔融状态下会发生挥发损失和其他机械损失，因此，电解过程中也需作一定的补充。除此之外，还需向反应过程供给大量的直流电能（约为 13000～15000kW·h/t），以推动反应向生成铝的方向进行。

在实际生产中，阳极气体不完全是二氧化碳，而是二氧化碳（约占70%）和一氧化碳（约占30%）的混合物，一氧化碳主要由电解过程中的副反应所产生，称为二次气体。

2.4.2 铝电解质及其性质

在电解过程中，连接阳极和阴极之间不可缺少的熔盐体称为电解质。液体电解质是保证电解过程能够进行的重要条件之一。液体电解质主要是以冰晶石为熔剂，氧化铝为熔质而组成，其主要成分是冰晶石（占85%左右）。但在现代铝工业生产中使用的电解质并非单纯的冰晶石和氧化铝。因为冰晶石和氧化铝含有一定数量的杂质成分，如：氧化钠、氧化铁、氧化硅和氧化钙等。另外，在电解生产中，为了改善电解质的物理化学性能，提高电解生产指标，还向电解质中加入某些添加剂，如：氟化铝、氟化镁、氟化锂和氯化钠等。

熔融的冰晶石能够较好地熔解氧化铝，而且所构成的电解质可在冰晶石的熔点1010℃以下进行电解，从而也降低了氧化铝的还原温度。在电解温度下，熔体状态的冰晶石或冰晶石-氧化铝熔液的比例比铝液的比例还小约10%，它能更好地漂在电解出来的铝液上面。冰晶石-氧化铝熔体具有较好的流动性，也有相当良好的导电性。

铝电解质的性质对铝电解生产十分重要。掌握电解质的各种性质，有助于了解实际生产条件的控制，改善生产技术指标，提高生产效率。铝电解质的性质主要是指电解质的初晶温度、密度、电导率、黏度、表面性质和挥发性等。

2.4.2.1 初晶温度

初晶温度是指液体开始形成固态晶体的温度。固态晶体开始熔化的温度称为该晶体的熔点。初晶温度与熔点的物理意义不同，但在数值上相等。

纯的正冰晶石熔液的初晶温度为1010℃，但在其中添加固体氧化铝形成冰晶石-氧化铝均匀熔体电解质后，其初晶温度随着氧化铝含量的增多而降低，约为960℃，电解质的摩尔比降低，其初晶温度也随之降低，但氧化铝的溶解量也会降低。

生产中需要电解质的初晶温度越低越好，这样可以降低工作温度（工作温度一般控制在初晶温度以上10~20℃的范围）。工作温度越低，电解设备的热损坏、热变形越小，可延长设备的使用寿命，工人的工作环境越易得到改善，电解质的挥发损失也越小。同时，电解工程中的电流效率随电解温度降低而提高，这样，既可以降低电能消耗，又可以增加产量。

2.4.2.2 密度

密度是指单位体积的某物质的质量，其单位为：g/cm^3。

冰晶石在接近熔点处的密度为2.112g/cm^3，随着温度升高，密度呈线性降低，其关系式为：

$$d_{冰晶石} = 3.035 - 0.832 \times 10^{-3}t$$

式中，$d_{冰晶石}$为密度，g/cm^3；t为温度，℃。

工业铝电解质熔体的密度随氧化铝含量的增多而降低。从生产中一次加料后到下一次加料前的氧化铝质量分数变化中，可以看出工业铝电解质熔体密度随氧化铝质量分数减少而增加,见表2-8。

表2-8 不同氧化铝浓度下的电解质密度

项 目	一次加料后	两次加料中	二次加料前
物质的量比	2.7~2.4	2.7~2.4	2.7~2.4
$w(Al_2O_3)/\%$	8	5	1.30~2.0
$w(CaF_2)/\%$	4~6	4~6	4~6
密度/g·cm^{-3}	2.105~2.085	2.110~2.090	2.125~2.105

实际生产中需要电解质密度较低为好。铝电解质生产中,铝与电解质是两种相溶性很小(铝在电解质中的最大溶解度约为1%)的液体,铝水的密度比电解质大些,故沉于电解槽底部,它们之间的分离靠两种液体的密度差来实现。纯度较高的铝水其密度一定,因此,只有减小电解质熔体的密度来增大其密度差,从而使两种液体良好地分离。

2.4.2.3 电导率

电导率也称为导电度,它是物体导电能力的标志,通常用电阻率(比电阻)的倒数来表示。电解质的比电阻定义为截面为$1cm^2$,长度为$1cm$的熔体的电阻,其单位为$\Omega \cdot cm$,故电导率的单位为$\Omega^{-1} \cdot cm^{-1}$。显然,电解质的比电阻小,其电导率大,电解质的导电性就好,相反就差。

纯冰晶石在1000℃时的电导率为$(2.8 \pm 0.02)\Omega^{-1} \cdot cm^{-1}$,随着温度升高,其电导率基本呈线性增大。

在电解质熔体中,随着氧化铝浓度的增加,电解质的电导率减小,温度在1000℃时,电解质的电导率与氧化铝质量分数呈下列关系式:
$$K = 2.76 - 5.002 \times 10^{-2}a + 1.321 \times 10^{-4}a^2$$
式中,K为电导率,$\Omega^{-1} \cdot cm^{-1}$;$a$为氧化铝质量分数,%。

工业电解质的电导率一般在$2.13 \sim 2.22\Omega^{-1} \cdot cm^{-1}$范围内,即电阻率在$0.45 \sim 0.47\Omega \cdot cm$。

生产中需要电解质具有大的电导率,电解质导电性越好,其电压降就越小,越有利于降低生产消耗。

2.4.2.4 黏度

黏度是表示与液体中质点之间相对运动的阻力,也称为内部摩擦力,单位为$Pa \cdot s$(帕·秒)。熔体内质点相对运动的阻力越大,该熔体的黏度就越大。

电解质黏度主要取决于电解质的成分和温度。一般来说,电解质熔体黏度随温度升高而呈线性减小。氧化铝含量增加会使电解质的黏度增大,但在电解质中氧化铝含量（质量分数）小于10%时对黏度变化影响较小，超过10%时，则电解质的黏度开始显著上升。

另外，电解质的分子比也能降低电解质的黏度，添加氟化钙能使其黏度增大，氯化钠和氟化锂使电解质黏度减小。

工业电解铝的黏度一般保持在 $3 \times 10^{-3} Pa \cdot s$ 左右，过大或者过小，对生产均不利。电解质黏度过大，会降低氧化铝在其中的溶解速度，阻碍电解质中的碳渣（生产中从碳阳极上掉下的碳粒）分离和阳极气体的逸出，给生产带来危害。但电解质黏度过小，会加快电解质的循环，加快铝在电解质中的溶解度损失，降低电流效率，而且加快氧化铝在电解质中的沉降速度，造成槽底沉淀。

2.4.3 添加剂对电解质性质的影响

铝电解生产中，为了改善电解质的性质，利于生产，通常向电解质中添加各种添加剂，以达到提高电流效率，降低能耗的目的。这些添加剂包括碱金属或碱土金属的氟化物或氯化物等盐类物质。

作为添加剂必须满足以下条件：（1）在电解过程中不参与电化学反应，以免电解出其他元素而影响铝的纯度；（2）添加剂应能够对电解质的物理化学性质有所改善，例如降低其熔点，或者提高其电导率，减小铝的溶解度，降低其蒸气压，减小电解质的密度等；（3）添加剂的吸水性和挥发性要小，对氧化铝的溶解度影响不大；（4）来源广泛且价格低廉。

基本上，满足上述要求的添加剂有氟化铝、氟化钙、氟化镁、氟化锂、氯化钠、氯化钡等几种。它们均能降低电解质初晶点，有的还能提高电解质的电导率，但是大多数添加剂具有降低氧化铝溶解度的缺点，迄今为止，还没有一种完全合乎要求的添加剂。

2.4.4 两极副反应

在铝电解过程中，除了前面所述的两极主要反应外，同时在两极上还发生着一些复杂的副反应。这些副反应对生产有害无益，生产中应尽量加以遏制。

2.4.4.1 阴极副反应

A 铝的溶解和损失

金属铝部分溶解在冰晶石熔体中。当把一块铝加入到清澈透明的冰晶石熔液中时，立即可发现雾状的液体从铝块上散发出来，熔液逐渐变浑浊。在电解过程中，处于高温状态下的阴极铝液和电解质的接触面上，必然也有析出的铝溶解到电解质中去。一般认为，阴极铝液在电解质里的溶解有以下几种情况：

（1）溶解在熔融冰晶石中的铝，生成低价铝离子和双原子的钠离子。

$$2Al + Al^{3+} \rightleftharpoons 3Al^+$$

$$Al + 6Na^+ \rightleftharpoons Al^{3+} + 3Na^+ + 3Na$$

(2) 在碱性电解质中，铝与氟化钠发生置换反应。

$$Al + 3NaF \rightleftharpoons AlF_3 + 3Na$$

(3) 铝以电化学反应形式直接溶解进入电解质熔体中。

$$Al(l) - e^- \rightleftharpoons Al^+$$

此外，铝也可能以不带电荷状态溶解在电解质中，构成金属雾。

B 金属钠的析出

电解过程中阴极的主反应是析出铝而不是钠，因为钠的析出电位比铝低。但是，随着温度升高，电解质分子比增大，氧化铝浓度减少，以及阴极电流密度提高，钠与铝的析出电位差越来越小，而有可能使钠离子与铝离子在阴极上一起放电，析出金属钠。

$$Na^+ + e^- \rightleftharpoons Na$$

此外，在碱性电解质中，溶解的铝也可能发生下列反应而置换出钠。

$$Al + 6NaF \rightleftharpoons Na_3AlF_6 + 3Na$$

析出的钠少部分溶解在铝中，剩下的一部分被阴极炭素内衬吸收，一部分以蒸气状态挥发出来（钠的沸点为 880℃），在电解质表面被空气或阳极气体所氧化，产生黄色火焰。可能的反应为：

$$4Na + O_2 \rightleftharpoons 2Na_2O$$

$$2Na + CO_2 \rightleftharpoons Na_2O + CO$$

$$2Na + CO \rightleftharpoons Na_2O + C$$

2.4.4.2 阳极副反应

冰晶石－氧化铝熔盐电解阳极一次产物是二氧化碳气体（碳阳极），但是，在所有工业电解槽上对阳极气体的测量结果均不是 100% 的二氧化碳，实际气体成分为 CO_2（50% ~80%）和 CO（20% ~50%）的混合气体。一氧化碳的产生一般认为是在电解过程发生主反应的同时，伴随着一系列副反应，主要过程为溶解于电解质中的各种形式的铝，被带到阳极区间与二氧化碳接触而被氧化。

$$2Al(溶解的) + 3CO_2 \rightleftharpoons Al_2O_3 + 3CO$$

此外，由于碳阳极散落掉渣，分离后漂浮在电解质表面，当二氧化碳气体与这些碳渣接触时，会发生还原反应而生成一氧化碳。

$$C + CO_2 \rightleftharpoons 2CO$$

在阳极副反应中，铝和二氧化碳的反应是电解过程中降低电流效率的主要方式，因此，生产中应尽量控制这类不利反应的发生。

2.4.5 铝电解槽结构

铝电解的主要设备是电解槽，如图2-4所示，是由型钢和钢板做成敞口的长方体，内部砌筑耐火材料。工业铝电解槽通常分为阴极结构、上部结构、母线结构和电气绝缘四大部分。各类槽工艺制度不同，各部分结构也有较大差异。

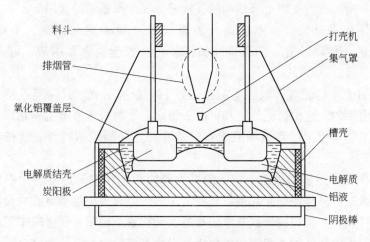

图2-4 预焙阳极电解槽

2.4.5.1 阴极结构

阴极结构指电解槽槽体部分，包括钢制槽壳和内衬两部分。

（1）槽壳。槽壳为内衬砌体外部的钢壳和加固结构，它不仅是盛装内衬的容器，而且还起着支撑电解槽质量，克服内衬在高温下产生热应力和化学应力迫使槽壳变形的作用，所以槽壳必须具有较大的刚度和强度，因此，一般采用12~16mm的钢板焊接而成，外部用钢型以一定形式加固。一般电解槽槽壳采用双层围带、摇篮架、小船型结构，它由长侧板、短侧板、长侧内膛板、底板和摇篮托架等焊接组装而成。

（2）内衬。内衬砌体的构造是根据工艺要求、槽容量、材料性能，通过热解析模拟计算确定的。不同类型、不同容量、不同材料的槽内衬结构有所不同。

底部由下往上依次铺上一层硅酸钙绝热板，砌上两层保温砖，再平铺上一层高强防漏料。耐火砖上直接安装已组装好的阴极钢棒的阴极炭块，砌体和墙壳之间留有一定的缝隙，用耐火粉进行填充。

侧面砌筑大小面不同，一层侧部碳块，在大面侧部碳块下部是高强防渗料及保温砖伸缩缝砌体。小面侧部碳块下部是轻质浇注料，所有底部碳块缝的连接均采用捣固糊，侧部碳块缝的连接采用侧块间碳胶。

2.4.5.2　电解槽上部结构

槽体之上的金属结构部分，统称为上部结构。可分为承重桁架、阳极提升装置、打壳下料装置、阳极母线和阳极组、集气和排烟装置。

(1) 承重装置。承重桁架下部为门式支架，上部为桁架，整体用铰链连接在槽壳上。桁架起着支撑上部结构的其他部分和全部重量的作用。

(2) 阳极提升装置。阳极提升装置固定在腹板梁的顶部，由螺旋起重机、减速机、传动装置、阳极母线吊挂装置及安全离合器组成，起升降阳极的作用。

(3) 打壳下料装置。该装置由打壳和下料系统组成，打壳装置是为加料而打开壳里面用的，它由打壳气缸和打击头组成。下料系统由槽上料箱和下料器组成。料箱上部与槽上风动溜槽或原料输送管相通；筒式下料器安装在料箱的下侧部。

(4) 阳极母线和阳极组。两条阳极大母线两端和中间进电点用铝板重叠焊接成一母线框，悬挂在螺旋起重机丝杆上，阳极组通过小盒卡具和大母线的挂钩卡紧在大母线上。阳极大母线既承担导电、又起着承担阳极质量的作用。

阳极组由炭块、钢爪和铝导杆组成，炭块有单块组和双块组之分，国内大型预焙槽均使用炭块组，但有四爪和三爪两种。钢爪与炭块用磷生铁浇注连接，与铝导杆为铝－钢爆炸连接。

(5) 集气和排烟装置。电解槽的集气烟罩由上部结构上的顶板和槽周可由人工开闭的铝合金烟罩组成。槽子产生的烟气由上部机构和下方的集气箱汇集到支烟管，再进入墙外总烟管而到净化系统。

2.4.5.3　母线配制

整流后的直流电通过铝母线引入电解槽上，槽与槽之间通过铝母线串联而成，所以，电解槽有阳极母线、阴极母线、立柱母线和软带母线。槽与槽之间、厂房与厂房之间还有联络母线。阳极母线与阴极母线之间通过联络母线和立柱母线与软母线连接，这样将电解槽一个一个地串联起来，构成一个系列。

铝母线有压延母线和铸造母线两种，为了降低母线电流密度、减少母线电压降、降低造价，大容量电解槽均采用大断面的铸造铝母线，只在软带和少数异型连接处采用压延铝板焊接。

2.4.5.4　电解槽电气绝缘

在电解槽系列上，系列电压达数百伏至上千伏。尽管人们把零电压设在系列中点，但系列两端对地电压仍高达 500V 左右，一旦短路，易出现人身和设备事故。而且，电解用直流电，槽上电气设备用交流电，若直流窜入交流系统，会引起设备事故，需进行交、直流隔离。因此，电解槽许多部分需要进行绝缘。

2.5 铝电解生产工艺流程简述

现代铝工业生产采用冰晶石－氧化铝熔盐电解法。铝电解过程中，主要以冰晶石－氧化铝熔液为电解质，以碳素材料为阴极和阳极，直流电从阳极导入，经过电解液和铝液层后从阴极棒导出，直流电的作用是以热能形式保持冰晶石、氧化铝等原料成熔融状态和实现电化学反应，反应结果在阳极上生成二氧化碳和一氧化碳气体，在阴极上析出液态金属铝。随着电解过程的进行，析出的铝被蓄积起来，周期地从电解槽中取出，取出的铝从电解厂房送往铸造部门，经过相应的处理后浇注成各种规格的坯锭。

一台电解槽是一个生产单元，一定数量的电解槽串联起来构成一个系列，一个或几个系列组成一个电解车间。铝电解生产工艺流程如图 2－5 所示。

从图 2－5 中可以看出，电解铝使用的主要原料是氧化铝、阳极糊或预焙阳极块（阳极块）、冰晶石、氟化铝和其他氟化物等，这些原料都是在专门的车间或工厂中制备的。

烟气中除二氧化碳和一氧化碳外，还含有少量的氟化氢或其他气体，氟化氢是有害气体，影响周围环境，应当予以处理。现行净化方法有湿法和干法两种，究竟哪种方法更为适用，应根据电解槽槽型以及具体条件确定，净化时收回的再生冰晶石或含氟氧化铝可返回电解槽使用。

2.6 铝精炼

按照纯度的不同，铝可以分为以下三类。

（1）原铝。通常是指用熔盐电解法在工业电解槽内制取的铝，其纯度一般为 99.5%～99.85%。这是大宗的工业产品，不包括配制的合金。

（2）精铝。一般来自三层液精炼电解槽。在精炼槽内，原铝和铜配成的合金作为阳极，冰晶石－氯化钡作为电解质，析出在阴极上的精铝，其纯度通常在 99.99% 以上。

（3）高纯铝。主要用区域熔炼法制取。选用精铝作原料，得到杂质质量分数不超过 $1×10^{-6}$ 的高纯铝。高纯铝还可用有机铝化合物电解与区域熔炼相结合的方法制取。

此外，还有用凝固提纯法从原铝制取的接近精铝级的铝。我国目前通行的精铝质量标准见表 2－9。

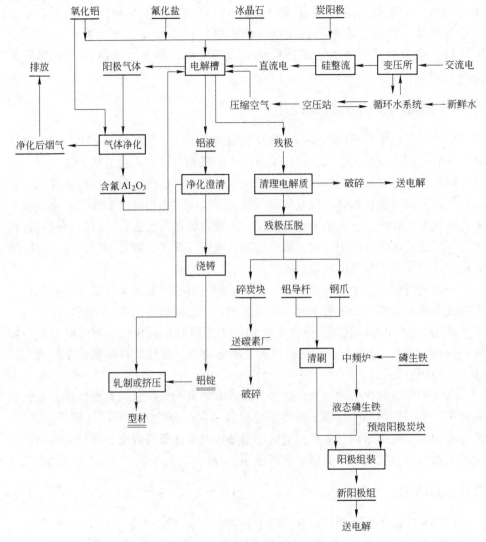

图 2-5 铝电解生产工艺流程

表 2-9 精铝质量标准

品　位	$w(Al)/\%$	$w(Fe)/\%$	$w(Si)/\%$	$w(Cu)/\%$	$w(Fe+Si+Cu)/\%$
高一级品	≥99.996	0.0015	0.0015	0.0010	0.0040
高二级品	≥99.99	0.0030	0.0025	0.0050	0.010
高三级品	≥99.97	0.015	0.015	0.0050	0.030
高四级品	≥99.93	0.040	0.040	0.015	0.070

　　精铝与原铝相比具有许多优良的性质,随着纯度的提高,铝的导电性、延展性、反射性、抗腐蚀性增强,这些主要与铝的晶粒长大有关。其中最具价值的是

它的抗腐蚀能力，精铝的抗腐蚀能力约为原铝的9倍。铝的纯度越高，表面氧化膜越致密，与内部铝原子的结合越牢固，就具有更好的抗腐蚀能力。

铝是导磁性非常小的物质，在交变磁场中具有良好的电磁性能，纯度越高，其导磁性越小和低温导电性越好。所以精铝及高纯铝在低温电工技术、低温电磁构件和电子学领域有着特殊的用途。

精铝主要的用途是一些高技术领域和科学研究领域，主要用来生产精铝箔、配制光亮铝合金、特种铝合金与拉制喷涂丝等，其中应用最多的是电子工业。据统计，我国精铝有78%左右用于轧制电解电容器，即常说的电子箔，12%用于照明灯具，4%用于计算机外部记忆装置磁盘合金的基本金属，其他用途如化学电源中阳极合金材料、超导体等约为6%。

铝的精炼方法很多，其中最主要的有三层液电解精炼法、偏析法、有机溶液电解法和区域熔炼法。目前我国主要是采用三层液电解精炼法得到高纯度铝产品。

2.6.1　三层液电解精炼法

三层液电解精炼法是1901年美国首先提出的，1922年使用电解质操作成功，因电解槽内有三层液体而得名。1932年法国开发出低熔点的氟化物的混合电解质并成功地制出99.99%的高纯铝。日本于1941年住友化学公司独立开发氟化物电解质，开始制造99.99%的高纯铝。

2.6.1.1　三层液电解精炼法的基本原理

三层液电解精炼法是利用精铝、电解质和阳极合金的密度差形成液体分层，在直流电的作用下，熔体中发生电化学反应，即阳极合金中的铝进行电化学溶解，生成铝离子：

$$Al - 3e^- \rightleftharpoons Al^{3+}$$

铝离子进入电解液以后，在阴极上放电，生成金属铝：

$$Al^{3+} + 3e^- \rightleftharpoons Al$$

而合金中Cu、Si、Fe等元素不溶解，在一定浓度范围内仅积聚在阳极合金中，这是由于其电位均正于铝。而合金中的杂质如Na、Ca、Mg等几种电位负于铝的元素同铝一起熔解，生成Na^+、Ca^{2+}、Mg^{2+}进入电解液并积聚起来，在一定浓度、温度与电流密度下，这些杂质不会在阴极上放电。因此在阴极上就得到纯度较高的铝。

2.6.1.2　三层液电解精炼槽

三层液电解精炼槽的结构与霍尔－赫劳尔特电解槽结构大致相同，不同的是阴阳极相互倒置，槽膛内衬材质不同，如图2-6所示。

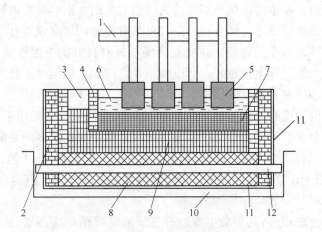

图 2-6 三层液电解精炼槽示意图

1—阴极母线；2—磁砖内衬；3—初金属加料孔；4—磁砖隔壁；5—阴极；
6—高纯度铝；7—电解质；8—阳极；9—阳极合金；10—地坑；
11—铜铁外壳；12—阳极导体

用三层液电解精炼法进行电解时,铝精炼过程在高于铝与阳极合金的熔点下进行,此时精炼槽中有三层液体:最下层为阳极合金,由 70% 原铝和 30% 加重剂铜组成,密度为 $3.4 \sim 3.7 \mathrm{g/cm^3}$;中间一层为电解质,各国采用不同的体系,大体上可分为纯氟化物系和氯氟化物系,其密度 $2.7 \sim 2.8 \mathrm{g/cm^3}$;最上一层为精炼所得的高纯铝,用作阴极,密度 $2.3 \mathrm{g/cm^3}$。在 $720 \sim 800 ℃$ 的操作温度下,利用阳极合金、电解质以及阴极精铝间的密度差,使精炼槽中始终保持着三层液体的状态。

2.6.1.3 三层液精炼的电解质

在三层液电解精炼铝中电解质作为精炼媒体是非常重要的,它必须具备以下条件:

(1) 熔融电解质的密度介于精铝和阳极合金之间。

(2) 电解质的纯度要高,不能含有比铝正电位的元素。

(3) 电解质的导电性要好,从提高铝的质量出发,应有足够高的电解质层(即高极距),以免阳极合金和精铝混淆,如果电解质导电性差,将因电阻大而产生过热,使精铝质量受到影响,并增加电能消耗。

(4) 电解质的熔点不宜过分高于铝的熔点,否则精铝的过热程度大,将增大铝的熔解和氧化铝损失,且有可能降低精铝质量。

(5) 电解质的挥发性要小,具有化学稳定性。

(6) 不与砌炉材料发生反应。

满足这些条件的电解质可采用 Na、Ba、Al、Ca、Mg 的氟化物或氯氟化物,特别是钡盐，由于有较大的密度，在电解质的组成中是不可缺少的。有代表性的电解质成分举例见表 2-10。

表 2-10 有代表性的铝精炼用电解质理化指标

指 标	Hoopes	Gadeau	Hurter
$w(AlF_3)/\%$	30 ~ 38	23	48
$w(BaF_2)/\%$	30 ~ 38		18
$w(BaCl_2)/\%$		60	
$w(CaF_2)/\%$			16
$w(NaF)/\%$	25 ~ 30	17	18
熔点/℃	900 ~ 920	750	680
电解温度/℃	950 ~ 1000	800	740

2.6.1.4 三层液电解生产工艺流程

在我国，三层液电解槽精炼普遍采用的生产工艺流程如图 2-7 所示。

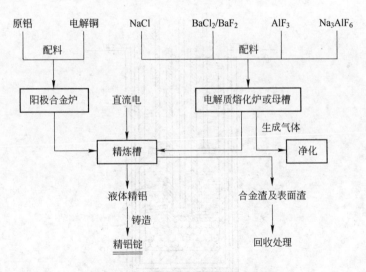

图 2-7 三层液电解槽精炼工艺流程

2.6.2 偏析法

作为利用合金凝固时的偏析现象提纯铝的方法，世界上已开发出很多技术，大体上可分为分步结晶法和定向凝固法。前者是将初晶进行分离、集中；后者是在冷却凝固面使初晶生长。偏析法的工业应用是近 20 年由法国彼施涅公司完成的，其优点是能耗低，投资少。

2.6.2.1 偏析法的基本原理

偏析法的提纯效果与杂质元素的平衡分配系数有关。所谓平衡分配系数，指在一定温度下，杂质元素在固相中的浓度 c_s 和在与其相平衡的液相中的浓度 c_L 之比，即 $K = c_s/c_L$。

当 $K < 1$ 时，杂质元素在液相中富集；

当 $K > 1$ 时，杂质元素在固相中富集；

当 $K \approx 1$ 时，杂质元素在固相和液相中的浓度相近，难于用此方法分离。

2.6.2.2 分步结晶法

此精炼技术包括的主要环节有：（1）加热熔化原铝；（2）在冷却面产生出微小初晶；（3）挤压初晶；（4）加热重熔，再次结晶。此方法的特点是所得产品的杂质含量非常低，其原因是第四步的再熔解，再结晶所致。彼施涅公司分步结晶精炼装置示意图如图 2-8 所示。

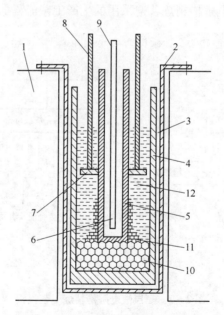

图 2-8 分步结晶精炼装置示意图

1—冷却用气体；2—气体排出口；3—冷却用气体导管；4—石墨棒；5—石墨环；
6—石墨冷却管；7—垂直炉；8—绝热层；9—铝液；10—石墨坩埚；
11—结晶小晶粒；12—大晶粒

把待精炼的原铝装入石墨坩埚，保持比铝熔点稍高的温度，加热熔化，再往石墨冷却管通入冷却气体，使冷却装置周围结晶出初晶，然后使石墨塞做上下运动,刮下冷却管周围的初晶,再用石墨塞往下施加压力,将晶粒间的铝液挤压到上方,并使小晶粒凝结成大晶粒,然后加热使之重熔,如此反复操作,可使原铝量的80%得到精炼,纯度由99.8%~99.9%提高到99.98%~99.99%。

2.6.2.3 定向凝固法

该法主要通过使冷却面连续凝固来制取高纯度铝。按不同的冷却、凝固方式可分为侧壁凝固法、冷却管凝固法、上部凝固拉晶法、底部凝固法和横向拉晶法等。底部凝固法的构造如图2-9所示。

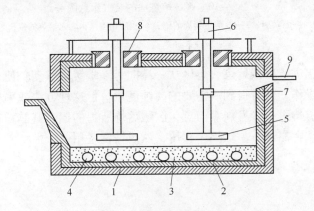

图2-9 底部凝固法装置

1—隔热砖层;2—耐火砖层;3—炭素质材料层;4—冷却媒体流动管;
5—搅拌机;6—驱动装置;7—搅拌机轴;8—盖;9—煤气燃烧器

其操作按如下所述进行:向容器中加入熔融铝,边搅拌边冷却底部,由底部按次序凝固出精制铝。一边保持搅拌机和凝固界面的间隔,一边按次序进行精制凝固,精制凝固一定量之后,含有较多杂质的残液不附着在精制块上,加热从容器中排出。残块任其成为固体形状或再溶解后由容器取出。

定向凝固法与分步结晶法相比,都是利用金属凝固时的偏析现象提纯金属,但其精炼效率较低,其主要原因是受有效分配系统控制。因此为了得到预期杂质浓度的产品,通常要将同一工序重复进行2~3次提纯加工。

2.6.3 区域熔炼法

利用三层液电解精炼法和偏析法很难得到含铝99.999%以上的产品,通常是采用区域熔炼法实现。区域熔炼法是利用合金的偏析现象:在铝的凝固过程中,杂质在固相中的溶解度小于熔融金属中的溶解度,因此,当金属在熔融状态下凝固时,大部分杂质将汇集在熔区内。如果逐渐移动熔区,则杂质会跟着转移,最后富集在试样的尾部。区域熔炼法的装置示意如图2-10所示。

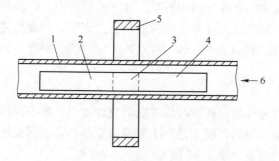

图 2 – 10　区域熔炼法的装置示意图
1—石英管；2—熔炼后凝固的铝；3—熔炼区；4—尚未熔炼的铝；
5—感应线圈（加热器）；6—保护性气体

　　用棒状原铝进行区域熔炼，熔区从一端向另一端缓慢移动，使杂质在末端富集，如此反复操作，便可得到所需要的高纯度铝。但这种方法效率很低，对于工业生产而言还有待进一步发展。而且，区域熔炼所得的铝，其晶粒很大，不适合直接加工，必须在高纯石墨坩埚中再熔，然后铸锭备用。

铝 加 工 业

3.1 铝加工业简介

3.1.1 铝加工业概念

铝加工业指将原铝加工为铝制品的过程。铝加工是指用塑性加工方法将铝坯锭加工成材,主要方法有轧制、挤压、拉伸和锻造等,加工产品是指通过塑性变形工艺生产的各种铝材,又称半成品,即板、带、箔、管、棒、型、线、锻件、粉及膏等,供用户制造铝产品。铝工业的产业链如图3-1所示,方框中为铝加工工艺流程。

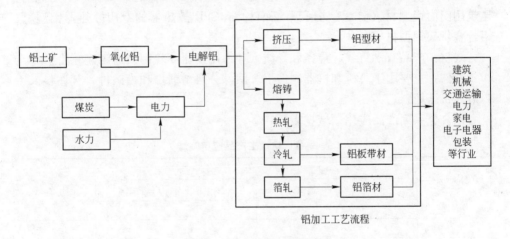

图3-1 铝工业产业链示意图

铝制品主要用于建筑行业（如各类建筑铝型材）、交通运输、电力行业（主要是电力电缆和变压器）、耐用消费（家用五金如常用的铝锅,灯具等）、包装（铝箔）等行业。

3.1.2 铝加工产品品种及应用领域

铝加工产品已系列化,品种有7个合金系,可生产板材、带材、箔材、管材、棒材、型材、线材和锻件（自由锻件、模锻件）八类产品。

板材:是由扁铝坯经加热、轧延及拉直或固溶时热效应等过程制造而成的板型铝制品。铝板材的用途包括:照明灯饰;太阳能反射片;建筑外观;室内装潢

（天花板，墙面等）；家具、橱柜；电梯；标牌、铭牌、箱包；汽车内外装饰；家用电器（冰箱、微波炉、音响设备等）；航空航天以及军事方面，比如中国目前的大飞机制造、神舟飞船系列和卫星等方面。

带材：铝锭经压轧得到的带状物，铝带的用途包括铝塑复合管、电缆、光缆、变压器、加热器、百叶窗等。

箔材：可分为工业铝箔和包装铝箔。工业铝箔化学成分较纯，厚度为$0.005 \sim 0.2mm$，主要用作电气工业和电子工业的电容器、绝热材料、防湿材料等。包装铝箔厚度一般为$0.007 \sim 0.1mm$，有平箔、印花箔、涂色印花箔和裱纸铝箔等多种产品，主要用作食品、茶叶、纸烟等的包装材料。

管材：广泛用于输送浓硝酸、蚁酸、乙酸等，但不能用于输送碱液。也用于制造换热设备。直径小的铝管可代替铜管输送有压力的液体。

棒材：主要用于飞机结构、铆钉、卡车轮毂、螺旋桨组件及其他种类结构件。

型材：铝棒通过热熔、挤压，从而得到不同截面形状的铝材料。主要包括：建筑用门窗铝型材（分为门窗和幕墙两种）；CPU散热器的专用散热器铝型材；铝合金货架铝型材。

线材：产品有铆钉线、焊条和导线。坯料用挤压、轧制或连铸连轧法生产。

锻件：主要用于飞机和机器制造上。锻件分自由锻件和模锻件，其坯料采用铸造和挤压坯料。

铝合金系列产品应用领域见表3-1。

表3-1 铝加工产品应用领域

产品种类	应 用 领 域				
	交通运输	建筑行业	电力电工	包装工业	耐用消费
板材	√	√	√		√
带材		√	√		
箔材			√	√	
管材				√	
棒材	√				
型材		√	√		
线材			√		√
锻件	√				

3.1.3 铝加工业的发展现状与趋势

3.1.3.1 国际铝加工业发展现状与趋势

近十多年以来，全球铝工业进入了一个崭新的发展时期。随着科学技术的进步和经济的飞速发展。在全球经济一体化与大力提高投资回报率的经营思想推动下，一方面加大结构调整力度，另一方面开展了一场向科技研发大进军的热潮，以求更合理、更均衡地利用与配置资源。不断扩大铝工业的规模；增加铝材的品种与规格；提高产品的科技含量并拓展其应用范围；大幅度降低能耗、加强环保；大幅度降低成本与提高经济效益；不断加强铝材部分替代钢材成为人民生活和经济部门基础材料的地位。

近几年来，全世界除中国铝加工以 30% 左右的年增长率高速增长外，其他所有国家铝加工材产量一直维持在 1500 万吨左右。2008 年全球铝加工材产量约 3900 万吨,中国铝加工材产量 1427.4 万吨,且连续 4 年居世界第一位,处于重化工业时代,中国崛起的需求起到了决定性的作用。其余重要的铝材生产国家有美国、日本、德国、意大利、法国等。近几年世界主要国家铝加工材产量见表 3 - 2。

表 3 - 2　2001 ~ 2006 年世界主要国家铝加工材产量　　　（万吨）

国　　家	2001 年	2002 年	2003 年	2004 年	2005 年	2006 年
中国	234.1	696.4	399.7	543.5	648.0	879.3
美国	685.2	298.8	681.3	752.9	761.3	791.0
日本	249.1	248.6	256.3	263.9	261.0	274.0
德国	198.5	209.7	216.6	215.0	221.0	180.0
意大利	101.1	100.2	87.7	106.0	100.0	106.0
法国	76.6	76.9	79.9	64.9	80.0	84.0

3.1.3.2　中国铝加工业的发展现状与趋势

A　我国铝加工业的发展历史

1949 年以前，我国铝合金及其加工业几乎是空白，根本谈不上装机水平、工艺技术和先进性。1956 年我国第一家大型综合性铝加工企业——东北轻合金加工厂正式投产，从而初步形成了从采矿、冶炼到加工的完整的铝工业体系，为开拓和发展铝加工业奠定了良好的基础。

1968 ~ 1977 年为我国铝加工业的开拓阶段。我国自己设计、自己制造设备、自己建筑安装的西北铝加工厂和西南铝加工厂分别于 1968 年和 1970 年相继投产，依靠自力更生完成了我国铝加工企业的较合理的布局，并在全国范围内建设了一批（近 100 家）中小型铝加工厂和铝制品厂，铝材总产量达 73kt/a，基本上满足了当时国防和国民经济对铝材的需求，但生产规模、工艺装备和技术、产品品种和质量等方面与国外差距甚大，没有形成自己的铝合金产品系列，许多新材料和高档产品仍依赖进口。

1978～1992年是中国铝加工业的振兴与大发展时期:(1)用国内外先进技术对老企业进行了技术改造并引进了一大批具有国际先进水平的设备和技术,使我国铝加工技术上了一个新台阶。(2)一批新的综合性的铝加工厂与铝箔厂相继投产,引进了大批先进的轧机和挤压机,进一步扩大了铝材产能和品种规模。(3)建筑铝型材工业获得了蓬勃的发展,企业由69家增至125家,挤压机由96台增至305台,产能由90kt/a增至380kt/a。但装机水平不很高,大多为中、低档水平。(4)各行各业都兴办铝加工业。(5)航空锻件和铸件走向国际市场。(6)现代化铝材深加工的规模和技术都有了长足的进步,大大缩短了与国际先进水平的差距。

1994年以后,中国的铝加工技术日臻成熟,生产规模、工艺装备、技术和质量水平以及科技开发等步入了一个更高层次的发展阶段,开始与国际铝加工业接轨。

B 我国铝加工业的现状与问题

中国铝及铝材加工业正处于高速持续发展的第三次高潮中。2007年全国原铝产量达1250万吨,连续6年雄居世界榜首。铝材产量由1980年的每年不到30万吨,增长到2007年的每年1176万吨,一举超过美国,跃居全球第一,而且正以比世界年平均增长率(5%～6%)大得多(20%～25%)的速度增长。近年来,已建、在建、拟建的年产10万吨以上的铝板、带、箔材项目20余个,年产20万吨以上的项目8～10个。到2008年我国铝板、带、箔的产能可达到每年800万吨,占世界产能的1/4左右,我国已经是国际上名副其实的铝加工材生产大国。回顾我国铝加工业近几年的发展,我国铝加工业的行业特点,主要表现在以下几个方面:

(1)产能产量迅速增加。中国是铝加工材生产大国,占全球铝材总量的40%左右。近几年,受国内电解铝产能的大举扩张、业内及业外人士普遍看好未来国内铝消费等诸多因素的影响,中国开始掀起了新一轮的铝加工热,中国铝材产量和增长率都位居世界第一。近几年我国铝材产品的产量如图3-2所示,近几年我国铝材产量占全球产量的比例如图3-3所示。

铝加工业部分产品供大于求。以挤压材为例,2006年中国铝挤压材总产能超过500万吨,其中铝型材产能430万吨以上;2006年铝挤压材总产量480万吨左右(出口71.2万吨),其中铝型材产量430万吨。在铝型材产量中,建筑型材约占70%,工业型材约占30%。近几年来,中国铝挤压行业提高了集中度,提高了装备水平,在世界上有很强的竞争力,但是铝挤压材的销售渠道主要依赖于建筑业和出口。

(2)行业集中度不高,竞争激烈。中国铝加工企业数量庞大,企业规模偏小,行业竞争激烈。我国现有铝加工企业约1300多家,数量之多居世界首位,但规模较小,平均生产能力不足5000t,规模最大的西南铝业公司生产能力为55万

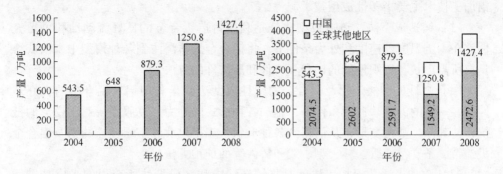

图 3-2 2004~2008 年中国铝材产量　　　　图 3-3 2004~2008 年中国
铝材在全球的比例

吨,而国外铝材厂商平均产能在 5 万吨以上,世界最大的美国铝业公司 2004 年铝加工材产量为 314 万吨,相当于我国铝材产量前四名省份广东、河南、浙江、江苏产量的总和。由于我国铝加工行业集中程度较低,加之铝材品种多样性的特点,行业内企业完全可以通过专业化生产获取一定的市场份额,这又进一步加剧了行业的分散性,目前还没有出现具有行业领导地位的企业。在产品结构中,由于高端产品生产能力不足,品种规格偏少,低端产品生产规模庞大,产品同质化明显,使得主要竞争对手在单一品种上的市场份额最多也只有 25%。行业内价格恶性竞争现象也比较突出,竞争秩序比较混乱,整个行业还处于一种以价格和关系竞争为主的低水平竞争阶段,尚未进入到品牌竞争和全方位服务竞争阶段。

(3) 市场结构不合理。目前中国铝型材市场结构并不合理,比如国外的建筑门窗中只有 20% 是使用铝型材门窗,大部分都是采用 PVC 塑钢门窗,而中国的这一数字是 60%,PVC 门窗只占有 1% 的比例。

中国的铝型材主要用于建筑上,而忽略了工业铝型材的生产和应用。国外工业铝型材在整个铝型材市场上占有 70% 的比例,而我国目前工业铝型材只占整个铝型材市场的 10%。

(4) 铝加工材进出口贸易。中国整体上仍然是铝加工材的净进口国。随着国内铝材生产企业产能和产量的不断扩大,目前中国铝制品的进口非常稳定,出口则持续大幅上升。从 2001 年开始,中国铝型材率先呈现净出口局面;铝箔进口量逐渐减少;铝板、带高档产品对进口的依赖性较大。

3.2 铝加工技术概述

世界铝(包括再生铝)的 85% 以上被加工成板、带、条、箔、管、棒、型、线、粉、自由锻件、模锻件、铸件、压铸件、冲压件及其深加工件等铝及铝合金产品。铝及铝合金材料的主要成型方法有铸造成型法、塑性成型法和深加工法。

铝加工技术主要指塑性成型技术。

（1）铸造成型法。铸造成型法就是利用铸造铝合金的良好流动性和可填充性，在一定温度、速度和外力条件下，将铝合金熔体浇注到各种模型中，以获得具有所需形状与组织性能的铝合金铸件和压铸件的方法。

（2）塑性成型法。铝及铝合金的塑性成型法就是利用铝及铝合金的良好塑性，在一定的温度、速度条件下，施加各种形式的外力，克服金属对于变形的抵抗，使其产生塑性变形，从而得到各种形状、规格尺寸和组织性能的铝及铝合金板、带、条、箔、管、棒、型、线和铸件等的加工方法。

（3）深加工法。深加工法就是将铸造法或塑性成型法所获得的半成品进一步通过表面处理或表面改性处理、机械加工或电加工、焊接或其他结合、剪断、冲切、拉伸、弯曲等方法，加工成成品零件或部件的方法。

3.2.1　铝及铝合金加工材的分类

目前，世界上已拥有不同合金状态、形状规格、品种型号、各种功能、性能和用途的铝及铝合金加工材十余万种，通常分类如下。

（1）按合金成分与热处理方式分类。

按合金成分与热处理方式，铝及铝合金材料分类见表 3 – 3。

表 3 – 3　铝及铝合金成分与热处理方式分类

类　别	合金名称	合金主要成分（合金系）	热处理和性能特点	举　例
铸造铝合金材料	简单铝硅合金	Al-Si	不能热处理强化，力学性能较低，铸造性能好	ZL102
	特殊铝硅合金	Al-Si-Mg	可热处理强化，力学性能较高，铸造性能良好	ZL101
		Al-Si-Cu		ZL107
		Al-Si-Mg-Cu		ZL105　ZL110
		Al-Si-Mg-Cu-Ni		ZL109
	铝铜铸造合金	Al-Cu	可热处理强化，耐热性好，铸造性和耐蚀性差	ZL201
	铝镁铸造合金	Al-Mg	力学性能高，抗蚀性好	ZL301
	铝锌铸造合金	Al-Zn	能自动淬火，宜于压铸	ZL401
	铝稀土铸造合金	Al-Rc	耐热性好，耐蚀性高	ZL109HE

续表 3 – 3

类 别		合金名称	合金主要成分 （合金系）	热处理和 性能特点	举 例
变形铝 合金材料	不能热 处理强化 铝合金	工业纯铝	$w(\text{Al}) \geqslant 99.90\%$	塑性好, 耐蚀, 力学性能低	1A99　1050 1200
		防锈铝	Al-Mn	力学性能较低, 抗蚀性好, 可焊, 压力加工性能好	3A21
			Al-Mg		5A05
	可热处 理强化铝 合金	硬铝	Al-Cu-Mg	力学性能高	2A11　2A12
		超硬铝	Al-Cu-Mg-Zn	室温强度最高	7A04　7A09
		锻铝	Al-Mg-Si-Cu	锻造性能好, 耐热性能好	6A02　2A70
			Al-Cu-Mg-Fe-Ni		2A80

（2）按形状与规格分类。铝及铝合金材料按形状与规格分类如下：

1）按产品形状分类。按产品形状铝材主要可分为板材、带材、条材、箔材、管材、棒材、型材、线材、粉材、锻件和模锻件、冷压件等。

2）按断面面积或质量大小分类。按断面面积或质量大小，铝及铝合金材料可分为特大型、大型、中型、小型和特小型等几个类别。如投影面积大于 $2cm^2$ 的模锻件，断面积大于 $400cm^2$ 的型材，质量大于 $10kg$ 的压铸件等，都属于特大型产品；而断面积小于 $0.1cm^2$ 的型材，质量小于 $0.1kg$ 的压铸件等称为特小型产品。

3）按产品的外形轮廓尺寸分类。按产品的外形轮廓尺寸、外径或外接圆直径的大小，铝及铝合金材料也可分为特大型、大型、中小型和超小型几个类别。如宽度大于 $250mm$、长度大于 $10mm$ 的型材为大型型材，宽度大于 $800mm$ 的型材为特大型型材，而宽度小于 $10mm$ 的型材为超小型精密型材等。

4）按产品的壁厚分类。按产品的壁厚铝及铝合金产品可分为超厚、厚、薄、特薄等几个类别。如厚度大于 $150mm$ 的板材为超厚板，厚度大于 $8mm$ 的为厚板，厚度为 $2 \sim 8mm$ 的为中厚板，厚度为 $2mm$ 以下的为薄板，厚度小于 $0.5mm$ 的板材为特薄板，厚度小于 $0.20mm$ 的为铝箔。

3.2.2　铝加工方法的分类及特点

铝及铝合金塑性成型方法很多，通常按工件在加工时的温度特征和工件变形过程中的受力与变形方式（应力－应变状态）来进行分类。

3.2.2.1　按工件在加工过程中的温度特征分类

按工件在加工过程中的温度特征，铝及铝合金加工可分为热加工、冷加工和温加工。

（1）热加工。热加工是指铝及铝合金锭坯在再结晶温度以上所完成的塑性成型过程。热加工时，锭坯的塑性较高而变形抗力较低，可以用能力较小的设备生产变形量较大的产品，为了保证产品的组织性能，应严格控制工件的加热温度、变形温度、变形速度、变形程度以及变形终了温度和变形后的冷却速度。常见的铝合金热加工方法有热挤压、热轧制、热锻压、热顶锻、液体模锻、半固态成形、连续铸轧、连续连轧、连铸连挤等。

（2）冷加工。冷加工是指在不产生回复和再结晶的温度以下的温度中所完成的塑性成型过程。冷加工的实质是冷加工的中间退火的工艺组合过程。冷加工可得到表面光洁、尺寸精确、组织性能良好和能满足不同性能要求的最终产品。最常见的冷加工方法有冷挤、冷顶锻、管材冷轧、冷拉拔、板带箔冷轧、冷冲压、冷弯、旋压等。

（3）温加工。温加工是介于冷、热加工之间的塑性成型过程。温加工的主要目的是为了降低金属的变形抗力和提高金属的塑性性能（加工性）。最常见的温加工方法有温挤、温轧、温顶锻等。

3.2.2.2　按工件在变形过程中的受力与变形方式分类

按工件在变形过程中的受力与变形方式（应力－应变状态），铝及铝合金加工可分为轧制、挤压、拉拔、锻造、旋压、成型加工（如冷冲压、冷变、深冲等）及深度加工等，如图3－4所示。

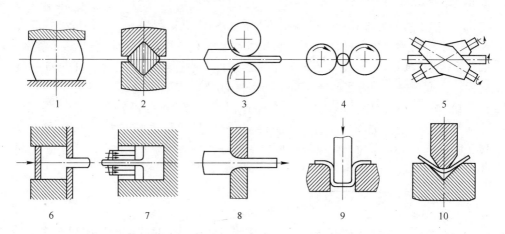

图3－4　铝加工按工件的受力和变形方式的分类
1—自由锻造；2—模锻；3—纵轧；4—横轧；5—斜轧；6—正挤压；
7—反挤压；8—拉拔；9—冲压；10—弯曲

（1）轧制。轧制是锭坯靠摩擦力被拉进旋转的轧辊间，借助于轧辊施加的压力，使其横断面减小，形状改变，厚度变薄而长度增加的一种塑性变形过程。根据轧辊旋转方向不同，轧制又可分为纵轧、横轧和斜轧。纵轧时，工作轧辊的转动方向相反，轧件的纵轴线与轧辊的轴线相互垂直，它是铝合金板、带、箔材平辊轧制中最常用的方法；横轧时，工作轧辊的转动方向相同，轧件的纵轴线与轧辊线相互平行，在铝合金板带材轧制中很少使用；斜轧时，工作轧辊有一定的倾斜角度。在生产铝合金管材和某些异形产品时常用双辊或多辊斜轧。根据辊系不同，铝合金轧制可分为两辊（一对）系轧制，多辊系轧制和特殊系（如行星式轧制可分为平辊轧制和孔型辊轧制等）。根据产品品种不同，铝合金轧制又可分为板、带、箔材轧制，棒材、扁条和异形型材轧制，管材和空心型材轧制等。

（2）挤压。挤压是将锭坯装入挤压筒中，通过挤压轴对金属施加压力，使其从给定形状和尺寸的模孔中挤出，产生塑性变形而获得所要求的挤压产品的一种加工方法。按挤压时金属流动方向不同，挤压又可分为正向挤压、反向挤压和联合挤压。正向挤压时，挤压轴的运动方向和挤出金属的流动方向一致，而反向挤压时，挤压轴的运动方向与挤出金属的流动方向相反。按锭坯的加热温度，挤压可分为热挤压和冷挤压。热挤压时是将锭坯加热到再结晶温度以上进行挤压，冷挤压是在室温下进行挤压。

（3）拉拔。拉拔是拉伸机（或拉拔机）通过夹钳把铝及铝合金坯料（线坯或管坯）从给定形状和尺寸的模孔中拉出来，使其产生塑性变形而获得所需的管、棒、型、线材的加工方法。根据所生产的产品品种和形状不同，拉伸可分为线材拉伸、管材拉伸、棒材拉伸和型材拉伸。管材拉伸又可分为空拉、带芯头拉伸和游动芯头拉伸。拉伸加工的主要要素是拉伸机、拉伸模和拉伸卷筒。根据拉伸配模，拉伸可分为单模拉伸和多模拉伸。

（4）锻造。锻造是锻锤或压力机（机械的或液压的）通过锤头或压头对铝及铝合金铸锭或锻坯施加压力，使金属产生塑性变形的加工方法。铝合金锻造分自由锻和模锻两种基本方法。自由锻是将工件放在平砧（或型砧）间进行锻造；模锻是将工件放在给定尺寸和形状的模具内，然后对工件施加压力进行锻造变形，而获得符合要求的模锻件。

（5）铝材的其他塑性成型方法。铝及铝合金除了采用以上四种最常用、最主要的加工方法来获得不同品种、形状、规格及各种性能、功能和用途的铝加工材以外，目前，人们还研究开发出了多种新型的铝材加工方法，它们主要是：

1）压力铸造成型法，如低、中、高压成型，挤压成型等。

2）半固态成型法，如半固态轧制、半固态挤压、半固态拉拔、液体模锻等。

3）连续成型法，如连铸连挤、高速连铸轧、Conform 连续挤压法等。

4）复合成型法，如层压轧制法、多坯料挤压法等。

5）变形热处理法等。

3.2.3 铝加工技术的发展现状与趋势

3.2.3.1 国外铝加工业技术的发展现状与趋势

A 国外铝加工技术的发展特点

以美、日、德等铝加工发达国家为代表，铝加工业在 20 世纪末已基本完成了优胜劣汰、兼并重组的整合进程，建立了跨国集团公司，并进行全球化生产和经营，如美铝、加铝和海德鲁公司等。其中最典型的是美铝公司，几乎囊括了全部铝加工材品种，在全世界各主要地区都设有分支机构，年铝加工材能力近 200 万吨；而以日本、德国铝加工企业为代表的一些企业，引导着世界铝加工向着高精尖方向发展，在饮料罐板和高档 PS 版基材等研发和生产上处于世界领先水平。总体来说国外铝加工技术的发展特点如下：

（1）工艺装备更新换代快，更新周期一般为 10 年左右。设备向大型化、精密化、紧凑化、成套化、自动化方向发展。

（2）工艺技术不断推新，向节能降耗、精简连续、高速高效、广谱交叉的方向发展。

（3）十分重视工具和模具的结构设计、材质选择、加工工艺、热处理工艺和表面处理工艺不断改进和完善，质量和寿命得到极大的提高。

（4）产品结构处于大调整时期。为了适应科技的进步和经济社会的发展及人们生活水平的提高，很多传统的和低档的产品将被淘汰，而新型的高档高科技产品将会不断涌现。

（5）十分重视科技进步、技术创新和信息开发，随着信息时代和知识经济时代的到来，这对铝加工技术显得更为重要。

（6）科学管理全面实现自动化和现代化，体制和机制将不断进行调整，以适应社会发展和市场变化的需要。

B 国外加工技术的发展趋势

a 铝合金材料的发展趋向

目前全世界已正式注册的铝合金达千种以上，分别包含在 $1 \times \times \times$ 到 $9 \times \times \times$ 系中，为世界经济的发展和人类的进步做出了巨大贡献。但是，随着科技的进步和人民生活水平的提高，有些合金已被淘汰，亟须发展一批高强、高韧、高模、耐磨、耐蚀、耐疲劳、耐高温、耐低温、耐辐射、防火、防爆、易切削、易抛光、可表面处理、可焊接的和超轻的新型铝合金，如 $\sigma_b \geqslant$ 780MPa 的高强高韧合金，密度小于 $2.4t/m^3$ 的铝锂合金、粉末冶金和复合材料等。

b 熔铸技术的发展趋向

铸坯的质量直接决定铝材的最终质量。应采用所有的新科技手段来提高铝合金铸锭的冶金质量，主要的发展方向是：（1）优化铝合金的化学成分、主要元素配比和微量元素的含量，不断提高铝锭的纯度。（2）强化和优化铝熔体在线净化处理技术，尽量减少熔体中气体（H_2 等）和夹杂物的含量，如使每 100gAl 中 H_2 含量小于 0.1mL、Na 离子的质量分数小于 3×10^{-6} 等。（3）强化和优化细化处理和变质处理技术，不断改进和完善 Al-Ti-B、Al-Ti-C 等细化工艺，改进 Sr、Na、P 等变质处理工艺。（4）采用先进的熔铝炉型和高效喷嘴，不断提高熔炼技术和热效率。目前世界上最大的熔铝炉为 150t，是一种圆形、可倾斜、可开盖的计算机自动控制的燃气炉。各种炉型正向大型化和自动化方向发展。（5）采用先进的铸造方法，如电磁铸造、油气混合润滑铸造、矮结晶器铸造等以提高生产效率主产品质量，节能降耗、降低成本。（6）采用先进均匀化处理设备与工艺，提高铸锭的化学成分、组织与性能的均匀性。

c 轧制技术的发展趋势

铝合金板、带、条、箔材的产量占据加工材总产量的 60% 左右，由于其用途十分广泛，所以铝材的轧制技术也发展很快，主要表现在：（1）热轧机向大型化、控制自动化和精密化方向发展。目前世界最大的热轧机为美国的 5588mm 热轧机组，热轧板的最大宽度为 5200mm，最厚为 300mm，最长为 30m。二人转的老式轧制将被淘汰，四辊式单机架单卷取将被双卷取所代替，适当发展热粗轧＋热精轧（即 1＋1）的生产方式，大力发展 1＋3，1＋4，1＋5 等热连轧生产方式，大大提高生产效率和产品质量。（2）连铸轧的连铸连轧向高速、高精、超宽、薄壁方向发展，最近美国研制成功的高速薄壁连铸轧机组可生产宽为 2000mm，厚度为 2mm 的连铸轧板材，速度达 10m/min 以上，可代替冷轧机，直接供给铝箔毛料，有的甚至可用作易拉罐的毛坯料。（3）冷轧向宽幅（宽度大于 2000mm）、高速（速度最大为 45m/s）、高精（±2μm）、高度自动化控制方向发展，冷连轧也开始发展，可大幅度提高生产效率。

铝合金轧制向更宽、更薄、更精、更自动化的方向发展，可用不等厚的双合轧制生产 0.004mm 的特薄铝箔。同时开发了喷雾成型等其他生产铝箔的方法。

d 挤压技术的发展趋势

铝合金挤压型材是一种永不衰败的材料，正在向大型化、扁宽化、薄壁化、高精化、复杂化、多品种、多用途、多功能、高效率、高质量方向发展。目前世界最大的挤压机为 350MN 的方式反向挤压机，可生产 φ1500mm 以上的管材，俄罗斯的 200MN 卧式挤压机可生产 2500mm 宽的整体壁板。全世界共有 20 多台 80MN 以上的挤压机，主要生产大型、薄壁、扁宽的空心与实心型材以及精密大径薄壁管材。扁挤压、组合模挤压、宽展挤压、高速挤压、高效反向挤压等新工艺不断涌现，模具结构不断创新，设备、工艺技术、生产管理的全线自动化程度不断提高。高速轧管、双线拉拔技术将得到进一步发展，多坯料挤压、半固态挤压、连续挤压、连铸连挤等新技术会进一步完善。

e 锻压技术的发展趋势

铝合金锻件主要用做重要受力结构件。锻压液压机正在向大型化和精密化方向发展。俄罗斯的 750MN、法国的 650MN、美国的 450MN 以及中国的 300MN 等都属于重型锻压水压机。最大模锻件的投影面积可达 $3.5m^2$，最大质量达 1.5t 以上。无加工余量的精密模锻、多向模锻、等温模锻等新工艺将得到发展。由于铝合金模锻件的品种多、批量小、模具成本昂贵，目前世界上有用预拉伸厚板数控加工的方法代替大型模锻件的趋势。

f 质量检测与质量保证

为了保证产品的质量，不仅要逐步建立各种质量保证体系（如 ISO9000 等），还要不断研制开发各种先进的仪器表和测试手段来保证产品的尺寸公差、形位精密、化学成分、内部组织、力学性能和特种性能，表面质量达到技术标准的要求。

3.2.3.2 中国铝加工业的发展现状与趋势

A 我国铝加工技术的现状

2001 年我国铝加工的主机生产能力已超过 3500kt/a。拥有各种挤压机 2800 余台，其中最大的 125MN 卧式挤压机、300MN 立式模锻水压机安装在西南铝加工厂；拥有 800 多台（套）轧机，其中从国外引进的连续铸轧机 20 余台，板材冷轧机 40 余台，铝箔轧机 40 余台；还拥有大量的熔铸、热处理、表面处理生产线和深加工生产线等，很多设备具有国际一流水平。但总的来看，我国的铝加工技术与国际先进水平仍有一定的差距：生产规模小而分散，大多数设备的装机水平不高，开工率不足，产品的品种和规格不全，很多高技术产品和高档产品仍依赖进口。

B 我国铝加工技术的发展趋势

我国铝加工技术的发展趋势为：

（1）大合并，上规模。淘汰规模小、设备落后、开工不足和产品质量低劣的企业，建成几个具有国际一流水平的大型综合性铝加工企业。

（2）产品结构大调整，向中、高档和高科技产品发展。淘汰低劣产品，研制开发高新技术产品，替代进口，满足市场需求。

（3）大搞科技进步，技术创新和信息开发，建立技术开发中心，更新工艺使铝加工技术达到国际一流水平。

（4）体制与机制调整，与国际铝加工业接轨，把我国的铝加工业和技术推向国际市场。创建我国完整的铝加工技术体系和自主知识产权体系。

目前，我国已掀起铝加工业发展的第三次高潮，在建和拟建大批具有一定规模（100kt/a 以上）和较高装备水平和铝板带箔生产线（如超宽高速薄壁连铸轧生产线，1＋3、1＋4、1＋5 热连轧生产线和 4 机架冷轧生产线等）、大型的（125MN、100MN、95MN、80MN 挤压机）高水平的挤压生产线以及多条精密模锻生产线和深加工生产线，同时大力开发新产品和新技术，不断提高产品质量，提高生产效率和经济效益。可以预见在不久的将来，铝及铝加工业将成为我国的支柱产业之一，我国将成为世界铝及铝加工业大国和强国。

3.3 铝材加工工艺简介

铝加工工艺流程如图 3 - 5 所示。

3.3.1 铝及铝合金的熔炼与铸造工艺

3.3.1.1 铝及铝合金的熔炼

不论是冶炼厂供应的金属或回炉的废料，往往含有杂质、气体、氧化物或其他夹杂物，必须通过熔炼过程，借助物理或化学的精炼作用，排除这些杂质、气体和氧化物等，以提高熔体金属的纯洁度，为铸造成各种形状的铸锭创造有利条件。

A　熔炼方法

a　分批熔炼法

分批熔炼法是一个熔次一个熔次的熔炼，即一炉料装炉后，经过熔化、扒渣、调整化学成分、再经过精炼处理，温度合适后出炉，炉料一次出完，不允许剩有余料，然后再装下一炉料。

这种方法适用于铝合金的成品生产，它能保证合金化学成分的均匀性和准确性。

b　半分批熔炼法

半分批熔炼法与分批熔炼法的区别，在于出炉时炉料不是全部出完，而留下五分之一到四分之一的液体料，随后装入下一熔次炉料进行熔化。

此法的优点是所加入的金属炉料浸在液体料中，从而加快了熔化速度，减少烧损；可以使沉于炉内的夹杂物留在炉内，不至于混入烧铸的熔体之中，从而减少铸锭的非金属夹杂；同时炉内温度波动不大，可延长炉子寿命，有利于提高炉龄。但是，此法的缺点是炉内总有余料，而且这些余料在炉内停留时间过长，易

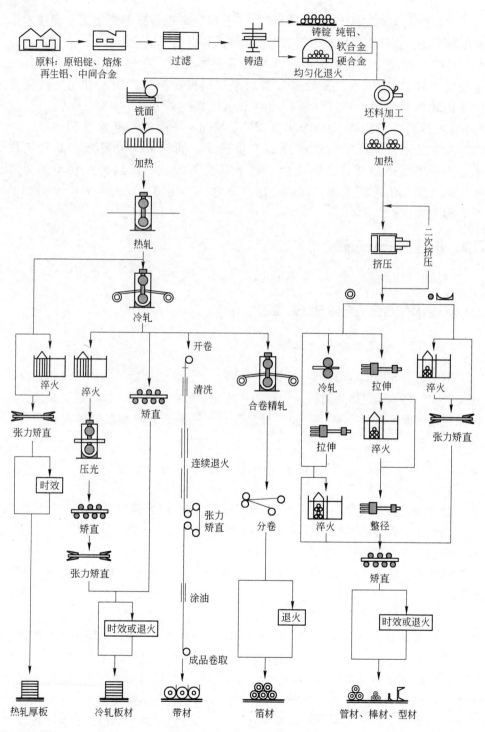

图 3 - 5 铝加工工艺流程

产生粗大晶粒而影响铸锭质量。半分批熔炼适用于中间合金以及产品质量要求较低、裂纹倾向较小的纯铝生产。

c 半连续熔炼法

半连续熔炼法与半分批熔炼法相仿。每次出炉量为 1/3，即可加入下一熔次炉料。与半分批熔炼法所不同的是，留于炉内的液体料为大部分，每次出炉料不多，新加入的料可以全部搅入熔体之中，以致每次出炉和加料互相连续。

此法适用于双膛炉熔炼碎屑。由于加入炉料浸入液体中，不仅可以减少烧损，而且还使熔化速度加快。

d 连续熔炼法

连续熔炼法加料连续进行，间歇出炉，连续熔炼法灵活性小，仅用于纯铝的熔炼。

对于铝合金熔炼，熔体在炉内停留时间要尽量缩短。因为延长熔体停留时间，尤其在较高的熔炼温度下，大量的非自发晶核复活，引起铸锭晶粒粗大，而且增加金属吸气，使熔体非金属夹杂和含气量增加，再加上液体料中大量地加入固体料，严重污染金属，为铝合金熔炼所不可取。

因此，分批熔炼法是最适合于铝合金生产的熔炼方法。

B 熔炼工艺流程

铝合金的一般熔炼工艺过程如图 3-6 所示。

熔炼工艺的基本要求是：尽量缩短熔炼时间，准确控制化学成分，尽可能减少熔炼烧损，采用最佳的精炼方法以及正确控制熔炼温度，以获得化学成分符合要求，且纯洁度高的熔体。

熔炼过程的正确与否，与铸锭的质量及后加工材质量密切相关。

3.3.1.2 铝及铝合金铸造工艺

铸造是将符合铸造要求的液体金属通过一系列浇注工具浇入到具有一定形状的铸模中，冷却后得到一定形状和尺寸铸锭的过程。

A 铸造方法

铸锭质量的好坏不仅取决于液体金属的质量，还与铸造方法和工艺有关。目前国内应用较多的是不连续铸造（锭模铸造）、连续铸造及

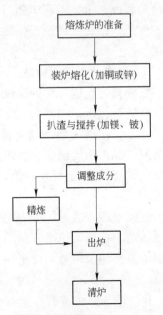

图 3-6 铝合金熔炼的工艺过程

半连续铸造。

　　a　锭模铸造

　　锭模铸造，按其冷却方式可分为铁模和水冷漠，铁模是靠模壁和空气传导热量而使熔体凝固，水冷模模壁是中空的，靠循环水冷却，通过调节进水管的水压控制冷却速度。

　　锭模铸造按浇注方式可分为平模、垂直模和倾斜模三种。锭模的形状有对开模和整体模，目前国内应用较多的是垂直对开水冷模和倾斜模两种，如图 3 - 7 和图 3 - 8 所示。

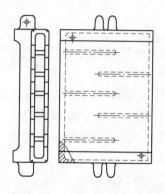 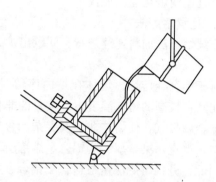

图 3 - 7　垂直对开水冷模　　　　　　　图 3 - 8　倾斜模

　　锭模铸造是一种比较原始的铸造方法，铸锭晶粒粗大，结晶方向不一致，中间疏松程度严重，不利于随后的加工变形，只适用于产品性能要求低的小规模制品的生产，但锭模铸造操作简单、投资少、成本低，因此在一些小加工厂仍广泛应用。

　　b　连续及半连续铸造

　　连续铸造是以一定的速度将金属液浇入到结晶器内，并连续不断地以一定的速度将铸锭拉出来的铸造方法。如只浇注一段时间，把一定长度铸锭拉出来再进行第二次浇注称为半连续铸造。与锭模铸造相比，连续（半连续）铸造其铸锭质量好、晶内结构细小、组织致密、气孔少、疏松、氧化膜废品少，铸锭的成品率高。缺点是硬合金大断面铸锭的裂纹倾向大，存在晶内偏析和组织不均等现象。

　　连续（或半连续）铸造按其作用原理，可分为普通模铸造、隔热模铸造和热顶铸造。按铸锭拉出方向不同，可分为立式铸造和卧式铸造，普通模铸造、隔热模铸造和热顶铸造均可用在立式铸造上，隔热模铸造和热顶铸造可以用于卧式铸造。

　　B　铸造工艺流程

　　先进的铸造工艺是采用倾翻式静置炉，通过液位传感器控制液流，采用挡板控制液体流向，结晶器与底座间隙小，不需要底座，铸造过程采用计算机控制，一旦发生异常自动停止供流。但这种操作目前国内应用很少，这里介绍目前国内应用较多的连续及半连续铸造工艺流程。铝及铝合金半连续（连续）铸造工艺流程如图3-9所示。

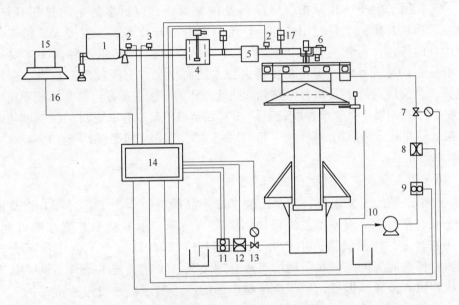

图3-9 铝及铝合金半连续（连续）铸造工艺流程

1—倾翻式保温炉；2—非接触式液位传感器；3—接触式液位传感器；4—旋转式除气装置；

5—过滤箱；6—结晶器非接触式液位传感器；7—冷却水电动截止阀；8—冷却水流量控制阀；

9—冷却水磁流量计；10—冷却水供给系统泵；11—液压流量计；12—液压流量控制阀；

13—液压缸启动/停止阀；14—铸造主PLC；15—工控管理计算机；

16—通讯总线；17—自动控制流槽闸板

3.3.2 铝合金板、带、箔材的生产工艺

铝合金板、带、箔材的生产主要采用轧制工艺。在实际生产中，目前世界上绝大多数企业是用一对平辊轧制铝及铝合金板、带、箔材。

3.3.2.1 铝合金板、带材生产工艺

A 铝合金板带材生产方法

铝合金板、带材生产方法可以分为以下几种：

（1）按轧制温度可分为热轧、中温轧制和冷轧。

（2）按生产方式可分为块片轧制和带式轧制。

（3）按轧机排列方式可分为单机架轧制、多机架半连续轧制、连续轧制、

连铸连轧和连续铸轧等。

冷轧主要用于生产铝及铝合金薄板、特薄板和铝箔毛料，一般用单机架多道次的方法生产。但近年来，为了提高生产效率和产品质量，出现了多机架连续冷轧的生产方法。

热轧用于生产热轧厚板、特厚板及拉伸厚板，但更多的是用热轧开坯，为冷轧提供高质的毛料。用热轧生产毛料具有生产效率高、宽度大、组织性能优良的特性，可作为高性能特薄板（如易拉罐板、PS 版基和汽车车身冲击板等）的冷轧坯料，但设备投资大，占地面积大，工序较多而且生产周期较长。目前国内外铝及铝合金热轧和热轧开坯的方法主要有：（1）两辊单机架轧制；（2）四辊单机架单卷取轧制；（3）四辊单机架双卷取轧制；（4）四辊两机架（热粗轧 + 热精轧，简称 1 + 1）轧制；（5）四辊多机架（1 + 2、1 + 4、1 + 5 等）热轧等。

B　铝合金板、带材生产工艺流程

一个产品的工艺流程，完全反映了该产品的整个生产工艺过程。铝及铝合金板、带材产品典型工艺流程如图 3 - 10 所示。由典型工艺流程图可知，不同的合金、产品规格、生产方法及设备条件等，其生产工艺流程不会相同。即使是同一产品，在不同的工厂，因设备、工艺、技术条件不同，其工艺流程也有差异。但是，生产板带材产品的基本工序，一般包括铸锭的表面处理及热处理、热轧、冷轧、坯料或成品的热处理及表面处理、精整及成品包装等。

3.3.2.2　铝合金箔材生产工艺

A　铝箔的生产方法

根据铝箔的发展过程，铝箔的生产方法主要可以分为以下几种：

a　叠轧法

叠轧法是采用多层块式叠轧的方法来生产铝箔，是二辊式轧机出现时期采用的箔材生产方法。用叠轧法生产的铝箔容易产生压折，所轧最小厚度一般仅为 0.01 ~ 0.02mm，而且轧出的铝箔长度有限，生产效率很低。该方法相对较落后，除了个别特殊产品外，目前很少采用。

b　带式轧制法

采用大卷铝箔毛料连续轧制铝箔，是目前铝箔生产的主要方法，采用该法生产的铝箔已占 90% 以上。该法是将热轧后的板材或熔体连铸连轧板作为铝箔毛料。铝箔毛料在箔材轧机上一般经过 5 ~ 6 个道（次）的冷轧轧制成箔材，中间一般不退火，通常在最后的轧制道次采用双合轧制。现代化铝箔轧机的轧制速度每分钟可达 2500m，轧出的铝箔表面质量好，厚度均匀，生产效率高，

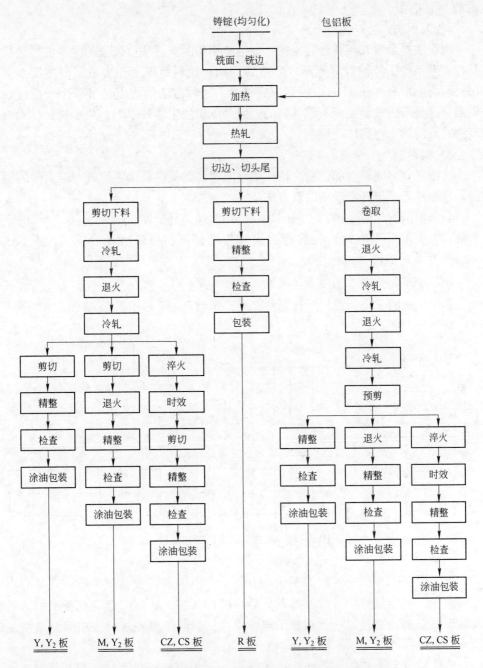

图 3-10 铝及铝合金铸锭方法生产板带材典型的工艺流程

可生产宽度达 2200mm，最薄厚度可达 0.004mm，卷重达 20t 以上的高质量铝箔。根据铝箔的品种、性能和用途，大卷铝箔可分切成不同宽度和不同卷重的小卷铝箔。

　　c　沉积法

　　沉积法是最近几年发展起来的一种生产铝箔的新方法。该法的主要工艺过程是在真空条件下使铝变成铝蒸气，然后沉积在塑料薄膜上而形成一层厚度很薄（最薄可达 0.0004mm）的铝膜而生成箔材。这种方法的优点是可以生产极薄的铝箔，这是带式轧制法所不能达到的。但是沉积法生产效率低，成本高，技术难度大，目前尚未得到广泛应用。

　　d　喷粉法

　　将铝制成不同粒度的铝粉，然后均匀地喷射到某种载体而形成一层极薄的铝膜，这也是近几年开发成功的新方法。

　　轧制铝箔所用的毛料：一般用热轧开坯后经冷轧所制成的 0.3～0.5mm 的铝带卷；也可以采用连铸连轧或者连续铸轧所获得的板带材经冷轧后，加工成 0.5mm 左右的铝带卷。

　　B　铝箔生产的工艺流程

　　铝箔生产的工艺流程主要有两种方式，如图 3-11 和图 3-12 所示。

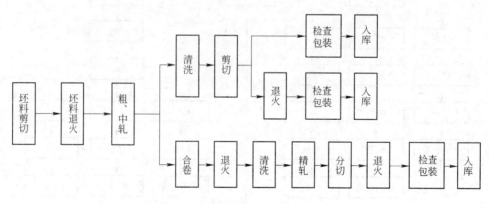

图 3-11　老式铝箔生产工艺流程

　　老式设备生产工艺流程如图 3-11 所示。由于老式设备规格小，需要的铝箔坯料窄，要经过剪切分成小卷退火后再进行轧制，轧制时老式设备采用的是高黏度轧制油，需经过一次清洗出来，双合轧制前还要经过一次中间低温恢复退火。

　　现代铝箔生产工艺流程如图 3-12 所示。由于轧制油的黏度下降与轧制速度的提高，就不需要清洗和中间恢复退火工序。现代铝箔生产工艺流程短，缩短了生产周期，减少了中间生产环节，从而减少了缺陷的产生，降低了成本，提高了铝箔的产品质量和成品率。

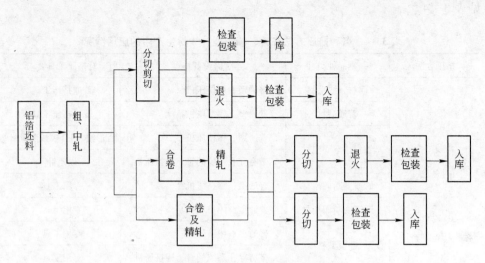

图 3 – 12　现代铝箔生产工艺流程

3.3.3　铝合金管、棒、型、线材生产工艺

铝及铝合金管、棒、型、线材是铝加工业中产销量最大的材料之一，仅次于铝及铝合金板、带、条、箔材，居第二位。据统计，目前工业发达国家中，铝板带箔材与管棒型线材之比大约为 60∶40，而中国恰好相反，因铝合金建筑门窗型材数量多，而包装用的薄板和箔材相对较少，所以，铝管、棒、型、线材占整个铝材产销量的 60%左右。

目前，世界各国已研制、开发和生产了各种品种、规格、合金、不同功能、性能和用途的铝及铝合金管、棒、型、线材数万种。

生产铝及铝合金管、棒、型、线材的方法有铸造、型辊轧制、多辊斜轧、锻压、冲压、冷弯、焊接、挤压及拉拔等方法，但绝大多数的管、棒、型、线材（90%以上）是用挤压、轧制、拉拔、旋压法生产的。

3.3.3.1　铝合金型、棒、线材的生产工艺

A　铝合金型、棒、线材生产方法

铝及铝合金型、棒材的生产方法可分为挤压和轧制两大类。由于品种规格繁多、断面形状复杂，尺寸和表面要求严格，绝大多数铝合金型、棒材采用挤压的方法。仅在生产批量较大，尺寸和表面要求较低的中、小规格的棒材和断面形状简单的型材时，才采用轧制方法。铝及铝合金线材主要用挤压法生产的线坯，再进行多模（配模）拉伸（拉丝），也有部分用轧制线坯进行多模拉伸的。各种挤压方法在生产铝及铝合金管、棒、型、线材中的应用

见表 3 - 4。

表 3 - 4 各种挤压方法在管、棒、型、线材生产中的应用情况

挤压方法	制品种类	所需设备特点	对挤压工具要求
正挤压法	棒材、线毛料	普通型、棒挤压机	普通挤压工具
	普通型材	普通型、棒挤压机	普通挤压工具
	管材、空心型材	普通型、棒挤压机	舌形模、组合模或随动针
		带有穿孔系统的管、棒挤压机	固定针
	阶段变断面型材	普通型、棒挤压机	专用工具
	逐渐变断面型材	普通型、棒挤压机	专用工具
	壁板型材	普通型、棒挤压机	专用工具
		带有穿孔系统的管、棒挤压机	专用工具
反挤压法	管材	带有长行程挤压筒的型、棒挤压机	专用工具
	棒材	带有长行程挤压筒，有穿孔系统的管、棒挤压机	专用工具
	普通型材、壁板型材	专用反挤压机	专用工具
正反向联合挤压法	管材	带有穿孔系统的管、棒挤压机	专用工具
Conform 连续挤压	小型型材和管材	Conform 挤压机	专用工具
冷挤压	高精度管材	冷挤压机	专用工具

B 铝合金型、棒、线材生产的工艺流程

铝合金型、棒材的生产工艺流程，常因材料的品种、规格、供应状态、质量要求、工艺方法及设备条件等因素而不同，应按具体条件来合理选择和制定。常用的工艺流程举例如图 3 - 13 ~ 图 3 - 15 所示。

3.3.3.2 铝合金管材的生产工艺

A 铝合金管材的生产方法

目前，生产铝及铝合金管材的方法很多，但应用最广泛的仍是挤压，并配合其他冷加工方法。这是因为用挤压法生产铝合金管及管毛料具有很多优点，有利于提高产品质量、生产效率和降低成本。近年来，连续挤压法和焊接法生产铝合金管材获得了一定的发展。铝及铝合金管材的主要生产方法见表 3 - 5。

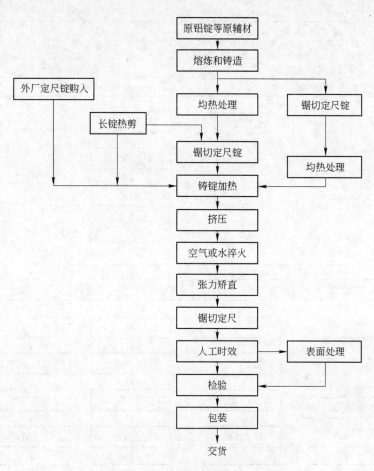

图 3 - 13 铝合金民用建筑型材生产工艺流程

表 3 - 5 铝及铝合金管材的主要生产方法

主 要 加 工 方 法	适 用 范 围
热挤压法（包括热穿孔—热挤压法）	厚壁管、复杂断面管、异形管、变断面管、钻探管
热挤压—拉伸法	直径较大且壁厚较厚的薄壁管
热挤压—冷轧—减径拉伸法， 热挤压—冷轧—盘管拉伸法	中、小直径薄壁管和长管
横向热轧—拉伸法，三辊斜轧—拉伸法	软合金大径厚壁管
热挤压 空心锭 }横向旋压法或旋压—拉伸法	特大直径薄壁管、中小型异形管及 变断面管如旗杆管等
连续挤压法（Conform 和 Castex 连续挤压法）	小直径薄壁长管，软合金异形管

续表 3 – 5

主 要 加 工 方 法	适 用 范 围
冷挤压法	中小直径薄壁管
焊接—减径拉伸法	大、中直径薄壁管
冷弯—高频焊接法	各种规格和形状的薄壁管

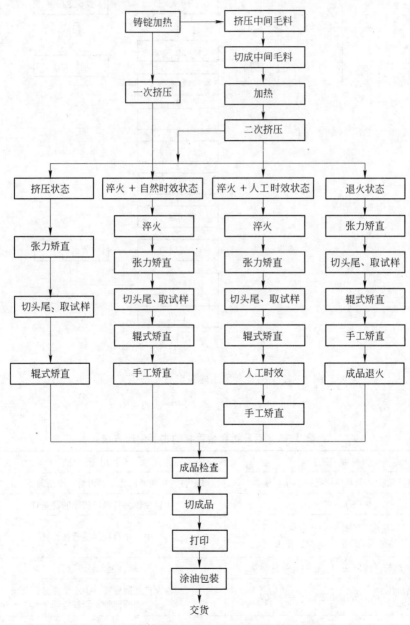

图 3 – 14　各种状态下铝合金型材生产的工艺流程

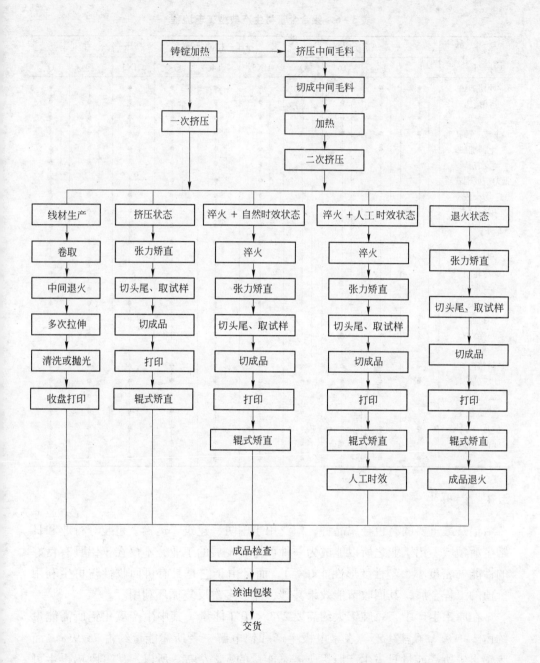

图 3 – 15 铝及铝合金棒（线坯）材生产的工艺流程

B 铝合金管材生产的工艺流程

铝合金管材生产典型的工艺流程见表 3 – 6。

表 3 – 6　铝合金管材生产典型工艺流程

品种状态 / 工序名称	热挤压厚壁管				挤压—拉伸薄壁管			挤压—冷轧—拉伸薄壁管		
	F	T4	T6	O	HX3	T4	O	HX3	T4	O
坯料加热	●	●	●	●	●	●	●	●	●	●
热挤压	●	●	●	●	●	●	●	●	●	●
锯切	●	●	●	●	●	●	●	●	●	●
车皮、镗孔								●	●	●
毛料加热								●	●	●
二次挤压								●	●	●
张力矫或辊式矫					●	●	●			
切夹头					●	●	●	●	●	●
中间检查								●	●	●
退火								●	●	●
腐蚀								●	●	●
刮皮修理								●	●	●
冷轧制								●	●	●
退火								●	●	●
打头					●	●	●	●	●	●
拉伸					●	●	●	●	●	●
淬火		●	●			●			●	
整径		●	●		●	●	●	●	●	●
精整矫直	●	●	●	●	●	●	●	●	●	●
切成品取样	●	●	●	●	●	●	●	●	●	●
人工时效			●						●	
成品退火				●			●			●
检查、验收	●	●	●	●	●	●	●	●	●	●
涂油、包装	●	●	●	●	●	●	●	●	●	●
交货	●	●	●	●	●	●	●	●	●	●

3.4　铝再生

铝是最重要的有色金属品种，广泛用于国防、建筑、运输、包装等行业和日常生活领域。铝工业之所以能成为一种可持续发展的工业，不仅在于铝具有良好的性能（密度小、塑性变形性能好等），而且由于它是具有可回收性与再生利用价值的工程金属，其回收节能效果甚佳，能够多次反复循环利用。

在原铝生产中，每吨铝大约需要 273×10^6 J 能量。其中生产氧化铝所需能量约占 24.1%，氟盐生产、炭素电极生产和铝电解三者所需能量约占 75.9%，而废铝再生所需能量只占生产原铝所需总能量的 5% 左右。所以，从事废铝再生可以大幅度节能。

铝的回收和再生利用不仅节能效果显著，而且可以减少生产中释放和发电工业产生的 CO_2 和 CO 排放量。这对于防治大气污染有重要意义，所以铝的再生被称誉为一种"绿色金属"生产。

废铝回收和再生利用可以节约铝矿、石油焦和萤石等资源。我国优质铝矿并不丰富，一部分氧化铝还要从国外进口，因此回收利用废铝，其经济价值确实可观，应给予足够重视。

3.4.1 国内外废铝回收工业

美国早在1987年就通过了《铝饮料罐回收法》，对废铝罐的回收起到积极推动作用。美国设有废铝回收专业公司，回收网点遍布全国，而且还有许多民间团体专门开展易拉罐的回收积聚，人们普遍接受铝罐回收法案。

目前，美国除回收中心外，还有1万多个方便的铝罐回收站以及遍布各角落的回收机，还在车站、码头、机场等公共场所设立饮料回收机，目前已有1200多台这样的机器在运转，1995年共回收铝罐92万吨，可用来再制造184亿个新铝罐，可使废铝及早回收，循环周期最短时不超过两星期，回收率达到62.1%。1995年美国再生铝产量为318.6万吨，约为其原铝产量380万吨的84%。

美国铝业公司的雷诺金属公司等大公司都建有自己的废铝回收网络和再生工厂。如阿卢马克斯铝业公司于1993年建成了科克拉得废铝再生公司，专以废幕墙型材、商店门面型材、门窗废料、废型材等为原料，经再生处理后铸成挤压建筑型材用的锭坯。雷诺公司则声称自己拥有"国家最大的废铝回收厂"。

日本对资源的再生利用尤为重视。日本成立了全国铝罐回收协会，专门从事铝罐回收宣传和组织利用工作。现今，铝罐回收协会设有回收点400余处，他们还打算进一步增加回收点。1997年，日本国内产生的废铝为170万吨左右，回收约140万吨铝，回收率高达82%。目前，日本每年使用的再生铝量达到150万吨，这对于原铝产量很少的日本来说，具有重要意义。

德国各铝公司对废铝的回收极为重视，建有各自的处理基地。如德国阿卢比列兹公司于1996年建立一家新铸造厂，其主要原料就是废旧的铝合金，占80%以上，设计生产能力为每年6万吨，极大缓解了原铝资源的供需矛盾。目前德国每年生产的原铝和再生铝的水平大体持平，各为55万吨。

目前，我国铝的再生利用属于初级阶段。虽然我国是铝生产和消费大国，但对其回收利用尚未引起公众的充分重视。我国至今还没有一家具备一定规模、能够专门收购和熔炼铝易拉罐的大型国有铝厂，而是基本上由分散的小熔炼点经营，金属实收率很低，只有70%~80%，有的不足60%，而发达国家则是在90%以上，有的高达98%。再者，由分散厂家生产的再生铝，规模小、质量不稳定，得不到社会的认可。这是当前亟待解决的一个问题。

综合挪威海德鲁铝业公司（Hydro Aluminium）与英国商品研究所（CRU）的预测数据，在到2015年为止的这段时间内，原铝产量的年平均增长率约为4.2%，2015年的产量将达73000kt，再生铝的年平均速度为4.7%，2015年的产量可达 26000kt，炉渣产量可达 1000kt，盐饼产量可达 3000kt。也有人认为，该预测偏于保守，2015 年全球的原铝有可能超过 78000kt，再生铝的产量可达 30000kt。

3.4.2 铝再生的工艺流程

废铝的品种繁多，而且成分各异，实际上不能用单一的方法加以处理，所以生产再生铝只能是因材而异。工业废铝大致有以下几种类型：

（1）铝质饮料罐。

（2）铝和铝合金机械加工（车、铣、刨、磨）时产生的铝屑，可直接加入熔炉中。

（3）报废的铝板材、线材、型材制品；铸造、锻造铝制品时的废件、边角余料、冒口等；电工制品，如电缆生产过程的废料；日用品，如旧家具、门窗、柜台和其他铝件。

（4）废旧的飞机、船舶和汽车上的含铝部件。

（5）废杂铝。社会上收集的牌号不清和各种变形铝合金、铸造铝合金废件，其中还含有橡胶、塑料、铁件、纸屑等夹杂物，需要在熔炼之前分离。

（6）铝渣。从铝电解厂和铸造厂出来的铝渣，其中含铝量较多，有较大的回收利用价值。

铝之所以被广泛用来制造饮料罐，主要是因为它的可塑性好和密度小。因而用铝可制造饮料罐以降低运输中的能量消耗，而且加上其可被再生利用的价值，其经济效益甚大。像饮料罐之类的废铝，只要去除其外表面上的着色，经过打包成捆之后，送入炉内，熔化成合金，然后调整某成分，铸成再生铝合金锭，就可重新应用于制造新罐。

废铝再生的工艺流程如图 3–16 所示。

废铝再生方法随其品种而异，一般包括预处理、熔炼、精炼和合金调配 4 个步骤。

3.4.2.1 预处理

含铝废杂物料在熔炼前的预处理阶段，包括分类、解体、切割、磁选、打包和干燥等工作。预处理的目的

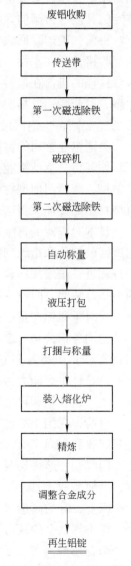

图 3–16 废铝再生工艺流程

是清除易爆物、铁质零件和水分，并使之具有适宜的块度。

3.4.2.2 熔炼

废铝料的处理一般采用火法冶金工艺，经预处理的废铝在炉内熔炼生产再生铝和铝合金。

熔炼设备有坩埚炉、反射炉、竖炉、电炉、回转炉等。炉型选择原则为：(1) 根据当地能源的来源优势选择电炉、烧煤、煤油或烧煤气的熔炼炉，炉气中可燃物要烧尽，炉气余热要充分利用；(2) 保证熔体有良好搅动，以提高传热和传质效果；(3) 避免火焰直接与废铝接触，以提高产品质量和减少炉料的烧损；(4) 依废料组成选定相应的炉型。

A 反射炉熔炼

国内外主要用反射炉熔炼废杂铝原料。反射炉适应性强，可以处理铝屑、旧飞机、带钢铁构件的块状废杂铝等原料。世界上 80% ~ 90% 的再生铝是在反射炉内熔炼出来的。工业用反射炉，有一室、二室和三室。中国多采用单室反射炉，以卧式火焰反射炉为主，炉身长方形，炉顶沿火焰方向倾斜，熔池容铝量为 4 ~ 8t。反射炉热效率为 25% ~ 30%。

B 感应电炉熔炼

在工业生产中常用熔沟型有芯感应电炉和坩埚感应电炉。感应电炉特别适合于熔化钙屑，可减少氧化损失，提高金属实收率。熔沟型感应电炉由两部分组成，竖炉身和可拆的感应加热系统（炉底，即熔沟部分）。熔沟型感应电炉的主要缺点是由于氧化铝沉积在熔沟内表面上，使熔沟迅速变小，恶化合金熔体的循环，改变炉子的电气特性。停炉清理并倒空合金不仅降低炉子的生产能力，而且缩短炉衬寿命。熔沟型感应电炉的热效率为 65% ~ 70%，可处理氧化铝低且不含铁构件的打包废铝、制成团的废铝屑、包装废铝箔和管材等炉料。

坩埚型电炉可以熔炼不含钢铁构件的块状铝废料、干燥的散粒铝屑和压块（没有其他夹杂物的原料）以及原生金属或铸锭形式的准备合金。

感应坩埚处理废铝屑的金属回收率为 91% ~ 92%，处理废铝和高品级的废铝料，金属回收率为 97% ~ 98%，电能消耗为 600 ~ 800kW·h/t。

C 回转炉熔炼

回转炉多用于熔炼包含废易拉罐的炉渣，以及质量较低的废料。法、英、美等国已广泛采用回转炉处理炉渣，其转速为 18 ~ 20r/min，用油或天然气加热。熔剂组成为：$w(NaCl) = 45\%$，$w(KCl) = 50\%$，$w(Na_3AlF_6) = 5\%$。熔剂用量为比炉渣中非金属质量的 2 倍更多一些。熔炼温度为 730 ~ 815℃，处理时间为 5 ~ 15min，铝的实收率可达 93% ~ 94%。

D 竖炉熔炼

此种炉型国内外均已使用。在竖炉的基础上，在其后又加一平炉。竖炉主要是炉料预热及熔化，熔体流入平炉保温并作精炼。该炉型利用竖炉与平炉的优点，并将二者结合起来，可用于块状及压块废铝的熔炼。工作原理是基于 200～300m/s 的高温气流向待熔化的铝对流传热和余热的充分利用，炉子一般由预热区、熔化区和前炉组成。实验室结构紧凑，占地面积小，可实现机械化加料，熔化速度快，单位热耗低，在节能和快速熔化上的突出优点，但也存在对物料烧损大、炉子塔部耐火材料寿命短易发生拱料现象，只适于熔炼单一铝合金或纯铝等缺点。

E 干燥床式炉

该种炉子能熔炼各种类型的废铝，包括没有被污染的废料。在炉前可检出废料中夹杂的其他金属废料（如铁），但由于火焰直接冲击废料，能耗高、金属回收率低。因此，对薄型、屑状废料不宜使用这种炉子。

3.4.2.3 精炼

再生铝合金含有较多的金属和非金属杂质，必须进一步精炼。精炼方法有过滤、通气精炼、盐类精炼、真空精炼、氧化精炼等。前四种方法用于去除非金属杂质，后一种方法用于去除金属杂质。

A 非金属杂质的去除

再生铝合金熔体冷却时，气体的溶解度降低，原来溶解在熔体中的气体氢呈独立相析出，在铸件中生成气孔，会降低铸件的机械性能。此外固体非金属杂质氧化铝分布在晶界上，也会降低合金的机械性能。

为使再生合金的性能与原生金属配制的合金性能无大差别，需要精炼除去合金中的杂质。其方法简述如下。

（1）过滤。该方法是将铝合金熔体通过活性或惰性的过滤材料除去杂质。合金熔体通过活性过滤器时，固体夹颗粒与过滤器发生吸附作用而被阻挡除去；合金熔体通过惰性过滤器时则是机械阻挡作用除去杂质。目前有网状和块状两种惰性过滤器。惰性网式过滤器通常用无碱的铝硼玻璃制成，它可以过滤掉 1/2～2/3 的固体非金属夹杂物。用块状过滤器比网状过滤器有效得多，块状过滤器是用黏土熟料、镁砂、人造金刚石、氯化盐熔体的碎块制成。又分浸润型和不浸润型两种。浸润是指惰性材料在上述盐液中进行浸渍。浸润后的吸附力强，在分离固体夹杂时起了很重要的作用，浸润的过滤器比不浸润的过滤器效率高 2～3 倍。

（2）通气精炼。即精炼时向炉渣中通入氯气、氢气进行，当通入的气体呈分散状鼓入熔体时，原溶于合金液中的氢气扩散到鼓入气体的小气泡中而发生脱气作用，同时也脱除氧化物和其他不溶杂质。正如浮选一样，气体吸附在固体夹杂物上，随后就上浮到熔体表面。

精炼气体经浸没在合金液中的石英或石墨管鼓入熔体，再通过装在坩埚底部的多孔元件或多孔填料将气流分散为直径 0.1mm 以下的气泡，以增大气体与合金熔体的接触面。氯气精炼效果最好，但其毒性大，应用受到限制，广泛应用的是含氯 5% ~ 10% 的惰性气体，除气效果与纯氯相近，但精炼时间较长。精炼时用 $w(Cl_2) = 15\%$、$w(CO) = 11\%$、$w(N_2) = 74\%$ 的混合气鼓风（称之为汽法），能保证每 100g 合金中熔解的氢含量从 $0.3cm^3$ 降为 $0.1cm^3$，含氧量（质量分数）从 0.01% 降为 0.0018%。

（3）盐类精炼。该法是用盐类熔剂处理合金熔体以脱除熔体中气体和非金属夹杂物，常用盐类有冰晶石粉及各种金属卤化物。它们作为熔剂进入铝熔体后，生成卤化铝气体逸出。其反应如下：

$$2Na_3AlF_6 + 4Al_2O_3 =\!=\!= 3(Na_2O \cdot Al_2O_3) + 4AlF_3 \uparrow$$

$$Na_3AlF_6 =\!=\!= 3NaF + AlF_3 \uparrow$$

$$3ZnCl_2 + 2Al =\!=\!= 2AlCl_3 \uparrow + 3Zn$$

$$3MnCl_2 + 2Al =\!=\!= 2AlCl_3 \uparrow + 3Mn$$

所生成的 $AlCl_3$ 在 183℃ 时沸腾，在铝液中呈气泡上升，将熔体中的气体和氧化物清除。

另一种精炼除气剂主要成分为硝酸钠和石墨粉，在铝合金熔化温度下产生的氮气和碳氧化合物气体可达到除气精炼的目的。由于氮气和碳氧化合物（CO_2）无毒，故又称无毒精炼。

（4）真空精炼法。该法是在 400 ~ 500Pa 真空下，铝熔体脱气 20min，使铝熔体脱除氢气。一般每 100g 液体铝合金含氢量可从 $0.42cm^3$ 降为 0.06 ~ $0.08cm^3$。此脱气法速度快，可靠性大，费用低，优于其他脱气方法。

B　精炼脱除金属杂质

由含铝废料生产的铝合金往往含有超过规定标准的金属杂质，必须脱除。脱除方法有氧化法、氯化法、氮化法等。

（1）氧化精炼。该法是借助于选择性氧化，将对氧的亲和力比铝大的杂质从熔体中除去，例如镁、锌、钙、锆等生成氧化物而后转移到渣中而与熔体分离。

（2）氮化精炼。该法是利用氮能与钠、锂、镁、钛等杂质反应生成稳定的氮化物而被除去的原理进行的。

（3）氯化精炼法。该法是利用铝合金中的杂质对氯的亲和力比铝大，当氯气在低温下鼓入时铝镁合金发生如下反应：

$$Mg + Cl_2 =\!=\!= MgCl_2$$

$$2Al + 3Cl_2 =\!=\!= 2AlCl_3$$

$$2AlCl_3 + 3Mg \Longrightarrow 3MgCl_2 + 2Al$$

生成的氯化镁溶于熔剂中而被除去。用氮和氯的混合气体也可以完全除去钠和锂。

（4）冰晶石精炼。该法是利用 $2Na_3AlF_6 + 3Mg \Longrightarrow 2Al + 6NaF + 3MgF_2$ 反应从铝合金中除镁。熔炼时，冰晶石的加入量为理论量（6kg）的 $1.5 \sim 2$ 倍，反应在 $850 \sim 900℃$ 下进行。该法可将镁含量降到 0.05%，已在工业上广泛应用。

（5）熔析－结晶法。该法借助于溶解度的差异来精炼除去合金中金属杂质。工艺上通常是将被杂质污染的铝合金与能很好溶解铝而不溶解杂质的金属（如 Mg、Zn、Hg 除去铝中的 Fe、Si 和其他杂质）共熔，然后用过滤的方法分离出铝合金液体，再用真空蒸馏法从合金液体中将加入的金属除去。

3.4.2.4 调整合金成分

由于有的合金成分在熔炼过程中有损失，在精炼处理之后要向液态铝合金中添加合金元素，使熔炼后的铝合金符合产品标准要求。

3.4.3 炉渣及废杂铝灰料的再生利用

3.4.3.1 炉渣的处理

再生原料加熔剂熔炼生产铝和铝合金，以及过程中产出的炉渣，其物质成分很不均匀。炉渣含金属铝 $10\% \sim 30\%$（质量分数），氧化铝 $7\% \sim 15\%$，Fe、Si、Mg 的氧化物 $5\% \sim 10\%$，K、Na、Mg、Ca 和其他金属的氯化物 $55\% \sim 75\%$。用湿法处理可使炉渣中所有成分获最完全的利用。先将炉渣碎至块度为 250mm 或更小，从中选出粗粒铝，再用磁盘选出铁块，然后在转子破碎机中将炉渣碎至 15mm，再用磁选式磁辊选铁。磁选后的炉渣用筛分机分级，15mm 粒级送浸出。浸出矿浆送浓密机，上清液泵至浓溶液贮槽，底流在鼓式过滤机上过滤，滤液也送到浓溶液，贮槽。滤渣加水或加湿后收尘的返液浆化后过滤，滤液送浸出用。滤渣自然干燥后送黑色冶金企业。贮槽中的浓溶液（含质量浓度为 300g/L 的 KCl + NaCl）送蒸发器蒸发回收粒状氯化物。也可采用干法处理炉渣即将炉渣经过破碎和细磨，使炉渣中的氯化物成粉末状，过筛后用抽风机将细粒级抽走，经旋风收尘器收入的粉末废弃物，粗粒级含合金铝 $60\% \sim 80\%$，返回熔炼成再生铝合金。

3.4.3.2 废杂铝灰料再生利用

废杂铝灰料包括铝和铝合金机加工时产生的废屑、废末和熔炼铝和铝合金过程中产生的浮渣、烟炉灰等。用废杂铝灰料可生产硫酸铝、铝粉、碱式氯化铝等产品。

（1）生产硫酸铝。废杂铝灰料先除铁，使铁降至质量分数小于2%，然后用密度为1.1825~1.425g/cm³的稀硫酸浸出低铁铝灰。浸出时间4~5h，浸出液终点pH值为2.5~3。浸出矿浆在澄清后将上清液泵至沉淀槽，边搅拌边加入0.5%~1%的骨胶溶液，再经自由沉降获硫酸铝上清液，即得密度为1.1896~1.2000g/cm³、pH值为2.2的硫酸铝溶液的中间产品，也可进一步制成固体硫酸铝。

（2）生产铝粉。铝粉生产由破碎过筛、熔化和喷雾三个工序组成。废杂铝灰先反复压碾，再过筛3次，除去铝粉表面的氧化铝和木炭杂物。产品要求铁高时，要先行除铁。将脱铁碎料在竖式炉熔化，熔化温度700~750℃。将炉中铝液沿溜槽流入漏斗中，继而经漏斗底部小孔流入雾化器，最后在雾化筒中0.59~0.64MPa压缩空气的作用下被雾化形成铝粉。

（3）生产碱式氯化铝。该法是用盐酸溶解铝灰中的铝生成三氯化铝，再经碱化、浓缩、冷却、轧碎获得最终产品。工艺上先将10%~20%HCl加入铝灰，至溶液pH值达到2.5以上，密度达到1.2000~1.2096g/cm³后。让其自然熟化10h以上。泵入澄清池的浸出熟化液中经絮凝剂絮凝至渣液分离。澄清液即为成品，残渣经水洗后弃去。

4　赤泥的综合利用

由于氧化铝生产的迅速发展，伴随其生产所产生的主要碱性废渣——赤泥也大量的囤积，每生产 1t 氧化铝大约产出 1.0 ~ 1.6t 的赤泥。随着铝工业的发展，目前全世界每年产生的赤泥为 6000 万吨，我国每年产生的赤泥为 600 万吨以上，历年来的堆存量已达数亿吨。随着铝工业的发展，铝土矿品位的降低，我国赤泥的排放量日益增大，未得到利用的赤泥长期堆存在堆场，占用大量土地，赤泥中的废碱液造成土壤碱化、沼泽化、污染地表地下水源，直接危害人们的健康，也因此约束了铝工业的发展。近年来，赤泥的综合利用已经引起国内外的普遍重视，有关赤泥综合利用的研究也相应开展很多，主要包括几个方面：用于提炼铁以及回收铝、钛、钒等稀土金属；利用赤泥中的 Ca、Si、Al 制备微晶玻璃和多孔陶粒；对赤泥进行脱碱后可用于水泥生产；用于生产赤泥砖；作为道路基层材料；用于对环境污染修复；利用其胶凝活性作为水泥混凝土掺和料或制备胶凝材料。但大多数的研究都是因为利用量少、效率不高或经济成本高而难以投入产业化，或者是目前的技术条件无法使其投入到正式的实际应用中，迄今为止尚未找到大量利用赤泥的有效途径，赤泥的再利用问题还是需要不断的进行探索，寻找新的研究方法。

4.1　赤泥的来源及组成

4.1.1　赤泥的来源

碱法生产氧化铝工艺中，用碱处理矿石，使矿石中的氧化铝转变成铝酸钠溶液，而矿石中的铁、钛等杂质和绝大部分的硅形成不溶解的部分，由于不溶解部分含铁较高，其外观颜色与红色泥土相似，故称之为赤泥。

根据氧化铝生产的不同工艺流程，赤泥相应的分为拜耳法赤泥、烧结法赤泥和拜耳–烧结联合法赤泥。碱法（包括拜耳法、烧结法和联合法）生产氧化铝基本过程如图 4 – 1 所示。

4.1.2　赤泥的成分与矿物组成

4.1.2.1　赤泥的物理性质及化学成分

赤泥是呈灰色和暗红色粉状物，颜色会随含铁量的不同发生变化。它是一种

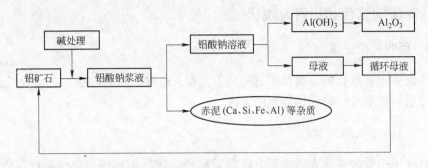

图4-1 碱法生产氧化铝产生赤泥的基本过程

具有较大内表面积多孔结构，其密度为 $2840 \sim 2870g/m^3$，赤泥的含水量为 $86.01\% \sim 89.97\%$，饱和度为 $94.4\% \sim 99.1\%$，持水量为 $79.03\% \sim 93.23\%$；塑性指数为 $17.0 \sim 30.0$；粒径 $d = 0.075 \sim 0.005mm$ 的粒组含量在90%左右；比表面积为 $64.09 \sim 186.9m^2/g$，孔隙比为 $2.53 \sim 2.95$。

赤泥的化学成分取决于铝土矿的成分、生产氧化铝的方法和生产过程中添加剂的物质成分以及新生成的化合物成分等。其主要成分见表4-1。

表4-1 赤泥的主要成分（质量分数） （%）

组成	中　　国			美国	日本	俄罗斯	德国	匈牙利
	烧结法	拜耳法	联合法					
Al_2O_3	7.97	19.10	8.10	$16 \sim 20$	$17 \sim 20$	4.5	24.7	16.3
Fe_2O_3	7.68	32.20	8.10	$30 \sim 40$	$39 \sim 45$	22.8	30.0	39.7
SiO_2	22.67	9.18	20.56	$11 \sim 14$	$14 \sim 16$	18.0	14.1	14.0
CaO	40.78	14.02	44.86	$5 \sim 6$	—	40.7	1.2	2.0
TiO_2	3.26	3.39	5.09	$10 \sim 11$	$2.5 \sim 4$	2.3	3.7	5.3
Na_2O	2.93	9.38	2.77	$6 \sim 8$	$7 \sim 9$	3.0	8.0	10.3
灼减	11.77	—	8.18	$10 \sim 11$	$10 \sim 12$	8.8	9.7	10.1

4.1.2.2 赤泥的矿物组成

赤泥的矿物成分测定，分别采用了偏光显微镜、扫描电镜、差热分析、X衍射、化学全分析、红外吸收光谱和穆斯堡尔谱法等七种方法进行鉴定，结果表明赤泥的主要矿物为：文石和方解石，质量含量为60%~65%；其次是蛋白石、三水铝石、针铁矿；还有少量的钛矿物菱铁矿、天然碱、水玻璃、铝酸钠和火碱。在这些矿物中，文石、方解石和菱铁矿，既是骨架，又有一定的胶结作用；而针镁矿、三水铝石、蛋白石、水玻璃起胶结作用和填充作用。

4.2　赤泥的综合利用研究现状

4.2.1　回收有价金属

赤泥中含有有价的金属及贵重的稀土元素，通过不同的方法，对其中所含有的元素进行提取是一种利用赤泥的方法。

4.2.1.1　铁的回收

从赤泥中提取铁元素的主要方法就是酸浸溶解提出和还原煅烧磁选等方法。于先进等用80mL浓盐酸溶解10g赤泥，在90℃的水浴锅中加热，并滴加$SnCl_2$做助溶剂，待40~45min后，将溶液移出，滴加NaOH至溶液pH值为12左右，将沉淀烘干，在500℃下煅烧，得到三氧化二铁，赤泥中铁的回收率约为89.36%。Wanchao Liu等通过用碳还原煅烧，然后磁选的方法从拜耳法赤泥中提取铁元素，研究结果表明最佳工艺条件是碳与赤泥的质量比为18:100，添加剂和赤泥的质量比为6:100，并在1300℃煅烧110min，再通过磁选，在此条件下铁的回收率达到81.40%。廖春发等采用焦炭为还原剂，通过还原煅烧，并经过0.9kT的高梯度磁选机，得到Fe富集的56.5%的铁精矿。

4.2.1.2　二氧化钛的回收

从赤泥中提取钛元素目前主要用的方法就是酸浸，不同之处在于所采用的酸浓度及酸浸渍的方法。张江娟采用两段式酸浸的方法溶解提取二氧化钛，结果表明用5mol/L的HCl浸渍后，采用92%浓度的硫酸，固液质量比为3，在200℃下熟化1.5h，然后在60~70℃下浸出1.5h，经过100~110℃水解2.5h，使得钛的回收率达到91%。姜平国等先用低浓度盐酸调至pH值为3.0，使钛等元素富集，再用6mol/L的硫酸在80~95℃，搅拌速度为100r/min下浸3h，使钛的浸出率达到了80%。S. Agatzini - Leonardou等研究用稀硫酸浸渍没有经过预处理的拜耳法赤泥，结果表明在酸浓度为6mol/L，温度为60℃，固液质量比为5%的条件下，钛的浸出率相较赤泥原料而言为64.5%。Pankai Kasliwal和Enes Sayan等分别对通过酸浸从赤泥中提取钛进行了动力学分析和正交试验，对赤泥中钛的提取提供了理论上的指导。贵州某铝厂赤泥的综合利用工艺流程如图4-2所示。

4.2.1.3　钪的回收

徐刚研究和总结了一些从赤泥中回收钪的研究成果，指出目前从赤泥中提取钪的方法有：

（1）还原熔炼法。赤泥＋碳粉＋石灰→生铁＋含铝硅炉渣→苏打浸出→钪进入浸出渣（白泥）。

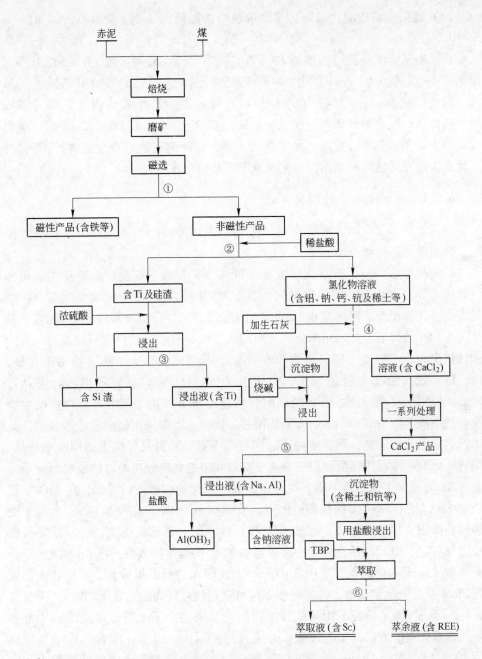

图 4 - 2 贵州某铝厂赤泥的综合利用工艺流程

（2）硫酸化焙烧。赤泥 + 浓硫酸(200℃焙烧 1h)→每升 2.5mol 硫酸浸出（固液质量比 1：10)→浸出液（含钪）；酸洗液浸出，赤泥→灼烧→废酸浸出→铝铁复盐(净水剂) + 浸出渣(高硅,保温材料) + 浸出液(钪每升 10mol)。

（3）硼酸盐或碳酸盐熔融。赤泥熔融→盐酸浸出→离子交换 NON – REE – Sc/REE 分离。

张江娟从赤泥盐酸浸出液提取钪的实验工艺研究发现：用 1% P507 从 HCl 浸出液中萃取钪，用 6mol/L HCl 和蒸馏水进行洗涤，再以 2N NaOH 溶液为反萃剂，最终得到 Sc_2O_3 的纯度为 66.09%，比原料富集了 2600 倍以上。Zhou 等指出，改性活性炭在酸性条件下优先吸附钪，温度为 35℃、时间为 40min 时，吸附钪达最大。王克勤等以提取赤泥中钪为主体，伴随对其他有价金属进行了回收，其优点表现在盐酸循环利用，工艺流程简洁及可行性高。

4.2.1.4 稀土元素的回收

目前，从赤泥中回收稀土金属的工艺师采用酸浸出工艺，其中包括盐酸浸出、硫酸浸出、硝酸浸出等。

希腊科学家 Petropulu 等人研究了不同浓度的盐酸、硫酸、硝酸及二氧化硫气体压力等浸出条件（如浸出时间、温度、液固比）对浸出回收率的影响。结果表明，在浸出剂浓度均为 0.5mol/L、温度为 25℃、浸出时间为 24h、固液质量比为 1：50 条件下，其浸出率依次为硝酸 > 盐酸 > 硫酸，但相差不是太大。其中硝酸浸出时，钪的浸出回收率为 80%，钇的浸出回收率达 90%，重稀土（镝、铒、镱）浸出回收率超过 70%，中稀土（钕、钐、铕、钆）浸出回收率超过 50%，轻稀土（镧、铈、镨）浸出回收率超过 30%。由于硝酸具有较强的腐蚀性，且不能与随后提取工艺的介质相衔接。因此，大多采用盐酸或硫酸浸出。此工艺侧重回收钪、钇，而其他稀土的回收率不高，特别是轻稀土的回收率较低。同时还研究了赤泥用盐酸浸出——离子交换和溶剂萃取分离提取钪及钇与镧系元素（REE）。该工艺是将干燥赤泥与一定量的碳酸钠、硼酸钠混合，在 1100℃ 熔烧 20min，用 1.5mol/L 的盐酸浸出后，采用 Dowex50W 离子交换机和 X8 离子交换树脂吸附，用 1.75mol/L 的盐酸解吸，铁、铝、钙、硅、钛、钠等首先被解吸，钪、钇、REE 则留在树脂中，再经 6mol/L 的盐酸解吸后，在 pH 值为 0、液固质量比为 5~10 的条件下用 0.05mol/L DEHPA 进行萃取分离，有机相中的钪用 2mol/L 氢氧化钠反萃，经进一步提纯可制得纯度较高的三氧化二钪。

Petropulu 等人研究了用稀硝酸酸浸赤泥，采用离子交换法从浸出液中分离钪、镧系元素的方法。工艺过程：赤泥稀硝酸（0.6mol/L）混合（液固质量比为 200：1），搅拌 1h，在常温常压下浸出。在这个过程中赤泥中碱被酸中和溶解，酸的浓度应控制在 0.5mol/L 左右，钪、钇、镧系等稀土金属能从赤泥中溶解出 50%~75%。然后，取出溶解液体，通过离子交换柱，进行离子交换。采用耐强酸阳离子型树脂，然后用 0.5mol/L 的硝酸淋洗。在此研究中，作者确定了酸浸过程中的固液质量比、硝酸的浓度、浸出液酸度控制等参数，而且进行溶剂萃取富集提纯钪及其他稀土的半工业化试验取得了成功。

俄罗斯的 Smirnov 等人研究了一种树脂在赤泥矿浆中吸附－溶解新工艺，回收富集钪、铀、钍。该工艺在硫酸介质中将赤泥矿浆与树脂搅拌混合，钪、铀、钍等被选择性吸附于树脂中，经筛网过滤。10 级逆流吸附，进入树脂相中的钪为 50%、铀为 96%、钍为 17%、钛为 8%、铝为 0.3%、铁为 0.1%，提纯后可得 98% ~99% 的钪。

从近几年的研究成果看来，从赤泥中回收稀有金属工艺在技术上是可行的。要实现工业化，关键在于能否找到一种经济、节能和环保的工艺。

从上面所述的方法可以看出从赤泥中提取回收有价金属工艺流程比较复杂，并不利于赤泥利用的推广。

4.2.2 用作建筑材料

根据赤泥的性质和原料的特性，将赤泥整体或者经过处理后用作原料或者添加剂应用于一系列建筑材料中，可以大大地提高赤泥的利用率，简化了工艺流程（相比于金属回收），很多研究者开展了大量有关此方面的研究。

4.2.2.1 生产水泥

目前赤泥利用量最多的是将赤泥添加到水泥生产中。赤泥中含有大量生产硅酸盐水泥熟料所必需的 SiO_2、Al_2O_3、Fe_2O_3、CaO 及一定的硅酸盐矿物，因此赤泥可用于水泥生产。烧结法赤泥由 $2CaO \cdot SiO_2$、$Fe_2O_3 \cdot xH_2O$、$3CaO \cdot Al_2O_3 \cdot xSiO_2 \cdot yH_2O$、$Na_2O \cdot Al_2O_3 \cdot 2SiO_2$、$Na_2O \cdot Al_2O_3 \cdot 1.75SiO_2 \cdot 2H_2O$ 等组成，与硅酸盐水泥生料接近，因而可用其配以适当的石灰石、砂岩来制备水泥生料。

云斯宁等人将具有水硬性的高钙粉煤灰，偏高岭土和赤泥共同制成凝胶材料，生成了沸石相、钙长石、蓝晶石和无定形硅铝网络聚合物等水化物，使凝胶材料结构更密实，力学性能得到了提高。卜天梅等人将烧结法赤泥在常压条件下加入石灰，将赤泥中的碱含量降低到 1.0% 以下，然后加入表面活性物质，降低界面间的表面张力，提高浆料的流动性，再在熟料中加入粉煤灰和石膏生产水泥，经检测这些水泥的抗折及耐压强度均合格，且利用烧结赤泥可降低烧结温度，节约能源。赵宏伟等人以山东铝业烧结法赤泥为主要原料，设计以 $4CaO \cdot 3Al_2O_3 \cdot SO_3$，$2CaO \cdot SiO_2$ 和 $4CaO \cdot Al_2O_3 \cdot Fe_2O_3$ 为主要矿物的硫铝酸盐水泥，结果表明水泥熟料在 1300℃ 下表现出良好的易烧性，主要矿物发育良好，且当赤泥配料在 40% 左右时，水泥水化早期强度好，水化浆体结构密实，其强度优于 425 标号的硫铝酸盐水泥。任根宽等人将实验室石灰石烧结法提取的氧化铝残渣（赤泥）和磷石膏按照不同比例均化陈腐 12h，在 750 ~800℃ 下煅烧进行改性，研究了用改性赤泥代替水泥熟料的应用，结果表明改性赤泥制备的水泥混合材料其早期强度和后期强度有所提高，且改性赤泥加入量为 45% 时，性能好且经济环保。Ekrem Kalkan 将赤泥加入到黏土中，并且和黏土，黏土 + 水泥，黏土 + 赤泥 + 水泥等体系作对比，研究烧结黏土砖性能，结果表明赤泥的加入相比于纯的黏土系列可以有效提高耐压强度，降低吸水率和膨胀率，表明赤泥可以用作黏土稳化剂使用。P. E. Tsakiridis 等将加入 3.5% 的拜耳法赤泥的试样和没加赤泥的试样作为对比，分别在 1350℃、1400℃ 和 1450℃ 下进行了煅烧，并对试样进行了性能测试和物相分析，结果表明赤泥的加入没有影响水泥的成分，而且赤泥的加入对水泥性能没有产生负面的影响，赤泥加入生产水泥是可行的。

俄罗斯第聂伯铝厂利用拜耳法赤泥生产水泥，生料中赤泥配比可达 14%。日本三井氧化铝公司与水泥厂合作，以赤泥为铁质原料配入水泥生料，水泥熟料可利用赤泥 5 ~ 20kg/t。俄罗斯沃尔霍夫、阿钦和卡列夫氧化铝厂以霞石为原料，利用产生的赤泥生产水泥，进行石灰石、赤泥两组分配料试验，可利用赤泥 629 ~ 795kg/t。我国山东铝厂利用烧结法赤泥生产普通硅酸盐水泥，水泥生料中赤泥配比年平均为 20% ~ 38.5%，水泥的赤泥利用量为 200 ~ 420kg/t，产出赤泥的综合利用率 30% ~ 55%。

但是由于赤泥本身所具有的特点，不仅使以其为原料的水泥生产方式受到了一定的限制，并且其产品的应用也有一定的限制，从生产方式及产品应用两方面看，其主要存在三个问题：

（1）赤泥碱含量偏高，难以生产低碱水泥。

（2）受氧化铝生产的影响，赤泥质量（成分）易产生波动，从而给水泥生产带来波动，甚至影响到水泥的实物质量，尤其是赤泥的碱含量若过高，不仅使以赤泥为原料的水泥生产失去优越性，而且还会造成许多负面影响。

（3）由于赤泥碱含量较高且含有 60% 左右的水分，因此较适合于能耗高的湿法生产，采用干法生产尤其是窑外分解技术将遇到诸多困难。

4.2.2.2　筑坝及路基

谭华通过剪切试验、CBR 试验和回弹性模量试验等工程性质相关试验，表明压实后的赤泥其工程力学性能完全达到一般土的水平，可以作为一般路堤的填料，并根据赤泥的实际使用情况提出了赤泥路堤的施工方案。Asokan Pappu 通过对印度产生的固体废弃物，包括赤泥，进行了表征，并研究了其用作建筑材料的可行性。

用于路坝修筑及工程回填，赤泥滤饼放入回转窑中烘干烧结，可制得化学稳定性好、密度大（2.67 ~ 3.12g/cm³）、强度高（大于 1000kg/cm²）的骨料，加之其胶结作用，经压实后可具有很高的承载强度和耐久性，用来铺设公路，完全符合沥青路面表层、中层和底层的要求。赤泥还是一种非常理想的筑坝材料，通过管道输送，按设计有组织地排放，自然沉积，经陈化、干燥，即可形成一个结构强度较高、总体刚度较大的赤泥堆放体或坝体，以满足灰渣排放和堆存的要求。一般铝厂的赤泥堆放场就是利用这种方法构筑的。赤泥回填铝土矿采空区的实践表明，胶结充填技术可靠、经济合理，可提高矿石回收率23%；并在控制采场地压、保护地表建筑、开采顶底板不稳固的较薄矿层等方面探索出一条成功道路。

4.2.2.3　利用赤泥生产砖

利用赤泥为主要原料可以生产多种砖。邢国栋、杨爱萍、张培新、Nevin 等人分别报道了利用赤泥生产免蒸烧砖、粉煤灰砖、黑色颗粒料装饰砖和陶瓷釉面砖。以烧结法赤泥制备釉面砖为例，其主要工艺过程为：原料→预加工→配料→料浆制备（加稀释剂）→喷雾干燥→压型→干燥→施釉→煅烧→成品。

该法生产的陶瓷釉面砖，以赤泥为主要原料，取代了传统的陶瓷原料，不但可以降低原材料费用，而且具有极大的环保意义。赤泥在建材工业中还可以生产玻璃等。但是在赤泥的应用中，必须注意赤泥本身含有碱液，有的赤泥中还含有放射性元素，这些都直接危害人体健康。

李大伟等人在赤泥中配入不同量的黏土，分别在 950℃、980℃、1000℃、1020℃、1050℃下煅烧制备烧结砖，将所得试样进行力学性能的检测、物相分析和电镜显微分析，最后得出的结果表明，用赤泥为主料，添加黏土可以生成烧结砖，赤泥量的增加提高了烧结砖可的性能，采用20%黏土和80%的赤泥生产的烧结砖可满足一般性能要求。

杨家宽等人用不同存放年限的赤泥，添加粉煤灰、骨料、石灰等，采用自然养护方法和蒸压养护两种方法制备免烧砖，结果表明两种方法免烧砖都可以达到国标要求，但干质量比例在 2～4 范围内的自然养护赤泥免烧砖的强度较高，可以将赤泥免烧砖投资生产线。岳云龙等将赤泥掺杂在碱矿渣水泥中，并将赤泥和碱矿渣水泥作为基本凝胶材料，制备了与普通黏土砖性能相当的免烧砖和满足住宅内隔热轻质条板行业要求的赤泥轻质板。Vincenzo M. Sglavo 等将拜耳法赤泥加入到两种不同的黏土中，一种是将 50%的赤泥加入到常用生产砖的黏土中，在850℃下烧结，另一种是将（0～20%）的赤泥加入到类似的纯高岭石中，分别在950℃和1050℃下烧结，结果表明赤泥在高温下形成的玻璃相可以增大材料的体积密度，而体积密度的增加有利于抗折强度的提高。

4.2.2.4　利用赤泥生产微晶玻璃

吴建锋等人分别用熔融法和烧结法制备微晶玻璃，在熔融法中主要是添加石英和滑石等添加剂，利用添加剂降低熔点，结果表明制备优良性能微晶玻璃的条件是赤泥添加量为 60%，在核化温度 720～750℃ 下保温 1h，在晶化温度 820～1020℃ 下保温 2h，制得的微晶玻璃密度为 2.78g/cm³，显微硬度达 694.5HV，弯曲强度达 123.98MPa，耐碱度为 0.01%，耐酸性为 0.82。在烧结法中将添加其他添加剂的混合料在 1390℃ 下保温 2h，将得到的玻璃熔渣烘干研成 0.5～5mm 大小的玻璃珠，再将玻璃珠按照不同的级配，在高温炉中进行核化和晶化，结果表明最佳的热处理制度为在 860℃ 核化 1h，在 1060℃ 下晶化 2h，得到密度为 2.80g/cm³，显微硬度为 572.6HV，弯曲强度为 36.14MPa，耐酸性为 0.81，耐碱性为 0.01 的具有光滑平整表面和漂亮析晶花纹的赤泥微晶玻璃。还有一些国内研究是针对微晶玻璃和琉璃瓦的。杨家宽等人用富钙的赤泥制备微晶玻璃，先将混合料熔制成玻璃，然后将得到的玻璃经过热工处理得到晶相，实验结果表明较佳的热工工艺为在 697℃ 下核化 2h，在 950℃ 下晶化，提高晶化温度会导致赤泥微晶玻璃中的辉石转变成钙黄长石。彭飞等人将山东铝业的赤泥溶解成玻璃，然后加入不同的添加剂在不同的热工处理条件下，得到了以硅酸钙为主晶相的纳米微晶玻璃，由于其特有的微观结构，这种微晶玻璃的力学性能优异。Nevin 等也研究了用赤泥制备陶瓷玻璃釉层。还有一部分利用赤泥生产陶瓷滤球及陶粒的研究。

4.2.3 环境保护中的应用

4.2.3.1 治理废气

赤泥颗粒细小、比表面积大、有效固硫成分（Fe_2O_3、Al_2O_3、CaO、MgO、Na_2O 等）质量分数高，对 H_2S、SO_2、NO_2 等污染气体有较强的吸附能力和反应活性，可代替石灰/石灰乳对废气进行处理。由于赤泥尚有部分溶解性的碱，因此其废气净化效果更佳。赤泥治理废气的方法可分为干法、湿法两种：干法是利用赤泥表面矿物的活性，直接吸附废气；湿法则是利用赤泥中的碱成分与酸性气体反应，两者均已有实践应用。据报道，拜耳法赤泥干法脱硫时，1kg 赤泥可吸收 SO_2 11.3g，脱硫率约 50%；湿法脱硫时，1kg 赤泥吸附 SO_2 16.3g，脱硫率约 90%。

国外有研究表明，赤泥烟气的脱硫效率可达 80%，若在赤泥中添加 Na_2CO_3，更有利于对 SO_2 的吸附。有研究用活化后的赤泥吸附来自火力发电厂、制造业烟囱中的 SO_2，脱硫效率为 100%，循环 10 次后，脱硫效率仍达 93.6%。以赤泥制备的脱硫剂对城市煤气中 H_2S 的脱除率可达 98% 以上，宣化煤气公司、大同煤矿集团的赤泥脱硫实践也已获得成功应用。

我国是一个以燃煤为主要能源的国家，由于大量燃用煤炭，排入大气中的 SO_2 逐年增加，每年可达千万吨级，这一有害物质对环境造成极大的危害。为了消除 SO_2，就目前实际应用的各类方法中，以石灰石/石灰法最多，占 87% 以上。

其原理是利用碱金属钙的化合物与烟气中的 SO_2 发生化学反应，生成硫酸盐或亚硫酸盐。这一净化方式应用中的主要障碍仍然是运行成本问题，因为石灰石/石灰脱硫方法，不论采用哪一种方式，对钙化合物的粒度要求都很高，一定要达到微米级才符合工艺要求。而由于氧化铝生产的特点，外排赤泥的粒度很小，完全符合脱硫过程的粒度要求。分析数据表明，粒度小于 $45\mu m$ 的赤泥占总量 50% 以上，比表面积可达到 $10\sim20m^2/g$。小粒径及大比表面积均可加大化学反应速度和反应深度，符合脱硫过程中的粒度要求。赤泥大部分成分为碱金属，与 SO_2 有很强的反应活性，其中还含有部分溶解在水中的碱，其烟气净化效果会好于石灰/石灰乳。综合计算，赤泥脱硫的有效成分高于 CaO 含量 50% 左右的石灰石，所以赤泥完全有条件代替石灰/石灰乳对烟气进行脱硫，使用中可以不改变原有的工艺流程。因此，用赤泥代替石灰石/石灰乳进行烟气脱硫是可行的，经过脱硫反应，两种对环境十分有害的废弃物得以中和，特别是含碱赤泥，经与烟气中的 SO_2 反应后，原有的碱性及水硬性得以减弱或消除，达到了以废治废的目的。

4.2.3.2 治理废水

以赤泥为原料，经水洗、酸洗、焙烧活化等，可制备出性能良好的水处理剂，它既可吸附废水中 Cs、Sr、U、Th 等放射性物质，As^{3+}、Cd^{2+}、Zn^{2+}、Cu^{2+}、Ni^{2+}、Pb^{2+} 等重金属离子，PO_4^{3-}、F^- 等非金属有害物质及某些有机污染物，也可用于废水的脱色、澄清等。

有研究以粒径为 0.1mm 的赤泥为原料，加入 H_2SO_4，升温通入 O_2 并搅拌，然后在 90℃ 的恒温水浴中反应 2h，冷却、过滤，即得 $Fe(SO_4)_3$ 和 $Al_2(SO_4)_3$ 溶液。该溶液与在一定酸度条件下聚合的硅酸混合，沉化 2h，即得聚硅酸铁铝复合絮凝剂。它兼有聚铁絮凝剂和聚铝絮凝剂的优点，且工艺简单、投资少、净水效果好。由于赤泥物性组成复杂，在对废水有害物质的吸附过程中，势必会对水的浊度和毒性有一定的影响，因此赤泥在净化废水之前，还需进行必要的改性、活化处理。

4.2.3.3 修复土壤

赤泥对受到重金属污染的土壤，有良好的环境修复作用。有研究表明，赤泥的施用，能显著提高土壤中微生物的含量，降低土壤孔隙水以及农作物种子、叶子中的重金属含量，如经修复后，孔隙水中 Zn 含量可由原来的 $50\sim100mg/L$ 下降为 $5mg/L$。其修复作用机理是赤泥对土壤中的 Cu^{2+}、Ni^{2+}、Zn^{2+}、Pb^{2+}、Cd^{2+} 等离子有较好的固着性能，使其从可交换状态转变为氧化物状态，从而使土壤中重金属离子的活动性及反应性降低，有利于微生物活动和植物的生长。

4.2.4 利用赤泥生产硅钙复合肥

赤泥中除含有较高的 Si、Ca、K、P 等成分外，还含有数十种农作物必需的微量元素。赤泥脱水后，在 120~300℃烘干活化、并磨细至粒径为 90~150μm，即可配制硅钙农用肥。它可使植物形成硅化细胞，增强作物生理效能和抗逆性能，有效提高作物产量、改善粮食品质，同时降低土壤酸性、作为基肥改良土壤。

山东铝厂生产的硅钙肥在济宁等地的缺硅土壤中的实验表明，该肥对水稻、玉米、地瓜、花生等农作物均有增产效果，一般为 8%~10%。但目前对这一技术很少使用，其原因是长期使用，容易引起渗漏，造成地下水污染。

4.2.5 制备新型功能性材料

赤泥既是对 PVC（聚氯乙烯）具有补强作用的填充剂，又是 PVC 高效、廉价的热稳定剂，使填充后的 PVC 的制品具有优良的抗老化性能，制品比普通的 PVC 制品寿命长 2~3 倍。同时，因为赤泥的流动性要好于其他填料，这就使塑料具有良好的加工性能。且赤泥聚氯乙烯复合塑料具有阻燃性，可制作赤泥塑料太阳能热水器和塑料建筑型材。

以赤泥为主要原料，在不外加晶核剂的情况下，可制得抗折、抗压强度高，化学稳定性好的微晶玻璃，它不仅是建筑装饰材料，还可用作化工、冶金工业中的耐磨耐蚀材料。

赤泥废物生产微孔硅酸钙绝热制品是一种新型环保节能材料。它既具有容重轻，导热系数低，抗压和抗折强度高，使用温度高，施工方便，损耗率低，可重复再利用等优良性能，又具有可锯、可刨、可钉等易加工优点，故其已广泛应用于工业设备和管道的保温。以赤泥作为主要原料，添加赤泥用料在 30% 以上，加入石灰、膨润土外加剂等材料，采用动态法生产工艺（如图 4-3 所示）可研制开发赤泥微孔硅酸钙保温材料，所制得的保温材料制品符合 GB/T 10699—1988，各项指标均达到国标要求，主要指标优于国家标准，具有显著经济效应和环境效益。

此外，赤泥还可制备人工轻骨料混凝土、红色颜料、水煤气催化剂、橡胶填料、赤泥陶粒、流态自硬砂硬化剂、防渗材料和杀虫剂载体等新型材料。

图 4-3 赤泥综合利用

4.3 利用赤泥制备硅铁合金和铝酸钙水泥

4.3.1 硅铁合金

硅铁就是铁和硅组成的铁合金。硅铁是以焦炭、钢屑、石英(或硅石)为原料,用电炉冶炼制成的铁硅合金。硅铁在钢工业、铸造工业及其他工业生产中被广泛应用。

(1) 在炼钢工业中用作脱氧剂和合金剂。为了获得化学成分合格的钢和保证钢的质量,在炼钢的最后阶段必须进行脱氧,硅和氧之间的化学亲和力很大,因而硅铁是炼钢较强的脱氧剂,用于沉淀和扩散脱氧,同时由于 SiO_2 生成时放出大量的热,在脱氧的同时,对提高钢水温度也是有利的。在钢中添加一定数量的硅,能显著提高钢的强度、硬度和弹性,因而在冶炼结构钢(硅质量分数为 0.40% ~1.75%)、工具钢(硅质量分数为 0.30% ~1.8%)、弹簧钢(硅质量分数为 0.40% ~2.8%)和变压器用硅钢(硅质量分数为 2.81% ~4.8%)时,也把硅铁作为合金剂使用。此外,在炼钢工业中,利用硅铁粉在高温下燃烧能放出大量热这一特点,硅铁粉常作为钢锭帽发热剂使用以提高钢锭的质量和回收率。

(2) 在铸铁工业中用作孕育剂和球化剂。铸铁是现代工业中一种重要的金属材料,它比钢便宜,容易熔化冶炼,具有优良的铸造性能和比钢好得多的抗震能力,特别是球墨铸铁,其力学性能达到或接近钢的力学性能。在铸铁中加入一定量的硅铁能阻止铁中形成碳化物、促进石墨的析出和球化,因而在球墨铸铁生产中,硅铁是一种重要的孕育剂(帮助析出石墨)和球化剂。

(3) 铁合金生产中用作还原剂。不仅硅与氧之间化学亲和力很大,而且高硅硅铁的含碳量很低,因此高硅硅铁(或硅质合金)是铁合金工业中生产低碳铁合金时比较常用的一种还原剂。

(4) 75 号硅铁在皮江法炼镁中常用于金属镁的高温冶炼,将 $CaO \cdot MgO$ 中的镁置换出来,每生产 1t 金属镁就要消耗 1.2t 左右的硅铁,对金属镁生产起着很大的作用。

(5) 在其他方面的用途。磨细或雾化处理过的硅铁粉,在选矿工业中可作为悬浮相。在焊条制造业中可作为焊条的涂料。高硅硅铁在化学工业中可用于制造硅酮等产品。

在这些用途中,炼钢工业、铸造工业和铁合金工业是硅铁的最大用户。它们共消耗约90%以上的硅铁。在各种不同牌号的硅铁中,目前应用最广的是 75 号硅铁。在炼钢工业中,每生产 1t 钢大约消耗 3 ~5kg 硅铁($w(Fe) = 75\%$)。

4.3.2 铝酸钙水泥

4.3.2.1 铝酸钙水泥的成分及物相组成

铝酸钙水泥是一种被广泛应用的耐火浇注料和喷射料的结合剂,其生产主要是以天然铝矾土或工业氧化铝与碳酸钙（石灰石），或者铁矾土与石灰石为原料，通过烧结法或电熔法制得。我国普通铝酸钙水泥主要采用烧结法生产，纯铝酸钙水泥采用烧结法和电熔法两种。

铝酸钙水泥主要矿物成分是一铝酸钙（$CaO \cdot Al_2O_3$）或二铝酸钙（$2CaO \cdot Al_2O_3$），但在一定条件下，产物中存在不平衡相，会产生一些矿物，其中常见的一些矿物和铝酸钙水泥的分类见表 4 – 2。

表 4 – 2   铝酸钙水泥的化学成分和矿相组成

类 型			化学成分（质量分数）/%				矿物组成 主晶相
			SiO_2	Al_2O_3	CaO	Fe_2O_3	
普通铝酸钙水泥	低铁型铝酸钙水泥	矾土水泥	5 ~ 7	53 ~ 56	33 ~ 35	<2.0	CA、CA_2、C_2AS
		铝 – 60 水泥	4 ~ 5	59 ~ 61	27 ~ 31	<2.0	CA_2、CA、C_2AS
		低钙水泥	3 ~ 4	65 ~ 70	21 ~ 24	<1.5	CA_2、CA、C_2AS
	高铁型铝酸钙水泥	一般型	4 ~ 5	48 ~ 49	36 ~ 37	7 ~ 10	CA、C_4AF、C_2AS
		超高铁型	3 ~ 4	40 ~ 42	38 ~ 39	12 ~ 16	CA、C_4AF、C_2AS
纯铝酸钙水泥		一般型	<0.1	76 ~ 78	20 ~ 23	<0.1	CA_2、CA
		快硬型	<0.1	72 ~ 76	23 ~ 26	<0.1	CA、CA_2
		超高铝型	<0.1	79 ~ 83	16 ~ 18	<0.1	$\alpha\text{-}Al_2O_3$

4.3.2.2　铝酸钙水泥的水化机理

在铝酸钙水泥中能发生水化反应生成水硬性水化物的矿物主要是 CA、CA_2、C_4AF 和 $C_{12}A_7$，其凝结和硬化速度按如下次序递减：$C_{12}A_7$、C_4AF、CA、CA_2。$C_{12}A_7$ 是一种水化速度很快的瞬凝矿物；CA 的水化速度稍快，凝结硬化速度适中；而 CA_2 水化速度缓慢，凝结硬化时间较长。

在养护条件下，铝酸钙水泥水化时生成的水化物的变化如图 4 – 4 所示（以 CA 为例）。

在这些生成的水化物中，常温下只有 C_3AH_6 是稳定水化物，C_2AH_8 和 C_2AH_{10} 均为亚稳定水化物，随着温度的升高和时间的延长亚稳定水化物会转变成稳定水化物，这种转化会引起强度倒退，主要原因是立方粒状水化物 C_3AH_6 结合强度不如片状水化物 C_2AH_8 和 C_2AH_{10}，且真密度由小到大依次为 C_2AH_{10}、C_2AH_8、C_3AH_6，在转化过程中胶结物相中孔隙率增大，结合面下降且氧化铝凝胶转变成结晶相也会导致孔隙率增大，最终导致强度的下降。

在加热过程中，铝酸钙水泥水化物发生如图 4 – 5 所示相变过程，水化物在脱水分解过程中水合键被破坏，同时由低密度水化物转化成高密度水化物，导致结合面降低，孔隙率增大，经中温处理后铝酸钙水泥浇注料强度明显下降，只有加热到高温材料发生烧结时，产生陶瓷结合，强度才又提高。

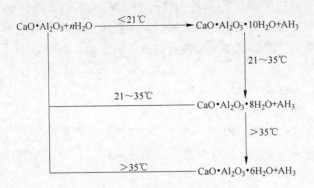

图 4-4 铝酸钙水泥水化变化

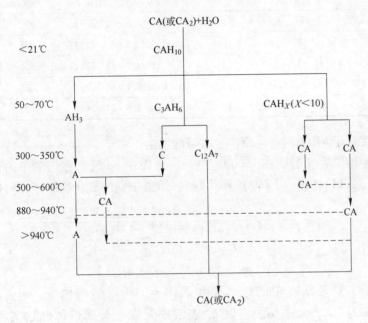

图 4-5 铝酸钙水泥水化物相变过程

其中 CA 为 $CaO \cdot Al_2O_3$，CA_2 为 $CaO \cdot 2Al_2O_3$，C_2AS 为 $2CaO \cdot Al_2O_3 \cdot SiO_2$，$C_4AF$ 为 $4CaO \cdot Al_2O_3 \cdot Fe_2O_3$ 依次类推。

4.3.3 碳热还原赤泥制备硅铁合金和铝酸钙水泥

4.3.3.1 碳热还原过程热力学分析

A Fe-C-O 系

赤泥中铁元素的聚集状态主要为 Fe_2O_3 和 Fe_3O_4。

关于铁的氧化物的碳热还原过程已经有比较成熟的研究，对于同一金属元素，若形成不同价位的氧化物，其分解过程一般满足逐级转变原则，即高价氧化物在温度升高时，依次经过体系中所有的低价氧化物，直至零价（金属）。Fe_2O_3 的变化顺序为：

$t > 570℃$：$Fe_2O_3 \rightarrow Fe_3O_4 \rightarrow FeO \rightarrow Fe$

$t < 570℃$：$Fe_2O_3 \rightarrow Fe_3O_4 \rightarrow Fe$

赤泥与碳粉混合加热过程中，经历固相反应阶段和熔融还原反应阶段。赤泥未熔融时，赤泥中的 Fe_2O_3 与碳粒进行固相还原反应，可能出现的反应见表4－3，热力学数据来自 Factsage 软件。

表4－3　赤泥中 Fe_2O_3 碳热还原各反应的方程式及热力学数据

反应方程式	$\Delta G^{\ominus} = f(T) \text{kJ/mol}$	温度/K	序号
$3Fe_2O_3(s) + C(s) = 2Fe_3O_4(s) + CO(g)$	$133185.6 - 223.307T$	597	①
$Fe_3O_4(s) + C(s) = 3FeO(s) + CO(g)$	$188255.6 - 197.053T$	955	②
$FeO(s) + C(s) = Fe(s) + CO(g)$	$151463.9 - 151.828T$	998	③
$Fe_3O_4(s) + 4C(s) = 3Fe(s) + 4CO(g)$	$641856.7 - 651.729T$	985	④
$C(s) + CO_2(g) = 2CO(g)$	$170838.6 - 175.285T$	975	⑤

在温度低于570℃时，④反应才有可能发生。

在赤泥熔融后（温度在1500℃左右），赤泥中 Fe 元素在熔渣中的存在方式为 (Fe_2O_3)、(Fe_3O_4)、(FeO) 和 $[Fe]$，熔渣中铁的氧化物的还原可以用下式表示：

$$(FeO) + [C] = [Fe] + CO(g) \tag{4-1}$$

$$\Delta G = \Delta G^{\ominus} + RT\ln K^{\ominus}$$

$$K^{\ominus} = (p_{CO} \cdot \alpha_{Fe})/(\alpha_C \cdot \alpha_{FeO})$$

由于碳主要是铁水中的饱和碳和固体碳，所以熔渣中 $\alpha_C = 1$，当 $p_{CO} = 101.325\text{kPa}$ 时，$K^{\ominus} = \alpha_{Fe}/\alpha_{FeO}$。以 L_{Fe} 表示铁元素在金属熔体和熔渣中分配常数，则

$$L_{Fe} = \omega[Fe]/\chi(FeO) = K^{\ominus} \times (\gamma_{FeO}/f_{Fe}) \times 1/p_{CO} \tag{4-2}$$

式中，γ_{FeO}、f_{Fe} 分别为 (FeO) 和 $[Fe]$ 的活度系数，α_{Fe} 和 α_{FeO} 分别为 $[Fe]$ 和 (FeO) 的活度。

分配常数越大，表明 (FeO) 还原成 $[Fe]$ 越多。由式（4－2）可知，影响分配常数的因素主要是 $K^{\ominus}$、γ_{FeO}、f_{Fe} 和 p_{CO}。反应为吸热反应，提高温度有利于反应正向进行。γ_{FeO} 与熔渣的组成有关，FeO 属于碱性氧化物，熔体中的碱度越大，γ_{FeO} 越大，有利于 FeO 的还原。赤泥中含有大量的 Na_2O、K_2O 和 CaO，其存在增加了 FeO 在熔体中的活度，有利于 FeO 的还原。CO 的分压越低，L_{Fe} 越

高，而在反应过程中，p_{CO} 的值基本恒定。

　　B　Si － C － O 系

　　赤泥中含 Si 化合物的存在方式主要以 $NaAlSiO_4$、$3NaAlSiO_4 \cdot Na_2CO_3$、$K(AlFe)_2AlSi_3O_{10} \cdot H_2O$、$Ca_2SiO_4$ 的形式存在。为了计算方便，假定赤泥中的含硅化合物以 $NaAlSiO_4$ 和 Ca_2SiO_4 为主。Si-C-O 系 $\Delta G^{\ominus} － T$ 关系如图 4 － 6 所示。

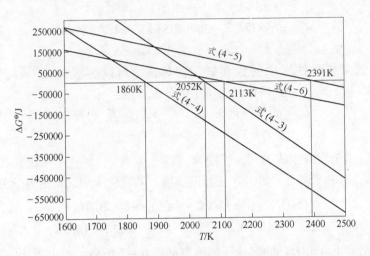

图 4 － 6　Si － C － O 系 $\Delta G^{\ominus} － T$ 关系

$$2NaAlSiO_4(s) + 5C(s) \Longrightarrow 2Si(l) + 5CO(g) + 2Na(g) + Al_2O_3(s) \quad (4-3)$$

$$\Delta G^{\ominus} = 2126409.3 - 1036.505T \text{ kJ/mol}, T = 2052K$$

$$2NaAlSiO_4(s) + 5C(s) + 2Fe(l) \Longrightarrow 2FeSi(s) + 5CO(g) + 2Na(g) + Al_2O_3(s)$$

$$(4-4)$$

$$\Delta G^{\ominus} = 1842209.6 - 990.457T \text{ kJ/mol}, T = 1860K$$

$$Ca_2SiO_4(s) + 2C(s) \Longrightarrow 2CaO(s) + Si(l) + 2CO(g) \quad (4-5)$$

$$\Delta G^{\ominus} = 789258.9 - 330.085T \text{ kJ/mol}, T = 2391K$$

$$Ca_2SiO_4(s) + Fe(l) + 2C(s) \Longrightarrow 2CaO(s) + FeSi(s) + 2CO(g) \quad (4-6)$$

$$\Delta G^{\ominus} = 643112.7 - 304.401T \text{ kJ/mol}, T = 2113K$$

　　式（4－3）～式（4－6）是固相还原过程中可能出现的反应，其反应起始温度分别为 2052K、1860K、2391K 和 2113K。式（4－4）和式（4－5）分别为式（4－3）和式（4－5）在有铁液的作用下的标准吉布斯自由能与温度的热力学数据，Fe 存在能显著降低各反应的起始温度，促使反应向正反应进行。此外，产物中的 Al_2O_3 和 CaO 能与赤泥中其他物质形成新的化合物，进一步降低反应起始温度，在此就不再赘述。式（4－3）～式（4－6）的各反应在固相阶段（赤泥熔融温度在 1500℃ 左右）不会发生，SiO_2 的还原基本在熔融液相中进行。赤泥熔融后，熔体中的（SiO_2）与铁液中的饱和碳以及固体碳反应，其主要反应可表示为：

$$(SiO_2) + C = SiO(g) + CO(g) \qquad (4-7)$$

$$SiO(g) + C = [Si] + CO(g) \qquad (4-8)$$

式（4-7）、式（4-8）可合为：

$$(SiO_2) + 2C = [Si] + 2CO(g) \qquad (4-9)$$

$$\Delta G^{\ominus} = 698324.8 - 359.495T\,kJ/mol, T = 1943K$$

$$K^{\ominus} = (\alpha_{Si} \cdot p_{CO}^2)/(\alpha_{SiO_2} \cdot \alpha_C)$$

由于碳主要是铁水中的饱和碳和固体碳，所以熔渣中 $\alpha_C = 1$，当 $p_{CO} = 101.325kPa$ 时，Si 在金属熔体和熔渣中的分配常数：

$$L_{Si} = \omega[Si]/\chi(SiO_2) = K^{\ominus} \times \gamma_{SiO_2}/f_{Si} \times 1/p_{CO}^2 \qquad (4-10)$$

$$[Fe] + [Si] = [FeSi]$$

此外，由于反应生成的 [Si] 能与 [Fe] 互溶，[Si] 不断进入 [Fe] 中，降低了 α_{Si}，有利于降低（SiO_2）还原的温度。其反应方程式及热力学关系式为：

$$(SiO_2) + [Fe] + 2C = [FeSi] + 2CO(g)$$

$$\Delta G^{\ominus} = 555353.5 - 336.475T\,kJ/mol, T = 1651K$$

不同活度下（SiO_2）的起始还原温度如图 4-7 所示，可以看出，随着熔体中（SiO_2）活度的降低，（SiO_2）开始反应的温度越高，这也说明了熔体中（SiO_2）的活度影响 SiO_2 的还原效果。

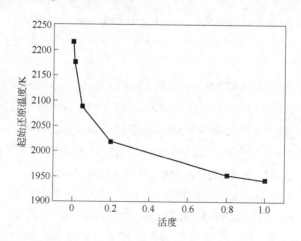

图 4-7 不同活度下（SiO_2）的反应温度

由式（4-10）和图 4-7 可得影响 L_{Si} 的因素有：

（1）温度。反应为吸热反应，温度越高，$K^{\ominus}$ 越大，因而 L_{Si} 值越高，SiO_2 的还原率越高。在熔体组成不变时，温度决定金属熔体和渣中 Si 元素的含量。

（2）熔体的组成。SiO_2 是酸性氧化物，熔体中的碱度影响（SiO_2）的活度，碱度越高，γ_{SiO_2}、α_{SiO_2} 就越低，（SiO_2）的还原温度就越高，还原率就越低。因此，提高 SiO_2 的还原率就要降低熔体的碱度，造酸性渣，提高熔体中 SiO_2 的活度。

（3）p_{CO}。CO 的分压越低，越有利于 L_{Si} 的增加。反应过程中，炉中的 p_{CO} 基本恒定，因此，CO 分压并不是主要影响因素。

C　TiO_2 的还原

赤泥中还有少量的 TiO_2，含量约在 1%～3% 之间，在焦炭的作用下，在熔体中发生还原反应，（TiO_2）与 Fe_2O_3 和 SiO_2 的还原类似，都遵循逐级反应原则。在熔体中的反应为：

$$(TiO_2) + 2C \Equiv [Ti] + 2CO \qquad (4-11)$$
$$\Delta G^\ominus = 667144.6 - 327.7T\,kJ/mol,\ T = 2036K$$

TiO_2 是两性氧化物，除温度影响其还原率外，炉渣的碱度也同样影响 L_{Ti}，碱度越高，钙钛矿的生成就会增加，（TiO_2）的活度就会降低，相应其还原效果就越差。

D　碱金属化合物的还原

赤泥中含有大量的 Na_2O、K_2O 的化合物，是铝工业碱法处理铝土矿引入赤泥中，碱金属氧化物在赤泥中的存在方式主要为 $NaAlSiO_4$ 和 $3NaAlSiO_4 \cdot Na_2CO_3$。为了简化计算，假定赤泥中 Na_2O 的化合物以 $NaAlSiO_4$ 形式存在，其反应见式（4-3）、式（4-4）。还原出来的 Na(g) 随气体排出炉外。

4.3.3.2　热力学模拟

利用 Factage 软件模拟理论条件下标态时碳热还原拜耳法赤泥和烧结法赤泥的还原过程，其不同温度下产物模拟结果如图 4-8 和图 4-9 所示。

从拜耳法赤泥的碳热还原模拟图可以看出，标态下，赤泥的 Na_2O 最终被还原成 Na 蒸气排出，合金为硅铁合金，渣样中的物相组成为 $CaAl_{12}O_{19}$ 和 $CaAl_4O_7$。而烧结法赤泥 2073K（1800℃）后，渣样中的物相组成包含 Ca_2SiO_4、$Ca_3Al_2O_6$、CaO 和 Ca_2C。

4.3.3.3　制备过程与结果分析

A　原料的准备

制备过程所用的赤泥为中国某铝业公司的拜耳法赤泥，赤泥的 XRD 分析结果如图 4-10 所示。分析表明，该拜耳法赤泥中的主要物相组成为赤铁矿 Fe_2O_3、

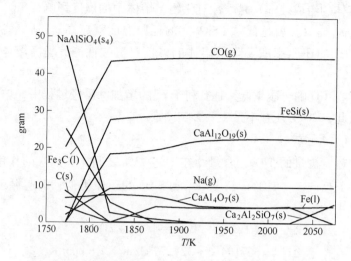

图 4-8 不同温度下碳热还原拜耳法赤泥的热力学模拟

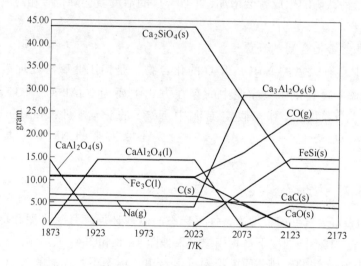

图 4-9 不同温度下碳热还原烧结法赤泥的热力学模拟

霞石（$NaAlSiO_6$、$3NaAlSiO_4 \cdot Na_2CO_3$）和伊利石（$K(AlFe)_2AlSi_3O_{10} \cdot H_2O$）。化学分析（见表 4-4）表明赤泥中的 Fe_2O_3 以赤铁矿为主，质量分数为 33.59%，SiO_2 主要以 $NaAlSiO_6$ 存在，质量分数为 21.01%。

表 4-4 赤泥的化学分析（110℃ ×24h）

赤泥成分	SiO_2	Al_2O_3	Fe_2O_3	CaO	MgO	K_2O	Na_2O	TiO_2	IL
质量分数/%	18.52	21.82	31.58	2.92	0.22	0.30	11.58	1.51	11.47

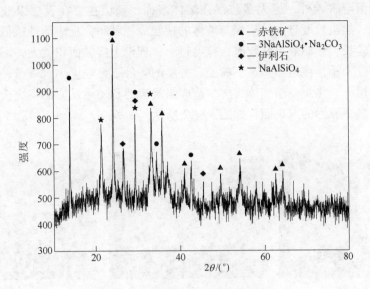

图 4 – 10 拜耳法赤泥的 XRD 图谱

赤泥中外加一定的 CaO，用来调整原料的初始碱度。CaO 和焦炭的化学分析见表 4 – 5。

表 4 – 5　CaO 和焦炭的化学分析结果（质量分数）　　　　（%）

成分	SiO$_2$	CaO	S	P	Ad	C	IL
CaO	4. 62	56. 68					
焦炭			0. 053	0. 035	16. 11	83. 03	34. 88

B　工艺影响因素分析

将拜耳法赤泥、焦炭、CaO 按照一定比例混合均匀后，装入石墨坩埚中，在中频感应炉空气气氛下进行电熔冶炼，反应 2 ~ 4h 后，停止冶炼。自然冷却后，分离硅铁合金，对硅铁合金和铝酸钙渣样进行检测。冶炼过程示意图如图 4 – 11 所示。

a　焦炭粒度

碳热还原赤泥中 Fe$_2$O$_3$ 和 SiO$_2$ 的反应主体过程是在熔融态下进行的，由于

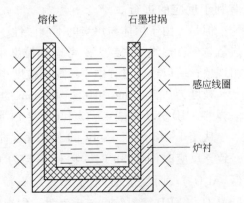

图 4 – 11　冶炼过程示意图

赤泥由固态转变为熔融态的温度较低，焦炭与赤泥熔体不润湿，反应过程中，焦

炭除了少量溶解碳外，绝大多数浮在熔体表面，反应主要在表层以液固反应为主。因此，焦炭粒度过大，焦炭与熔体的接触面积就小，反应活性就低，反应时间就相对较长，还原效果就较差；粒度过小，理论上接触面积就大，反应速率就高，但粒度太小，在熔体焦炭不润湿、分层的条件下，粒度小，质量轻，在反应热流的作用下，焦炭易随气体飞出，造成焦炭浪费和还原反应的不完全。三种不同粒度焦炭还原后的宏观照片如图 4 - 12 所示。

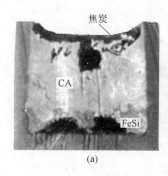 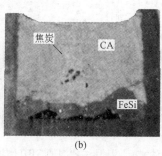 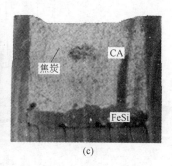

图 4 - 12　拜耳法赤泥配加不同粒度焦炭还原后的照片（时间 = 2h）
(a) 粒度为 < 0.2mm；(b) 粒度为 0.2 ~ 0.5mm；(c) 粒度为 0.5 ~ 1mm

　　从图 4 - 12 中可以看出，冷却后渣铁分离明显，底层为硅铁合金，上层为铝酸钙渣样。由于所选的焦炭的粒度不同，焦炭在渣样中的分布状态也不相同。焦炭的粒径小于 0.2mm 时，焦炭粉分布在熔体上层，熔体与焦炭细粉有较明显的分界线，整个还原反应主要集中在渣碳分界处。而焦炭粒度在 0.5 ~ 1mm 和 0.2 ~ 0.5mm 时，冷却后的照片显示，焦炭颗粒均匀分步在熔体中，可以推断，熔融反应时，焦炭与赤泥熔体的接触面比粒度小于 0.2mm 时大，有利于反应的进行。

　　但是，由于熔体与焦炭的不润湿性，焦炭粒度越细，随着反应气流喷出的焦炭就越多，焦炭损失越大。考虑到粒度小于 0.2mm 的焦炭反应过程中的焦炭喷出现象，所以还原过程中不考虑用粒度小于 0.2mm 的焦炭。

　　粒度为 0.5 ~ 1mm 和 0.2 ~ 0.5mm 的焦炭配加拜耳法赤泥反应 3h 和 4h 后的渣样的 XRD 分析如图 4 - 13 和图 4 - 14 所示。

　　从图 4 - 13 和图 4 - 14 的 XRD 衍射图样上可以看出，产物的物相组成基本一致，反应时间为 3h 时，物相主要为 Gehlenite $Ca_2(Al(AlSi)O_7)$ 和 Grossite $(CaAl_4O_7)$。而反应时间为 4h，焦炭粒度为 0.5 ~ 1mm 时，铝酸钙渣中出现 $CaAl_2O_4$。XRD 衍射结果初步表明，焦炭粒度为 0.5 ~ 1mm 时，SiO_2 的还原效果要优于粒度为 0.2 ~ 0.5mm 时的焦炭。

　　对配加不同粒度焦炭还原不同时间得到的渣样的成分及含量见表 4 - 6，赤

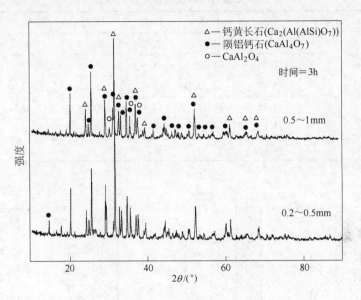

图4-13　不同焦炭粒度反应3h的渣样XRD图谱

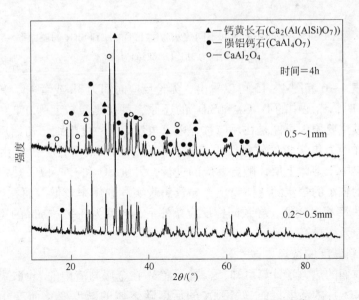

图4-14　不同焦炭粒度反应4h的渣样XRD图谱

泥的还原率如图4-15所示。

表4-6　铝酸钙渣样的化学组成（质量分数）　　　（%）

粒度/mm	时间/h	SiO₂	Al₂O₃	Fe₂O₃	CaO	TiO₂	C
	2	27.69	41.16	2.32	23.16	1.37	—
0.2~0.5	3	17.41	49.22	3.3	26.42	0.17	0.74
	4	15.49	52.26	0.42	28.51	0.17	4.01
	2	28.28	37.75	2.4	20.66	1.31	—
0.5~1	3	11.82	52.2	0.69	29.75	0.44	4.01
	4	11.05	49.80	0.73	29	0.44	7

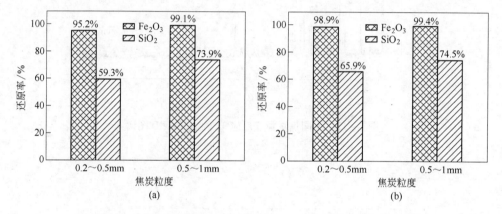

图4-15　不同还原时间不同焦炭粒度下 Fe₂O₃ 和 SiO₂ 的还原率

（a）时间为3h；（b）时间为4h

结合表4-6和图4-15可以看出，无论反应时间为3h或者4h，焦炭粒度为0.5~1mm 时，赤泥中的 Fe₂O₃ 和 SiO₂ 的还原率都比焦炭粒度为0.2~0.5mm 的效果优。其主要原因可能是在反应过程中，虽然焦炭粒度越细，初始反应速率越快，但同样因为焦炭粒度较细，由于熔体和焦炭的不润湿性，焦炭由于密度较小，往往集中于熔体上层，随着反应的进行，大量 CO 和 CO₂ 以及热空气的上升排出，粒度较小的焦炭随气体喷出，导致焦炭实际利用率较低。而粒度为0.5~1mm 的损失率相对较低，导致同样反应条件下，粒度为0.5~1mm 的焦炭颗粒对赤泥的还原效率最高。

b　原料碱度的选择

通过前面的热力学计算可知，金属元素 M 在金属与渣中的 L_M 取决于温度和熔体中（MO$_x$）的活度，而（MO$_x$）的活度随熔体的碱度变化而变化。碱度增加，熔体中的（SiO₂）易与 CaO 生成硅酸钙，降低了 SiO₂ 的活度，而（FeO）的活度随熔体的碱度增加而升高。因此，要提高赤泥中 SiO₂ 的还原率需要营造合适的条件，确定合适的碱度。

不同二元碱度下，合金和铝酸钙渣样的衍射图谱如图 4−16、图 4−17 所示。

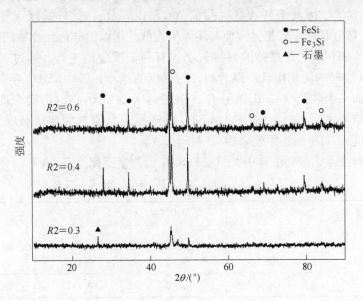

图 4−16 不同碱度下合金的 XRD 图谱

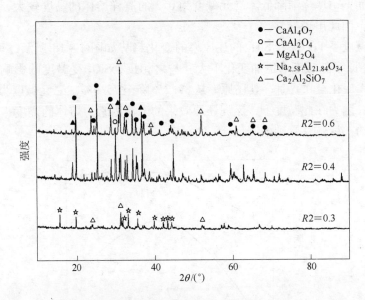

图 4−17 不同碱度下铝酸钙渣样的 XRD 图谱

从图 4−16 的合金物相分析可知，合金的主要物相为 FeSi 和 Fe_3Si。从渣样的 XRD 图谱中可以明显看出，随着碱度的增加，铝酸钙渣样中的物相组成出现了明显的变化。二元碱度为 0.3 时，渣样的主要物相为 $Ca_2Al_2SiO_7$ 和 $Na_{2.58}Al_{21.84}O_{34}$，此碱度条件下，熔体的黏度较大，在感应炉中容易结壳喷料，导致赤泥中含的 Na_2O 无法排出，因此渣样含有大量的 $Na_{2.58}Al_{21.84}O_{34}$，此外黏度大导致熔体中（$SiO_2$）扩散迁移速率较慢，致使其还原率较低，仍以铝硅钙化合物的形式存在。碱度为 0.4 和 0.6 时，熔体的黏度较小，有利于反应的进行。通过二元碱度为 0.4 和 0.6 渣样的物相比较可以看出，随碱度的减小，$Ca_2Al_2SiO_7$ 对应的衍射峰强降低，而一铝酸钙（$CaAl_2O_4$）和二铝酸钙（$CaAl_4O_7$）的衍射强度增高。因此，衍射结果表明，碱度增加抑制 SiO_2 的还原，当原料的初始碱度为 0.4 时，熔体的黏度和 SiO_2 的还原效果相对较好。

不同碱度下铝酸钙渣样中 Fe_2O_3 和 SiO_2 的含量变化见表 4-7。

表 4-7　不同碱度下铝酸钙渣样的成分分析（质量分数）　　　　（％）

碱　度	SiO_2	Al_2O_3	Fe_2O_3	CaO
$R2 = 0.3$	12.91	58.36	7.08	11.21
$R2 = 0.4$	7.08	54.13	0.88	20.75
$R2 = 0.6$	11.82	49.80	0.73	29.75

从表 4-7 渣样的成分组成可以看出，随着碱度的增加，渣样中 SiO_2 的含量也增加，而 Fe_2O_3 逐渐降低。二元碱度为 0.3 的渣样熔体的黏度较大，导致反应状况较差，因此出现异常。

不同碱度下 Fe_2O_3 和 SiO_2 的还原率的变化趋势如图 4-18 所示，可以看出，Fe_2O_3 的还原率随碱度的增加变化不大，与之相反，SiO_2 受碱度的影响较大，当碱度从 0.4 变化至 0.6 时，其还原率从 87.2% 降至 75.9%。二元碱度为 0.3 可视为异常点，因为在此碱度下，赤泥还原效果的限制因素为熔体的黏度，即熔体反应时物质的扩散迁移受到限制。

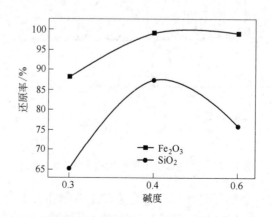

图 4-18　不同原料碱度下 Fe_2O_3 和 SiO_2 的还原率变化

c　配碳量

还原过程中，焦炭除了作为还原剂参加还原反应外，一部分由于燃烧而损失掉，因此确定最优的焦炭配加量对达到最优还原效果也很重要。

不同焦炭配加量下合金和铝酸钙渣样的 XRD 衍射图谱如图 4 - 19 所示，从图谱上可以看出，合金的主要物相均为 FeSi 和 Fe_3Si，合金中夹杂着 SiO_2 碳热还原的中间产物 SiC，基本物相组成随焦炭配加量的变化并无改变。铝酸钙渣样中不同焦炭配加量下的物相均包含 $CaAl_4O_7$、$CaAl_2O_4$、$MgAl_2O_4$ 和 $Ca_2Al_2SiO_7$。未还原完全的 SiO_2 以铝硅钙化合物的形式存在，而 $MgAl_2O_4$ 的形成是因为随着还原反应的进行，赤泥中 Fe_2O_3 和 SiO_2 等还原进入金属溶液中，而 Mg 元素在赤泥中相对难以还原，积聚在渣中，导致在渣样中品位升高。需要注意的是，焦炭配加量在 0.8 时，渣样的衍射峰强相对较弱，而且渣样中 $Ca_2Al_2SiO_7$ 的峰强与 $CaAl_2O_4$ 的峰强的相对值较焦炭配加量在 1.0 和 1.1 时高，说明焦炭配加量在 0.8 时，SiO_2 的还原率相对较低。

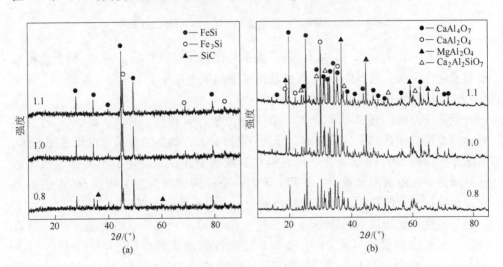

图 4 - 19　不同焦炭配加量下合金和铝酸钙渣样的 XRD 图谱

（a）合金；（b）铝酸钙渣样

渣样的成分检测见表 4 - 8，可以看出，渣样中 SiO_2 的含量在焦炭配加量为 0.8 时含量高达 11.05%，当焦炭配加量为 1.0 和 1.1 时，SiO_2 和 Fe_2O_3 的含量变化较少。

表 4 - 8　不同焦炭配加量下渣样的化学组成（质量分数）　（%）

焦炭配加量	SiO_2	Al_2O_3	Fe_2O_3	CaO	C
0.8	11.05	49.72	0.86	18.95	1.32
1.0	7.08	55.15	0.88	20.75	4.70
1.1	7.28	54.56	0.49	21.58	4.92

为了定量说明赤泥在不同焦炭配加量的还原情况，计算了 SiO_2 和 Fe_2O_3 的还原率，如图 4 - 20 所示。

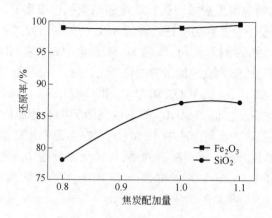

图 4 - 20　不同焦炭配加量下 SiO_2 和 Fe_2O_3 的还原率

从图 4 - 20 中 SiO_2 和 Fe_2O_3 的还原率变化曲线可以看出，Fe_2O_3 随焦炭配加量的变化率不大，而 SiO_2 的还原率从焦炭配加量为 0.8 至 1.0 时逐渐增加，而在 1.0 和 1.1 范围内，其还原率基本保持一致。

碳热还原时，通过本章第 2 小节的热力学计算可知，Fe_2O_3 比 SiO_2 容易还原，因此焦炭在达到反应条件时，优先还原 Fe_2O_3，剩余的焦炭可继续还原 SiO_2。虽然赤泥中的 SiO_2 很难完全还原，但焦炭配加量在 0.8 时仍旧不能保证所需的还原剂量。在焦炭配加量为 1.0 和 1.1 时，渣样的成分检测中残留 5% 左右的焦炭，尽管有多余的碳残留，SiO_2 的还原效果并没有相应的提高。

不同焦炭配加量下渣样中的 $w(SiO_2)/[w(SiO_2) + w(CaO)]$ 见表 4 - 9，可以看出，焦炭配加量为 0.8、1.0 和 1.1 时获得的渣样的 $w(SiO_2)/[w(SiO_2) + w(CaO)]$ 分别为 0.352、0.242 和 0.239，1600℃ 时（SiO_2）在 Al_2O_3-SiO_2-CaO 系的活度曲线如图 4 - 21 所示，从图中可以得到此时的基本分布在 $5 \times 10^{-3} \sim 2 \times 10^{-2}$ 之间，活度很小，所以焦炭配加量增加，对 SiO_2 的还原率的促进并不大。因此，活度是 SiO_2 还原效果的最重要的限制性因素。

表 4 - 9　不同焦炭配加量下渣样中的 $w(SiO_2)/[w(SiO_2) + w(CaO)]$

焦炭配加量/%	0.8	1.0	1.1
$w(SiO_2)/[w(SiO_2) + w(CaO)]$	0.352	0.242	0.239

d　熔炼时间

从上面几个影响因素来看，当反应进行到一定程度后，SiO_2 的还原效果基本保持不变，所得的渣样 SiO_2 的含量中对应的熔体中的活度都在 $10^{-3} \sim 10^{-2}$ 的数

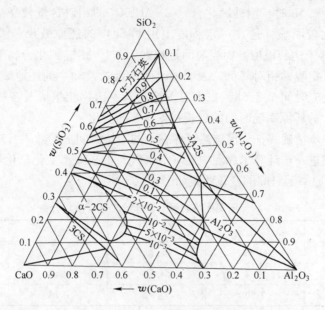

图 4 – 21　CaO-SiO$_2$-Al$_2$O$_3$ 系组分中 SiO$_2$ 的活度曲线图（1873K）

量级，自由 SiO$_2$ 含量极低，所以导致熔体中的 SiO$_2$ 达到一定含量后就很难进一步降低。这里讨论冶炼时间对赤泥碳热还原的影响和渣样的成分组成以及主要氧化物的还原情况。

　　不同冶炼时间下铝酸钙渣样的物相变化如图 4 – 22 所示，可以看出，各反应时间下对应的物相都含有一定量的 CaAl$_4$O$_7$、CaAl$_2$O$_4$、MgAl$_2$O$_4$ 和 Ca$_2$Al$_2$SiO$_7$。

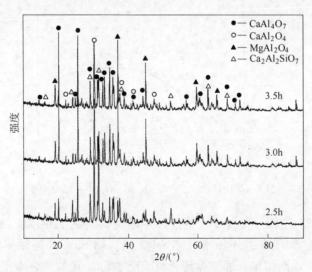

图 4 – 22　不同冶炼时间下渣样的物相变化

在冶炼时间为 2.5h 时，铝硅钙化合物 $Ca_2Al_2SiO_7$ 的相对含量较高，对应的衍射峰强度相对比较明显，这在一定程度上说明 SiO_2 的还原效果较差，冶炼时间 2.5h 时反应并未达到极值。而当时间延长到 3h 时，铝硅钙化合物 $Ca_2Al_2SiO_7$ 对应的峰值相对铝酸钙相对降低，表明随时间的延长，SiO_2 的还原效果逐渐增强。进一步延长反应时间至 3.5h，在衍射图谱上看不出物相组成及各物相峰高明显的变化，SiO_2 的还原率随时间的延长并无显著的变化。

为了进一步精确表征赤泥碳热还原在不同冶炼时间下的效果，对渣样进行了成分检测，并进一步计算了赤泥中 Fe_2O_3 和 SiO_2 的还原率变化。化学分析结果见表 4 - 10，还原率随时间的变化曲线如图 4 - 23 所示。

表 4 - 10　不同冶炼时间下渣样的成分（质量分数）　　　　（%）

时间/h	SiO_2	Al_2O_3	Fe_2O_3	CaO
2.5	11.82	48.13	0.76	19.08
3.0	7.08	54.15	0.88	20.75
3.5	7.70	52.87	0.68	21.25

不同冶炼时间下渣样的成分检测结果表明，随着反应时间的延长，渣样中的 SiO_2 逐渐降低，当时间延长至 3h 及以后，渣样中 SiO_2 的含量变化不大。Fe_2O_3 的含量则一直保持较低的含量且波动很小。成分组成在一定程度上符合了图 4 - 22 的衍射结果。

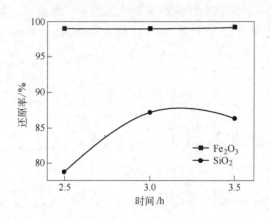

图 4 - 23　不同冶炼时间下 Fe_2O_3 和 SiO_2 的还原率变化曲线

从图 4 - 23 可以看出，Fe_2O_3 的还原率随反应时间变化不大，说明 Fe_2O_3 较易还原且已经达到很高的还原率（99% 以上）。而 SiO_2 的还原率随反应时间从 2.5h 延长至 3h 逐渐增加，而继续延长时间至 3.5h，还原率基本保持不变，这与物相分析和成分检测结果是一致的。

计算渣样的 $w(SiO_2)/[w(SiO_2)+w(CaO)]$ 值，冶炼时间在 2.5h、3h 和 3.5h 的值分别为 0.37、0.24 和 0.25，对应 $Al_2O_3\text{-}SiO_2\text{-}CaO$ 系在 1600℃ 下的 SiO_2 的活度图可以看出，SiO_2 的活度最终同样维持在 $10^{-3} \sim 10^{-2}$ 的数量级上，即使延长时间，对 SiO_2 还原率的提高贡献不大。赤泥在焦炭粒度为 0.5~1mm，二元碱度为 0.4，焦炭配加量为 1.0 和冶炼时间为 3h 的反应条件下，还原反应基本达到极限状态，此时对应熔体中的 SiO_2 活度都在极低的 $10^{-3} \sim 10^{-2}$ 的数量级下。

4.3.3.4　铝酸钙渣样作为铝酸钙水泥的可行性

碳热还原拜耳法赤泥所得渣样的主要氧化物含量和国标对铝酸盐水泥的成分要求见表 4-11 和表 4-12。

表 4-11　铝酸钙渣样的化学成分（质量分数）　（%）

渣样成分	SiO_2	Al_2O_3	Fe_2O_3	CaO
质量分数	7.08	54.15	0.88	20.75

表 4-12　铝酸盐水泥国标　（%）

类　型	Al_2O_3	SiO_2	Fe_2O_3	R_2O ($Na_2O + 0.658K_2O$)	S（全硫量）	Cl
CA-50	50~60	≤8.0	≤2.5			
CA-60	60~68	≤5.0	≤2.0	≤0.40	≤0.1	≤0.1
CA-70	68~77	≤1.0	≤0.7			
CA-80	≥77	≤0.5	≤0.5			

将表 4-11 和表 4-12 对照来看，碳热还原拜耳法赤泥获得的铝酸钙渣样符合 CA-50 的要求。此外冶炼所得的铝酸钙渣样中含有 $CaAl_4O_7$ 和 $CaAl_2O_4$ 等矿相，因此，碳热还原拜耳法赤泥得到的铝酸钙渣样完全可以用来作为 CA-50 水泥。

4.3.4　铝热还原赤泥制备铝硅合金和铝酸钙水泥

4.3.4.1　铝热还原过程热力学分析

由于铝灰中含有金属 Al 和 AlN 等非氧化物，一定条件下可以夺取氧化物中的氧作为还原剂，因此，在配加铝灰还原赤泥时，铝灰中的 Al 和 AlN 会与赤泥以及本身含有的氧化物反应，下文为铝灰中的 Al 和 AlN 与赤泥中的各氧化物可能的反应。热力学数据全部来自 Factsage 软件。

　A　Fe_2O_3 的还原

赤泥中 Fe_2O_3 的存在方式以 Fe_2O_3 为主，铝灰中同样存在少量 Fe_2O_3，赤泥配加铝灰的加热过程中可能发生反应如下：

$$2Al(l) + Fe_2O_3(s) === 2Fe(s) + Al_2O_3(s) \tag{4-12}$$
$$\Delta G^{\ominus} = -885026.1 + 86.63T \ \text{J/mol}$$
$$2AlN(s) + Fe_2O_3(s) === 2Fe(s) + Al_2O_3(s) + N_2(g) \tag{4-13}$$
$$\Delta G^{\ominus} = -213959.8 - 168.817T \ \text{J/mol}$$

铝的熔点约为 660℃，根据反应（4-12），Al 可以在一定温度范围内（小于10216K）将 Fe 从 Fe_2O_3 中还原出来。同样反应（4-13），AlN 在任意温度下都能将 Fe 从 Fe_2O_3 中还原出来。可以看出，在实验条件下 Al 和 AlN 都极易还原 Fe_2O_3。反应焓变为负值，铝热还原为放热反应。

B SiO_2 的还原

赤泥中 SiO_2 主要以 $NaAlSiO_4$、$3NaAlSiO_4 \cdot Na_2CO_3$、$K(AlFe)_2AlSi_3O_{10} \cdot H_2O$、$Ca_2SiO_4$ 等形式存在。为了简化计算，假定赤泥中的 SiO_2 主要以 $NaAlSiO_4$ 和 Ca_2SiO_4 形式存在，在金属 Al 和 AlN 存在条件下，可能发生下列反应：

$$4Al(l) + 3SiO_2(s) === 3Si(s) + 2Al_2O_3(s) \tag{4-14}$$
$$\Delta G^{\ominus} = -671751.3 + 139.756T \ \text{J/mol}, T < 4807K$$
$$4Al(l) + 3NaAlSiO_4(s) === 3Si(s) + 2.2NaAlO_2(s) + 0.4Na_2Al_{12}O_{19}$$
$$\tag{4-15}$$
$$\Delta G^{\ominus} = -545200.8 + 239.121T \ \text{J/mol}, T < 2280K$$
$$4Al(l) + 3Ca_2SiO_4(s) === 3Si(s) + 4CaO(s) + 2CaAl_2O_4(s) \tag{4-16}$$
$$\Delta G^{\ominus} = -259094.3 + 55.927T \ \text{J/mol}, T < 4633K$$
$$4AlN(s) + 3SiO_2(s) === 3Si(s) + 2Al_2O_3(s) + 2N_2(g) \tag{4-17}$$
$$\Delta G^{\ominus} = 785476 - 410.326T \ \text{J/mol}, \ T = 1915K$$
$$4AlN(s) + 3NaAlSiO_4(s) === 3Si(l) + 2.2NaAlO_2(l) + 0.4Na_2Al_{12}O_{19} + 2N_2(g)$$
$$\tag{4-18}$$
$$\Delta G^{\ominus} = 943985.2 - 326.375T \ \text{J/mol}, T = 2893K$$
$$4AlN(s) + 3Ca_2SiO_4(s) === 3Si(l) + 4CaO(s) + 2CaAl_2O_4(s) + 2N_2(g)$$
$$\tag{4-19}$$
$$\Delta G^{\ominus} = 1113870.2 - 410.996T \ \text{J/mol}, T = 2710K$$
$$4AlN(s) + 3O_2(g) === 2Al_2O_3(s) + 2N_2(g) \tag{4-20}$$
$$\Delta G^{\ominus} = -2079449.4 + 210.993T \ \text{J/mol}$$

AlN 还原赤泥含硅化合物的 $\Delta G^{\ominus} - T$ 关系如图 4-24 所示。

式（4-14）~ 式（4-19）起始反应温度分别为 < 4807K、< 2280K、<4633K、1915K、2893K 和 2710K，式（4-14）~ 式（4-16）为放热反应，式（4-17）~ 式（4-19）为吸热反应。金属 Al 还原赤泥和铝灰中的含硅化合物在实

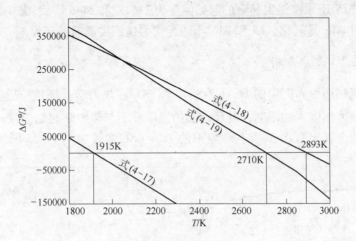

图 4 - 24   AlN 还原赤泥含硅化合物的 $\Delta G^{\ominus} - T$ 关系

验温度下是极易反应的。而 AlN 作为还原剂时，所需的温度较高，固相加热阶段 AlN 并不作为还原含硅化合物的还原剂，且在加热过程中，由式（4 - 20）可知，AlN 易氧化。因此，AlN 不能作为还原含硅化合物的还原剂。

C TiO_2 的还原

赤泥中的 Ti 元素主要以钙钛矿（$CaTiO_3$）形式存在，在 Al 和 AlN 作用下可能发生如下反应：

$$4Al(l) + 3CaTiO_3(s) = 3Ti(s) + 2CaAl_2O_4(s) + CaO(s) \quad (4 - 21)$$

$$\Delta G^{\ominus} = -364848.9 + 117.4T \ J/mol, T < 3018K$$

$$4AlN(s) + 3CaTiO_3(l) = 3Ti(s) + 2CaAl_2O_4(l) + CaO(s) + 2N_2(g)$$

$$(4 - 22)$$

$$\Delta G^{\ominus} = 806677.4 - 297.362T \ J/mol, T = 2713K$$

金属铝还原 $CaTiO_3$ 在实验条件下是极易发生的，而 AlN 作为还原剂时，还原 $CaTiO_3$ 时起始温度高达 2713K，说明 AlN 在实验条件下不能把 Ti 从 $CaTiO_3$ 中还原出来。

D   MgO 的还原

铝灰中的 MgO 以 $MgAl_2O_4$ 的形式存在，在 Al 和 AlN 作用下可能发生如下反应：

$$2Al(l) + 3MgAl_2O_4(s) = 3Mg(g) + 4Al_2O_3(s) \quad (4 - 23)$$

$$\Delta G^{\ominus} = 552170.2 - 256.451T \ J/mol, T = 2153K$$

$$2AlN(s) + 3MgAl_2O_4(l) = 3Mg(g) + 4Al_2O_3(s) + N_2 \quad (4 - 24)$$

$$\Delta G^{\ominus} = 1211277.5 - 495.181T \ J/mol, \ T = 2446K$$

Al 和 AlN 还原镁铝尖晶石的起始温度为 2153K 和 2446K，考虑到其反应起始温度较高且 AlN 易氧化，Al 和 AlN 不适合作为镁铝尖晶石的还原剂。

4.3.4.2　差热分析

虽然铝热还原赤泥中的 Fe_2O_3、SiO_2 和 TiO_2 在热力学上都是极易发生的，但由于受到动力学因素的限制，其反应起始温度并不与热力学起始温度一致，拜耳法赤泥配加金属铝粉在 Ar 保护气氛下的 $TG - DSC$ 曲线如图 4-25 所示。

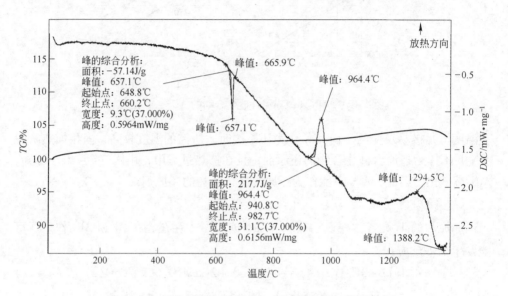

峰的综合分析：
面积：−57.14J/g
峰值：657.1℃
起始点：648.8℃
终止点：660.2℃
宽度：9.3℃(37.000%)
高度：0.5964mW/mg

峰值：657.1℃

峰值：665.9℃

峰值：964.4℃

峰的综合分析：
面积：217.7J/g
峰值：964.4℃
起始点：940.8℃
终止点：982.7℃
宽度：31.1℃(37.000%)
高度：0.6156mW/mg

峰值：1294.5℃

峰值：1388.2℃

放热方向

图 4-25　铝热还原赤泥的 $TG - DSC$ 曲线（Ar 保护气氛）

从图 4-25 金属铝粉还原拜耳法赤泥的 $TG - DSC$ 曲线上可以看出，主要有三个吸热放热峰。在 648.8~660.2℃ 有一明显的吸热峰，峰值为 657.1℃，此为金属铝粉融化吸热所形成的吸热峰。在 940.8~982.6℃ 之间，有一明显的放热峰，为 Fe_2O_3 还原时所放出的热效应所致。在 1200℃ 以后，有一温度范围较宽的峰，峰值温度为 1294.5℃，其为拜耳法赤泥中 $NaAlSiO_4$ 被金属铝还原产生的放热峰。

4.3.4.3　热力学模拟

利用 Factage 软件模拟理论条件下标态时碳热还原拜耳法赤泥和烧结法赤泥的还原过程，其不同温度下产物模拟结果如图 4-26 和图 4-27 所示。

拜耳法赤泥铝灰铝热还原的模拟过程可以看出，标态下，由于拜耳法赤泥本身的 CaO 含量较低，最终渣样的物相组成为 $CaAl_{12}O_{19}$、Al_2O_3、$MgAl_2O_4$ 和 AlN。铝灰中的镁元素以镁铝尖晶石的形式存在于渣样中，铝灰中的 AlN 也残留在铝酸

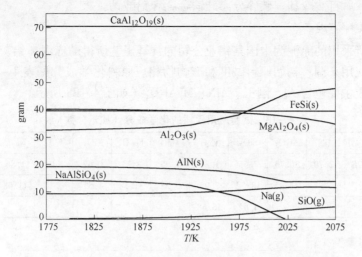

图 4 - 26　不同温度下铝灰铝热还原拜耳法赤泥的热力学模拟

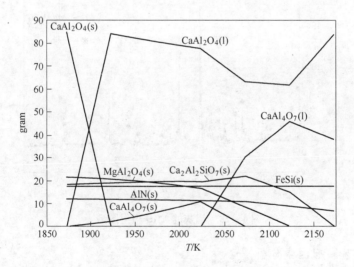

图 4 - 27　不同温度下铝灰铝热还原烧结法赤泥的热力学模拟

钙渣样中。烧结法赤泥铝灰铝热还原得到的渣样的物相为 $CaAl_2O_4$、$CaAl_4O_7$、$Ca_2Al_2SiO_7$，$MgAl_2O_4$ 和 AlN。铝灰和赤泥电熔合成的铝酸钙这样中都含有 AlN，而 AlN 遇水释放 NH_3，会影响渣样作为铝酸钙水泥性能。

4.3.4.4　铝热还原拜耳法赤泥

将拜耳法赤泥、铝灰和石灰按照一定的比例混合均匀，压制成型，放入石墨坩埚中，在中频感应炉空气气氛中熔炼一定的时间，熔炼温度保持 1750 ～

1800℃，然后自然冷却，破碎分离硅铁合金和铝酸钙。

A 原料的准备

试验所采用的赤泥为中国某铝业公司的拜耳工艺所得的赤泥，铝灰为电弧法铝灰，石灰用来调整初始原料碱度和产物物相。原料化学成分见表4-13。铝灰的物相组成主要包含 Al、刚玉、AlN、$MgAl_2O_4$（如图4-28所示）。

表4-13 试验所用原料的化学成分（质量分数） （%）

成分	金属 Al	AlN	Al_2O_3	SiO_2	CaO	MgO	Fe_2O_3	TiO_2	K_2O	Na_2O	IL
铝灰	21.75	12.79	30.76	7.55	1.84	7.55	2.71	0.67	1.04	1.86	-10.4
赤泥	—	—	21.82	18.52	2.92	0.22	31.58	1.51	0.30	11.58	11.47
石灰				4.62	56.68						34.88

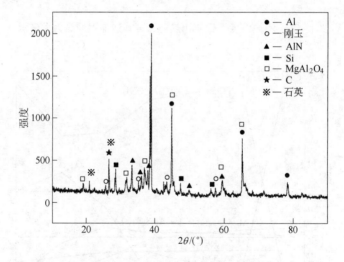

图4-28 铝灰的 XRD 衍射图谱

B 工艺影响因素分析

a 铝灰及其配量

赤泥中的 Fe_2O_3 和 SiO_2 被铝灰中的金属铝还原，熔融态下由于密度差异分离。二元碱度 $w(CaO)/w(SiO_2)$ 比为0.9，熔炼时间为60min 时，不同铝灰配量下合金和铝酸钙渣样的 XRD 衍射图谱如图4-29所示。

从合金的衍射结果可以看出，合金中的主要物相为 FeSi 和 Fe_3Si，由于石墨坩埚的碳混入合金中，合金衍射图谱中出现少量碳的衍射峰。合金中 Fe_3Si 的衍射峰的强度随铝灰加入量的增加而减弱，表明随铝灰加入量的增加，赤泥所含的 SiO_2 还原率增加。

从铝酸钙渣样的衍射结果可以看出，赤泥和铝灰电熔所得的铝酸钙材料的主

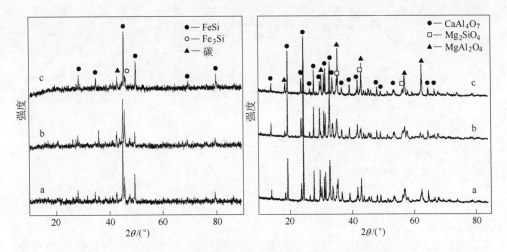

图 4 - 29　不同铝灰配量下合金和铝酸钙渣样的衍射图谱

a—铝灰配量为理论值；b—铝灰配量为理论值 1.1 倍；c—铝灰配量为理论值 1.2 倍

要物相为二铝酸钙、镁铝尖晶石和镁橄榄石。赤泥中未完全还原的 SiO_2 以镁橄榄石（Mg_2SiO_4）的形式存在，而镁铝尖晶石和镁橄榄石中的 Mg 元素主要来源于铝灰，由铝热还原镁铝尖晶石的热力学计算可知，标态下 Al 还原 $MgAl_2O_4$ 的温度高达 2153K，因此铝灰中的镁元素保留在铝酸钙渣样中。镁铝尖晶石对应的峰强随铝灰配量的增加而渐强，这主要是由于铝灰中引入的 MgO 的含量增加所致。

铝酸钙渣样的化学成分及含量见表 4 - 14。

表 4 - 14　铝酸钙的化学分析（质量分数）　　　　（%）

成　分	SiO_2	Al_2O_3	Fe_2O_3	TiO_2	MgO
图 4 - 29 中 a	5.04	75.05	0.43	0.22	3.02
图 4 - 29 中 b	5.15	75.21	0.39	0.22	2.51
图 4 - 29 中 c	4.41	74.93	0.19	0.24	3.83

由表 4 - 14 可以看出，随着铝灰配量的增加，Fe_2O_3 的含量逐渐减少，但变化不大；SiO_2 变化规律也基本如此，质量分数在 4% ~ 5% 左右。由此可见，随铝灰加入量的增加，铝酸钙渣中的 Fe_2O_3 和 SiO_2 的含量变化不大。

为了确定赤泥中 Fe_2O_3 和 SiO_2 的还原率，考虑到铝热反应时 CaO 未参加反应，其质量不发生变化，以配料和电熔所得的铝酸钙中 $w(Fe_2O_3)/w(CaO)$、$w(SiO_2)/w(CaO)$ 比的变化来表征赤泥中 Fe_2O_3、SiO_2 的还原率（以此作为铝热反应还原率的表征方法）。还原率随铝灰配量的变化规律如图 4 - 30 所示。

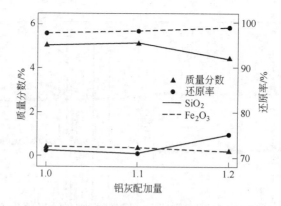

图 4 - 30　铝灰配加量对 Fe_2O_3 和 SiO_2 还原率的影响

由图 4 - 30 可以看出，随着铝灰加入量的增加，Fe_2O_3 和 SiO_2 的还原率逐渐增大，但增加幅度不大。当铝灰加入量在 1.2 倍理论加入量时，Fe_2O_3 和 SiO_2 具有最大的还原率，分别为 98.8% 和 75.1%。

b　原料碱度的影响

将拜耳法赤泥配加一定量的 CaO，以调节混合物初始碱度的方式调整熔体的碱度，使熔体反应二元碱度 $w(CaO)/w(SiO_2)$ 比分别为 0.2、0.6、0.9 和 1.2，三元碱度 $w(CaO)/[w(SiO_2) + w(Al_2O_3)]$ 分别为 0.014、0.1、0.15 和 0.2。

原料的二元碱度 $w(CaO)/w(SiO_2)$ 为 0.9 和 1.2 时合金和铝酸钙渣样的 XRD 图谱如图 4 - 31 所示。

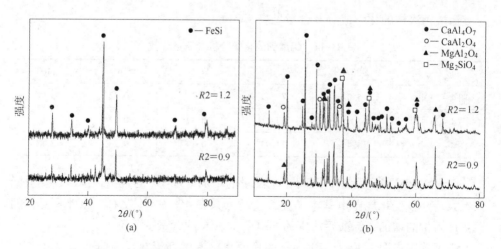

图 4 - 31　不同二元碱度条件下合金和铝酸钙渣样的 XRD 谱图
（a）合金；（b）铝酸钙渣样

二元碱度 CaO/SiO_2 为 0.2 和 0.6，三元碱度 $w(CaO)/[w(SiO_2) +$

$w(Al_2O_3')$]分别为 0.014、0.1 时，随着反应过程中 Na_2O、K_2O 的还原挥发，熔体的黏度较大，导致冶炼过程很难继续进行下去，因此结果只表征了熔体黏度相对较小的配方的冶炼结果。

根据前面不同初始碱度下的黏度变化趋势图上可以看出，CaO 的引入能显著降低熔体的黏度。与碳热还原黏度差距较大的是，即使铝热还原时二元碱度达到 0.6 时，熔体的黏度也很大，而碳热时二元碱度为 0.4 时熔体的黏度就已经适合冶炼。由表 4-13 铝灰的成分可以看出，铝灰中含有高熔点的 AlN 等物相，熔体为不均匀相，因此熔体的黏度较大而导致反应情况较差。

1500℃ 时 CaO-SiO_2-Al_2O_3 渣系黏度曲线图如图 4-32 所示，图中的黏度变化也反映了 CaO 的加入，即二元碱度的提高能显著降低熔体的黏度。此外，由于赤泥采用铝灰作为还原剂，与碳热相比，铝灰的引入使熔体中的 Al_2O_3 含量增加，在 $w(CaO)/w(SiO_2)$ 比一定时，随着 Al_2O_3 含量的增加，熔体的黏度逐渐增加，尤其 Al_2O_3 含量增加后，易形成高熔点相，使熔体出现不均匀性，从而使熔体具有高黏度，影响反应的进行。

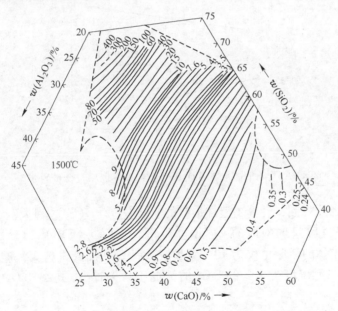

图 4-32　CaO-SiO_2-Al_2O_3 渣系黏度曲线图（1500℃）

从图 4-31 不同原料碱度冶炼所得渣样的 XRD 衍射图谱，由于 CaO 配量的增加，原料初始碱度为 1.2 所得的铝酸钙渣样中除了含有 $CaAl_4O_7$ 外，还含有 $CaAl_2O_4$。Mg_2SiO_4 的衍射峰对应的强度相应增强。衍射图谱显示，初始原料碱度的增加会导致 SiO_2 还原效果的降低。

铝热还原铝酸钙渣样的化学成分组成见表 4-15。

表4-15　铝酸钙渣的化学分析（质量分数）　　（%）

碱　度	SiO$_2$	Al$_2$O$_3$	Fe$_2$O$_3$	CaO	MgO	TiO$_2$
$R2 = 0.9$	4.41	74.93	0.19	15.30	3.83	0.24
$R2 = 1.2$	5.91	71.33	0.23	17.03	4.29	0.25

表4-15为二元碱度为0.9和1.2时获得的铝酸钙渣样的化学成分，可以清楚地看出，随着原料二元碱度的增加，SiO$_2$的含量相差较大，而Fe$_2$O$_3$的含量变化不大。

不同碱度下铝灰作为还原剂时，原料初始碱度为0.9和1.2时的SiO$_2$和Fe$_2$O$_3$的还原率和质量分数的变化如图4-33所示。Fe$_2$O$_3$的还原率随碱度变化不大，SiO$_2$受碱度的影响较大，碱度越大，SiO$_2$的还原率就越低，在二元碱度为0.9时，熔体具有较好的冶金性能，SiO$_2$的还原率也最大，为75.2%。

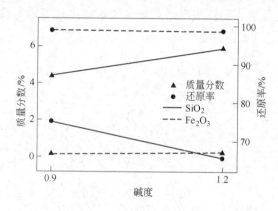

图4-33　不同碱度下SiO$_2$和Fe$_2$O$_3$的还原率及含量的变化

与碳热还原相同，计算了渣样最终的$w(SiO_2)/[w(SiO_2)+w(CaO)]$值，二元碱度为0.9和1.2时对应的$w(SiO_2)/[w(SiO_2)+w(CaO)]$值分别为0.21和0.24，此时熔体的活度也仅为$10^{-3}$数量级。而CaO加入量越大，碱度越高，因此原料初始二元碱度为1.2的SiO$_2$的活度比0.9时小，导致SiO$_2$的还原效率下降。

c　熔炼时间的影响

不同冶炼时间下合金和渣样的衍射图谱如图4-34所示。

图4-34合金中物相随冶炼时间的变化保持不变，为FeSi相。渣样的衍射图样可以看出，铝酸钙渣样的物相主要为CaAl$_2$O$_4$，MgAlO$_4$和少量的Mg$_2$SiO$_4$。赤泥和铝灰中未完全还原的SiO$_2$以镁橄榄石的矿相存在，铝灰引入的Mg元素则同样以镁铝尖晶石的形式存在。不同冶炼时间下，各物相对应的衍射峰强度没有明显的变化。衍射图谱表明，冶炼时间为20min时，赤泥中的Fe$_2$O$_3$和SiO$_2$的含量

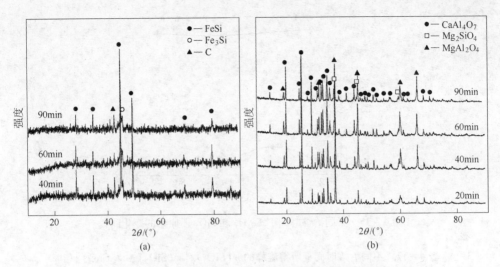

图 4-34 不同冶炼时间下合金和铝酸钙的 XRD 衍射图

(a) 合金；(b) 铝酸钙

就保持较低的水平，随冶炼时间的延长各自含量并无显著降低，说明在冶炼时间为 20min 时，还原反应已经基本完成，这说明铝热还原的所需的温度很低而且反应速率是比较快的。物料熔融状态仅 20min 就完成了还原、金属与渣样分离的过程。

渣样的成分分析见表 4-16。

表 4-16 不同冶炼时间下渣样的化学成分（质量分数）（%）

t/min	SiO_2	Al_2O_3	Fe_2O_3	CaO	MgO	TiO_2
20	4.75	79.06	0.07	14.99	5.93	0.23
40	4.02	75.94	0.17	14.25	4.21	0.2
60	4.47	76.33	0.27	14.23	4.06	0.21
90	4.41	74.93	0.19	15.30	3.83	0.24

不同冶炼时间下渣样的化学分析结果表明，渣样中的 SiO_2 和 Fe_2O_3 的含量随冶炼时间的延长变化不大，而 MgO 的含量逐渐降低，可能是时间的延长导致 MgO 开始部分被还原。

不同冶炼时间下赤泥铝热还原过程中 Fe_2O_3 和 SiO_2 的还原率变化曲线如图 4-35 所示，从图中可以看出，Fe_2O_3 和 SiO_2 的还原率随时间的延长，基本保持在稳定的范围内，Fe_2O_3 的还原率基本在 99% 以上，SiO_2 的还原率在 75% 左右。SiO_2 的还原率曲线中，在冶炼时间为 40min 时较高，可能是取样所致。不同冶炼时间下所得渣样的 $w(SiO_2)/[w(SiO_2) + w(CaO)]$ 值见表 4-17。

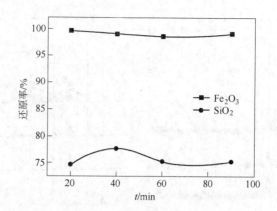

图 4 - 35 不同冶炼时间下 Fe_2O_3 和 SiO_2 还原率的变化曲线

表 4 - 17 不同冶炼时间下所得渣样的 $w(SiO_2)/[w(SiO_2) + w(CaO)]$ 值

t/min	20	40	60	90
$w(SiO_2)/[w(SiO_2) + w(CaO)]$	0.23	0.21	0.23	0.22

可以看出，其 $w(SiO_2)/[w(SiO_2) + w(CaO)]$ 比较稳定，均为 0.2 左右。由图 4 - 21 CaO-SiO_2-Al_2O_3 系在 1600℃ 的活度图可以看出，熔体中（SiO_2）的活度也均为 $10^{-3} \sim 10^{-2}$ 数量级上，说明如此大小的 SiO_2 的活度已经是其参加还原反应的极限，这不论在碳热还是铝热还原过程中都是极其相似的。

此外，值得注意的是，铝热还原时 SiO_2 的还原率最高为 77.7%，低于碳热还原时的最高值为 87.2%。一方面原因可归于铝热还原时其二元碱度较高（铝热：$w(CaO)/w(SiO_2) = 0.9$；碳热：$w(CaO)/w(SiO_2) = 0.4$），另外一方面是由于铝灰的加入引入大量的 Al_2O_3 以及 MgO，这都进一步降低了反应时熔体中 SiO_2 的活度，最终导致铝热还原的情况下 SiO_2 的还原效果低于碳热还原。

C 渣样作为铝酸钙水泥的可行性

铝灰配量为 1.2 倍理论需求量、二元碱度为 0.9 和冶炼时间为 20min 时所得的铝酸钙渣样的化学成分见表 4 - 18。

表 4 - 18 铝酸钙渣样的化学分析结果（质量分数）（%）

成 分	SiO_2	Al_2O_3	Fe_2O_3	CaO	MgO	TiO_2
质量分数	4.75	79.06	0.07	14.99	5.93	0.23

与铝酸钙水泥的国标相比，试验所得的铝酸钙渣样的 Al_2O_3 含量满足 CA - 80 的要求，但 SiO_2 的含量较高，因此可以通过配加 CaO 的方法降低 Al_2O_3 和 SiO_2 的含量，使渣样的成分满足 CA - 60 甚至 CA - 70 水泥的要求。渣样中含有

$CaAl_4O_7$ 的物相，因此无论从成分要求还是物相组成上考虑，铝灰和赤泥制备的铝酸钙渣样可用作铝酸钙水泥。

4.3.4.5 铝热还原烧结法赤泥

A 原料的准备

赤泥为烧结法赤泥，铝灰为电弧法铝灰，由于烧结法赤泥本身 CaO 的含量较高，$w(CaO)/w(SiO_2) = 1.9$。碱度条件比拜耳法赤泥高得多，因此没有外加 CaO 进一步调整初始配料的碱度。铝灰和烧结法赤泥的化学成分见表 4-19。

表 4-19　铝灰和赤泥的化学成分（质量分数）　　（%）

成分	金属 Al	AlN	Al_2O_3	SiO_2	CaO	MgO	Fe_2O_3	TiO_2	K_2O	Na_2O	IL
铝灰	21.75	12.79	30.76	7.55	1.84	7.55	2.71	0.67	1.04	1.86	10.4
赤泥	—	—	8.65	15.95	30.32	1.20	12.58	2.63	0.52	5.09	22.43

烧结法赤泥的化学及物相组成与拜耳法赤泥有一定的不同，烧结法赤泥中含有高含量的 CaO，以方解石和 Ca_2SiO_4 的形式存在。成分的差异和物相的不同最终会导致与拜耳法赤泥可能不同的反应结果。烧结法赤泥的 XRD 衍射图谱如图 4-36 所示。

B 工艺影响因素分析

将烧结法赤泥、铝灰按照一定的比例（铝灰添加量分别为理论值，理论添加量的 1.2 倍，理论添加量的 1.5 倍，理论添加量的 2.0 倍，理论添加量的 2.5 倍）混合均匀，压制成型，放入石墨坩埚中，在中频感应炉空气气氛中熔炼一定的时间（10min，30min，60min，90min），熔炼温度保持在 1750~1800℃，然后自然冷却，破碎分离获得硅铁合金和铝酸钙。

a 铝灰配量的影响

不同铝灰配量下渣样的 XRD 分析如图 4-37 所示。

从铝酸钙渣样的衍射图谱上可以分析，铝酸钙渣样中都含有 $CaAl_4O_7$，$MgAl_2O_4$ 和 $Ca_2Al(AlSiO_7)$，随着铝灰添加量的增加，$Ca_2Al(AlSiO_7)$ 的衍射峰强逐渐降低，渣样中的 SiO_2 含量逐渐降低。随着铝灰配加量的增加，即当铝灰配量在 2.0 时，出现了 $CaAl_2O_4$，这主要是铝灰加入量增加，Al_2O_3 含量增加所致。同时，在铝灰配加量为 2.0 和 2.5 时，出现了少量 AlN 的衍射峰，而 AlN 的存在易使渣样水化，放出 NH_3，使铝酸钙作为铝酸盐水泥时使用性能下降，造成浇注料或混凝土气孔率增加。AlN 的出现在一定程度上表明，铝灰配量可能开始过量。

不同铝灰加入量时所得铝酸钙渣样的化学组成见表 4-20，可以看出，随着铝灰加入量的增加，SiO_2 的含量逐渐降低，由于铝灰配量的增加，导致铝酸钙渣

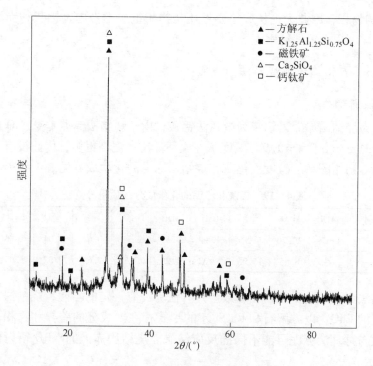

图 4 - 36　烧结法赤泥的 XRD 图谱

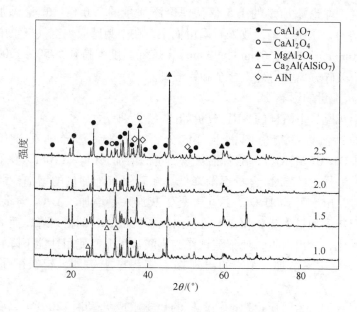

图 4 - 37　不同铝灰配量下渣样的 XRD 图谱

样中 Al_2O_3 的含量逐渐增加，此外，出现了残留在渣样中的 AlN。

表 4-20　不同铝灰加入量时所得渣样的成分组成（质量分数）　（%）

铝灰加入量	SiO_2	Al_2O_3	Fe_2O_3	CaO	MgO	N
1.0	10.59	60.31	0.61	23.52	4.15	—
1.5	8.22	69.26	0.03	20.28	5.82	—
2.0	5.81	77.8	0.01	17.57	4.4	1.59
2.5	5.71	81.06	0.04	15.55	3.74	2.13

不同铝灰配量下 SiO_2 和 Fe_2O_3 的还原率变化曲线如图 4-38 所示。可以明显地看出，随着铝灰配量的增加，Fe_2O_3 和 SiO_2 的还原率逐渐升高，当铝灰加入量为 2.0 和 2.5 时，Fe_2O_3 和 SiO_2 的还原率基本保持不变，Fe_2O_3 的还原率高达 99% 以上，而 SiO_2 的还原率最高仅有 55.2%，远低于拜耳法赤泥。这主要是由于烧结法赤泥本身 CaO 含量较高的原因所致，使开始反应时熔体的碱度就比拜耳法高，最后导致 SiO_2 的还原率较低。

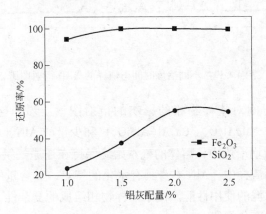

图 4-38　不同铝灰配量下 SiO_2 和 Fe_2O_3 的还原率变化曲线

不同铝灰配量下渣样的 $w(SiO_2)/[w(SiO_2)+w(CaO)]$ 见表 4-21。

表 4-21　不同铝灰配量下渣样的 $w(SiO_2)/[w(SiO_2)+w(CaO)]$ 值

铝灰配量/%	1.0	1.5	2.0	2.5
$w(SiO_2)/[w(SiO_2)+w(CaO)]$	0.30	0.27	0.24	0.26

渣样的 $w(SiO_2)/[w(SiO_2)+w(CaO)]$ 值随铝灰配量的增加而逐渐减小，但减小幅度并不大。参考 $CaO-SiO_2-Al_2O_3$ 系 1600℃ 时 SiO_2 的活度曲线，可以得到随着 $w(SiO_2)/[w(SiO_2)+w(CaO)]$ 值的减小，熔渣中（SiO_2）的活度逐渐降低，最终主要分布在 $10^{-3} \sim 10^{-2}$ 的数量级，这与碳热还原拜耳法赤泥和铝热还原

拜耳法赤泥是一致的。

　　b　熔炼时间的影响

　　不同冶炼时间下渣样的 XRD 分析如图 4-39 所示。

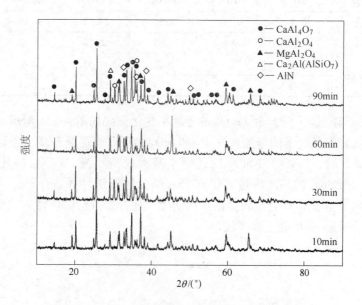

图 4-39　不同冶炼时间下渣样的 XRD 衍射图谱

　　从不同冶炼时间对渣样物相的影响的衍射图谱上看，这样的物相组成为 $CaAl_4O_7$、$CaAl_2O_4$、$MgAl_2O_4$、$Ca_2Al(AlSiO_7)$ 和少量的 AlN。AlN 物相的残留可能是 AlN 在石墨坩埚冶炼中，熔体的气氛始终保持在还原气氛下，AlN 未被氧化从而残留在铝酸钙渣样中。AlN 本身具有水化的特点，其含量的多少会影响铝酸钙渣作为铝酸盐水泥的使用性能。由于渣样物相组成的复杂性，衍射图谱上较难观察到物相的具体变化规律。

　　为了定性的获得冶炼时间对铝热（铝灰）还原烧结法赤泥的影响，对渣样进行了化学分析，分析结果见表 4-22。

表 4-22　不同冶炼时间得到的渣样的化学成分（质量分数）　　　（%）

t/min	SiO_2	TAl_2O_3[①]	Fe_2O_3	CaO	MgO
10	10. 54	69. 19	1. 8	18. 22	5. 58
30	8. 36	73. 84	1. 01	17. 57	3. 63
60	5. 81	77. 80	0. 01	17. 57	4. 44
90	7. 1	77. 03	0. 25	21. 65	1. 61

　　①TAl_2O_3 表示 Al_2O_3 总含量。渣样化学分析时，AlN 和原有 Al_2O_3 均以 Al_2O_3 的形式测出。

从渣样的化学成分随时间的变化情况可以看出，SiO_2 和 Fe_2O_3 的相对含量基本呈下降趋势，这说明冶炼时间的延长有利于烧结法赤泥的还原。

不同冶炼时间下 Fe_2O_3 和 SiO_2 的还原率曲线如图 4 – 40 所示。可以看出，反应时间的延长，有利于提高 Fe_2O_3 和 SiO_2 的还原率。当冶炼时间达到 60min 后，SiO_2 和 Fe_2O_3 的还原率基本保持不变，SiO_2 的还原率在时间为 60min 时仅为 55.2%，这远低于冶炼时间仅为 20min 的拜耳法赤泥的 75%。拜耳法赤泥和烧结法赤泥铝热还原中 SiO_2 的最优还原率相差较大，说明了原料初始碱度对最终 SiO_2 的还原率影响最大，因为碱度影响熔体中（SiO_2）的活度，即影响可参加反应的自由 SiO_2 的浓度。

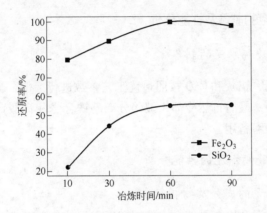

图 4 – 40　不同冶炼时间下 Fe_2O_3 和 SiO_2 的还原率曲线

由表 4 – 23 可以看出，随冶炼时间的延长，$w(SiO_2)/[w(SiO_2) + w(CaO)]$ 值逐渐减小，根据图 4 – 21 的 $CaO\text{-}SiO_2\text{-}Al_2O_3$ 系在 1600℃ 时的活度图上可以看出，冶炼时间大于等于 60min 后，SiO_2 的活度分布在 $10^{-3} \sim 10^{-2}$ 的数量级下，活度极低，导致反应很难进一步进行下去，这与本章前面所述的最终渣样成分的熔体的活度是相同的。因此，进一步印证了赤泥中 SiO_2 还原的最终极限值是当（SiO_2）的活度降低到 $10^{-3} \sim 10^{-2}$ 的数量级。

表 4 – 23　不同冶炼时间渣样的 $w(SiO_2)/[w(SiO_2) + w(CaO)]$ 值

t/min	10	30	60	90
$w(SiO_2)/[w(SiO_2) + w(CaO)]$	0.35	0.28	0.24	0.23

C　渣样作为铝酸钙水泥的可行性

铝灰配量为 2.0 倍理论需求量，冶炼时间为 60min 时所得的铝酸钙渣样的化学成分见表 4 – 24。

表 4 – 24　铝酸钙渣样的化学成分（质量分数）　　　　（%）

成　分	SiO$_2$	TAl$_2$O$_3$	Fe$_2$O$_3$	CaO	MgO
质量分数	5.81	77.80	0.01	15.57	4.44

烧结法赤泥铝热还原所得的渣样的化学成分与铝酸盐水泥的国标对比可以看出，在烧结法铝热还原最终时刻外加一定量的 CaO 可使渣样的成分满足 CA – 60 水泥的成分要求，但值得注意的是，铝热还原烧结法赤泥所得的铝酸钙渣样会含有少量的 AlN，需要对其进行处理后才能用作铝酸钙水泥。

4.4　赤泥制备铝酸钙水泥的性能与应用

4.4.1　铝酸钙水泥的制备及性能分析

4.4.1.1　铝酸钙水泥的制备

将拜耳法赤泥、铝灰和 CaO 按照最优工艺参数进行冶炼，当到达冶炼终点时加入一定量的 CaO，最后自然冷却，破碎分离硅铁合金和铝酸钙渣样。将电熔所得的铝酸钙渣样粉磨备用。

4.4.1.2　铝酸钙水泥的性能分析

A　铝酸钙水泥的成分及物相组成

利用拜耳法赤泥和铝灰电熔合成的铝酸钙水泥的化学组成见表 4 – 25。

表 4 – 25　铝酸钙水泥的化学成分（质量分数）　　　　（%）

化学成分	SiO$_2$	Al$_2$O$_3$	Fe$_2$O$_3$	CaO	MgO	K$_2$O	Na$_2$O	TiO$_2$	IL
质量分数	7.79	66.84	1.23	19.41	5.66	0.02	0.15	0.28	0.93

合成的铝酸钙水泥的衍射图谱如图 4 – 41 所示，可以看出，铝酸钙水泥的主要物相组成为 CaAl$_4$O$_7$、Ca$_2$(Al(AlSi)O$_7$) 和 MgAl$_2$O$_4$。通过半定量分析，三者的相对含量如图 4 – 42 所示，分别为 60%、19% 和 21%。此外，制备的铝酸钙水泥在空气中散发较弱的刺激性气味，虽然衍射图谱上找不到 AlN 的衍射峰，但综合考虑前几章以及铝灰中含有 AlN，可以推测铝酸钙水泥中能散发刺激性气味的就是少量的 AlN 在潮湿空气中吸水水化后释放的氨气。

通过对铝酸钙水泥的物相检测可以看出，制备的铝酸钙水泥中具有水化活性的只有 CaAl$_4$O$_7$，而 Ca$_2$(Al(AlSi)O$_7$) 和 MgAl$_2$O$_4$ 无水化能力。

制备的铝酸钙水泥的背散射如图 4 – 43 所示，图中白色发亮的物质为冶炼过程中未沉淀完全残留在铝酸钙中的硅铁合金，其含量较少，衍射图中观察不到。颜色较深的物质 EDS 显示含有 Mg、Al、O 三元素，结合衍射图可以推测，该物质

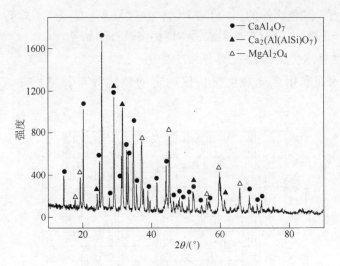

图 4 - 41　铝酸钙水泥的 XRD 图谱

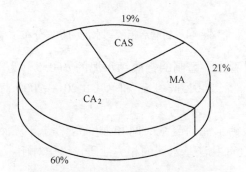

图 4 - 42　水泥中各种物相的相对含量

图 4 - 43　铝酸钙水泥的背散射照片

为镁铝尖晶石。颜色次深的相为 $CaAl_2O_4$，含量最多。$Ca_2(Al(AlSi)O_7)$ 由于熔点较低，冷却过程中分布在二铝酸钙和镁铝尖晶石的晶界处。

B 铝酸钙水泥的凝结时间与强度变化

铝酸钙水泥利用激光粒度分析仪测定的粒度分布及累积曲线如图 4-44 所示。

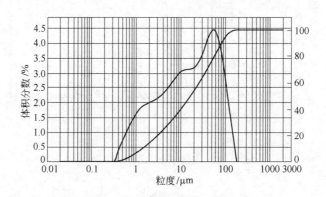

图 4-44 粉磨后铝酸钙水泥的粒度分布

从图 4-44 可以看出，磨制的铝酸钙水泥的 $d(0.5)$ 为 $16.428\mu m$，$d(0.9)$ 为 $82.014\mu m$，比表面积为 $517m^2/kg$，符合 GB 201—2000 对铝酸盐水泥细度的要求。

国标测定的铝酸钙水泥的凝结时间和强度变化与自制水泥的相关指标见表 4-26，表中并列举了 68 拉法基水泥的相关性质，以作对比。

表 4-26 铝酸钙水泥的凝结时间和强度变化

水泥类型	凝 结 时 间		抗折强度/MPa		耐压强度/MPa	
	初凝时间/min	终凝时间/h	1d	3d	1d	3d
标准 60 水泥	>60	<18	2.5	5.0	20	45
自制水泥	600	>24	—	1.5	—	7
68 拉法基	50	120	6.4	7	51.2	58.3

从表 4-26 可以看出，由赤泥和铝灰电熔制备的铝酸钙水泥的凝结时间远高于国标对 60 铝酸钙水泥的要求，凝结时间缓慢。添加自制水泥的胶砂养护 24h 由于凝结缓慢，无法脱模，故无法测定 1 天的抗折强度及耐压强度，3 天的抗折强度与耐压强度也低于国标。

表 4-27 是铝酸钙矿物的水化时间，根据制备的水泥的物相组成可知，利用赤泥和铝灰制备的铝酸钙水泥的水化矿物只有 $CaAl_4O_7$，且水泥中 $CaAl_4O_7$ 的含量只有 60%，因此其凝结时间较长，与表 4-27 中 CA_2 的凝结时间接近。

表 4 – 27 铝酸钙矿物的水化时间

矿　物	初凝时间/h：min	终凝时间/h：min	耐压强度/MPa
CA_2	18：00	20：00	25
CA	7：00	8：00	60
$C_{12}A_7$	0：05	0：07	15

4.4.2 赤泥制备铝酸钙水泥的应用

4.4.2.1 刚玉质浇注料的制备

将制备粉磨好的铝酸钙水泥加入到刚玉质浇注料中，与拉法基 68 铝酸钙水泥进行对比，测定由赤泥制备的铝酸钙水泥结合刚玉质浇注料的脱模强度，110℃干燥后的强度以及经过 1100℃ 和 1400℃ 煅烧后的强度。

实验采用的刚玉浇注料的配比见表 4 – 28。

表 4 – 28 实验所采用的浇注料配方

原　料	粒　度	质量分数/%
白刚玉	3 ~ 5mm	26
	1 ~ 3mm	22
	0 ~ 1mm	22
	180 目	11
	325 目	8
α-Al_2O_3		6
CA 水泥		5
FS – 10		0.17
加水量		5

4.4.2.2 浇注料性能分析

赤泥和铝灰合成的铝酸钙水泥与 68 拉法基铝酸钙水泥（外加 5%）结合刚玉质浇注料对浇注料流动性的影响见表 4 – 29，自制水泥同等条件下结合的浇注料流动性优于拉法基水泥结合的浇注料。

表 4 – 29 不同水泥结合浇注料的流动性

水　泥	合成水泥	68 拉法基水泥
流动性/mm	198	178

浇注料 2 天的脱模强度以及 110℃ 烘干 24h 的抗折和耐压强度的对比如图

4－45所示。由于自制水泥结合刚玉浇注料室温24h后的无法脱模，因此测定了2天的脱模强度。由图中可以看出，两种不同水泥结合的浇注料的脱模强度（2天）基本相同，这说明了自制水泥中 CA_2 的水化速率较慢和后期强度较高。而经过110℃烘干24h处理后，两者结合的浇注料的强度差别较大，无论是抗折强度还是耐压强度，合成的铝酸钙水泥结合的刚玉浇注料强度都远低于拉法基水泥结合的浇注料的强度。其原因可能是合成的铝酸钙水泥中的有效水化矿物含量低于68拉法基水泥，此外，合成的铝酸钙水泥中含有少量 AlN 的水化也影响其结合的浇注料的强度。

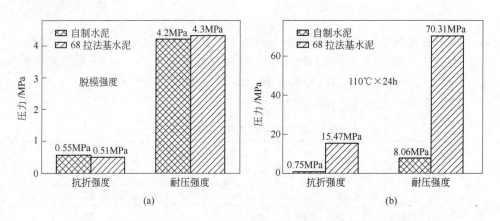

图4－45　自制水泥与68拉法基水泥的2天脱模强度和110℃烘干24h的强度对比
（a）2天脱模；（b）110℃烘干24h

对两种水泥结合的刚玉质浇注料在1100℃和1400℃下处理了3h,1100℃处理了3h的两种水泥结合刚玉质浇注料的体密度、显气孔率和强度的对比如图4－46所示。

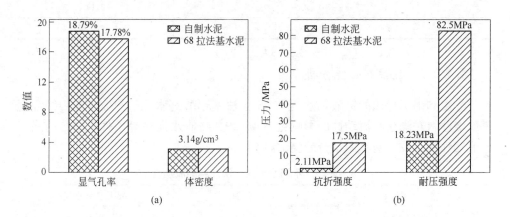

图4－46　两种水泥结合刚玉质浇注料的体密度、显气孔率和强度的对比（1100℃×3h）
（a）体密度与显气孔率；（b）强度

可以看出,两者的体密及显气孔率较为接近,但抗折和耐压强度相差较大,赤泥和铝灰合成的水泥结合的浇注料强度明显低于68拉法基水泥结合的浇注料,这可能与两种水泥与刚玉浇注料1100℃处理3h所形成的陶瓷相的种类和含量有关。

经过1400℃处理3h的两种不同水泥结合的浇注料的基本物理性能和强度如图4-47所示。可以看出,经过高温处理的合成水泥结合的浇注料的气孔率略高于拉法基68水泥结合的浇注料,体密度略低。抗折和耐压强度相对较高,但与68拉法基水泥结合的刚玉浇注料强度相比,还是有些偏低,这可能与两种水泥与刚玉浇注料1400℃处理3h所形成的陶瓷相的种类和含量有关。

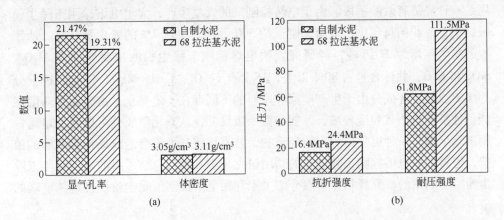

图4-47 两种水泥结合刚玉质浇注料的体密度、显气孔率和强度的对比 (1400℃×3h)

(a) 体密度与显气孔率;(b) 强度

5 电熔棕刚玉除尘粉的利用

工业的快速发展导致工业固体废弃物日益增多，如何解决废弃物堆放所带来的环境污染和资源浪费问题成为人们关注的焦点；而将工业固体废弃物资源化利用是一种经济有效的手段。由于电熔棕刚玉的大量生产，大量电熔棕刚玉除尘粉被囤积，以我国每年生产电熔棕刚玉约 300 万吨，生成 7% 的粉尘量计算，所产生的粉尘年均为 21 万吨，经研究表明电熔棕刚玉除尘粉的主要成分为 Al_2O_3、SiO_2 和 K_2O，共计含量占 80% 以上，还含有 Fe_2O_3、CaO、MgO、TiO_2 和挥发分等次要成分，各成分由于生产厂家和原料的不同存在一定差别，由于是在高温煅烧条件下产生，其粒度较细，一般为微米级尺寸，从其化学成分可以看出电熔棕刚玉除尘粉是一种可加以利用的废弃物，若直接将其堆放会造成场地和资源的浪费，但目前对电熔棕刚玉除尘粉的利用研究较少。本章总结了目前电熔棕刚玉除尘粉综合利用的研究现状，重点介绍关于利用电熔棕刚玉除尘粉制备泡沫玻璃的研究。

5.1 电熔棕刚玉除尘粉简介

5.1.1 电熔棕刚玉除尘粉的来源

我国是棕刚玉生产大国，其中由于棕刚玉具有耐高温、耐腐蚀、硬度高、韧性好等特点，使其在磨具磨料、耐火材料、喷砂、金刚砂耐磨地坪和精密铸造模壳制作等方面得到了广泛的应用。棕刚玉的生产是以高铝矾土为原料，以优质无烟煤和铁屑为主要配料，在电弧炉内经 2000℃ 以上高温冶炼，高温冶炼过程中产生的烟尘通过集尘器收集，在此称之为电熔棕刚玉除尘粉。其粉尘主要来源于两个方面，包括原料和配料的机械尘和高温冶炼炉中的化学尘。

5.1.2 电熔棕刚玉除尘粉的化学组成与物相分析

通过对电熔棕刚玉除尘粉物质研究表明，其主要成分是 Al_2O_3、SiO_2 和 K_2O，次要成分有 Fe、Mn、Ca、Mg、Ti、Na 的氧化物等。由于生产原料及生产设备的不同，产生的电熔棕刚玉除尘粉成分有一定的差别，但三种主要成分的总含量在 80% 左右。河南某厂家的电熔棕刚玉除尘粉化学成分见表 5-1。

表 5 - 1　原料电熔棕刚玉除尘粉的化学分析（质量分数）　　（%）

化学成分	SiO₂	Al₂O₃	Fe₂O₃	CaO	MgO	K₂O	Na₂O	TiO₂	IL
质量分数	42.45	23.8	2.73	0.32	0.81	16.13	1.37	0.92	3.62

电熔棕刚玉除尘粉的粒度分析如图 5 - 1 所示，从图中可以看出电熔棕刚玉除尘粉粒度分别集中在 0.8μm 和 20μm，其中位径是 2.774μm。

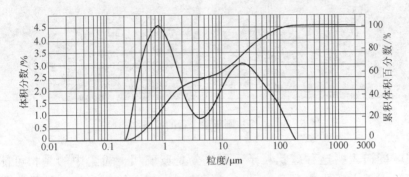

图 5 - 1　电熔棕刚玉除尘粉粒度

河南某厂家电熔棕刚玉除尘粉的 XRD 衍射分析如图 5 - 2 所示，该图谱表明电熔棕刚玉除尘粉中有玻璃相和晶相，钾可能主要存在于玻璃相中。

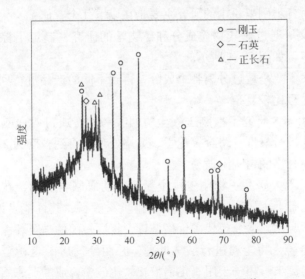

图 5 - 2　电熔棕刚玉除尘粉的 XRD 图谱

电熔棕刚玉除尘粉的扫描电子显微结构照片如图 5 - 3 所示，显微结构分析表明电熔棕刚玉除尘粉的颗粒，主要呈圆球形，且圆球形的粒子并不是孤立存在而是相互粘连，形成的原因类似于硅微粉，主要是高温冶炼造成

图 5 - 3　电熔棕刚玉除尘粉的显微结构照片

的，EDS 能谱表明这种球状粒子主要成分是玻璃相，粉尘中的晶相可能是在冶炼过程中带入粉尘中的原料，或者是极细小的晶粒被包裹在圆球形颗粒中，所以并不是很明显。

5.2　电熔棕刚玉除尘粉的综合利用现状

目前国内对各类刚玉粉尘的研究主要是在以下几个方面：

（1）李惠文等通过对其物质成分和矿物学的研究，制定了棕刚玉烟尘的综合利用工艺方案，如图 5 - 4 所示。

此工艺方案主要是通过分离各个成分，得到不同的产品进行回收利用，这种回收利用方法过程比较复杂。

（2）王春华等人研究了白刚玉收尘料回收利用，通过对白刚玉收尘料理化性能的检测，并进行酸洗、络合等化学、煅烧处理，得到粒度为 2.5 ~ 20μm，外观和化学成分均合格的白刚玉微粉。

（3）刘明河等人研究了棕刚玉排尘粉涂料的研制与应用，在棕刚玉排尘粉性能研究开发基础上，研制出几种棕刚玉排尘粉涂料，其性能良好，价格便宜。已在十几个工厂应用，部分替代了价格昂贵、货源短缺的锆英粉涂料。

（4）周艳芳等人将尘粉进行酸洗处理，并用处理后的尘粉合成莫来石和锆莫来石，合成的莫来石相较于用氧化铝粉和氧化硅粉合成的莫来石的化学组成差别不大。

总体而言，对刚玉粉尘的研究利用比较少，且利用率和利用效果不理想，主要原因可能是粉尘成分复杂且粉尘中含有大量的 K_2O 等低熔杂质，使其利用受到了很大限制。

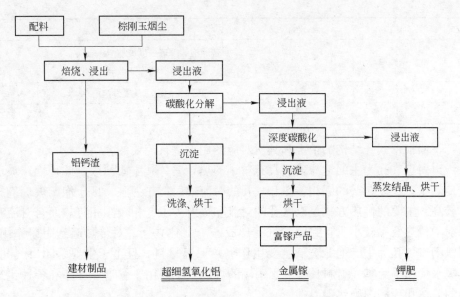

图 5 - 4　棕刚玉烟尘的综合利用工艺方案

5.3　电熔棕刚玉除尘粉制备泡沫玻璃

5.3.1　泡沫玻璃

泡沫玻璃是由许多球状密封的或者相互连接的气孔结构组成，是一种均匀的气相和固相体系，气孔占总体积的 80% ~ 90%，气孔的大小为 0.5 ~ 5mm，也有小到几微米的。20 世纪 30 年代，法国圣戈班研制了以碎玻璃粉和碳酸钙为原料，加热到 850 ~ 860℃经发泡和退火制成的轻石状材料，称之为泡沫玻璃，但其性能和外观都不均匀，只能用来做混凝土的轻骨料。此后前苏联、美国、日本、德国等国家也发表了很多的研究报告，但其中以美国的匹茨堡 - 康宁（PCC）公司生产的以碳素作为发泡剂的具有完全独立气孔的泡沫玻璃制品最为有名。

5.3.1.1　泡沫玻璃的种类、特点和应用

泡沫玻璃的分类方法有很多种，其中可根据其颜色、用途、基础原料、发泡温度、结构、物化性能和外形等方面来分。其主要分类结果见表 5 -2。

表 5 -2　泡沫玻璃常见分类

分类方法	具体内容
颜　色	白色、黄色、棕色、黑色等
用　途	隔热泡沫玻璃、吸声泡沫玻璃 屏蔽泡沫玻璃、清洁泡沫玻璃

分 类 方 法	具 体 内 容
基础原料	普通泡沫玻璃、硼玻璃泡沫玻璃 熔岩废渣泡沫玻璃
发泡温度	高温发泡型、低温发泡型
外　　形	板状、粒状

下面根据气孔结构的情况和其所对应的用途进行简要的介绍。

以闭口气孔为主的泡沫玻璃具有较小的热导率，其主要原因是此种泡沫玻璃的传热主要是以孔壁的固相传热和气孔的对流辐射传热为主，由于泡沫玻璃气孔率较高，主要的传热方式是以气孔的对流和辐射为主，相较固相传热而言对流和辐射的传热效率较小，且封闭的气孔形成一个个独立仓，对传热起到阻碍作用。因以闭口气孔为主的泡沫玻璃主要用作隔热保温材料，且由于主要是闭口气孔，其吸水率几乎为零，材料具有耐水耐潮的性能。主要用于管道、冷库和各种建筑物的墙体和顶棚的绝热保温。

以连续气孔为主的泡沫玻璃具有吸声的效果，其主要原因是材料中存在的间隙和连续气孔使其具有一定的通气性，靠近孔壁的空气由于受到摩擦和黏滞力的作用不易由声波产生运动，而且在摩擦和黏滞力的作用下一部分声能转化为热能，这种热交换会导致声能的衰减，因此具有良好的高频吸声性能。主要应用于音乐厅、剧院和录音室等吸音处理控制室内混响时间；地铁和地下工程等隔声屏障；候车室、商场和展览厅等饰面材料降低混响效果；还可用于要求洁净环境的通风和空调的消声。并且以开口气孔为主的泡沫玻璃吸水率达到 50% ~ 70%，甚至更高，其良好的吸水和保水性能可使其应用于绿化工程固定在岩石基的斜坡上，在坡面失水时提供植物需求的水分，并且在一定程度上阻止水土流失。

微晶泡沫玻璃一般是在传统工艺中，添加贵金属或氧化物成核剂，使泡沫玻璃由玻璃相、晶体和气孔三部分组成，大量的纳米级微小晶体均匀散布在玻璃相基体中，使玻璃和晶体网络连接在一起形成玻璃和晶体交织的结构。相较传统泡沫玻璃而言，材料的机械强度和耐热性能得到了提高，密度相较传统的泡沫玻璃而言较大，但小于一般空心砖和黏土砖。在传统泡沫玻璃的应用范围基础上还可在一定程度内作为承重结构。随着科技的发展，对于微晶泡沫玻璃的研究也不仅停留在外加成核剂这种方法上，更多采用的是添加矿渣等废弃物形成微晶结构。

5.3.1.2　泡沫玻璃的生产工艺流程

泡沫玻璃一般采用粉末烧结法制造，以细碎的玻璃粉为主要原料，添加发泡剂、促进剂、改性添加剂和稳泡剂等混合均匀，填入钢模在窑炉中加热，使熔融的玻璃均匀发泡膨胀，切割制品而成。其典型的工艺生产流程如图 5 – 5 所示。

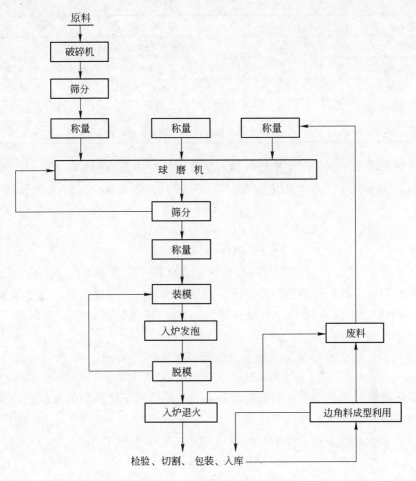

图 5 - 5　泡沫玻璃生产工艺

5.3.1.3　泡沫玻璃制备过程中常用的发泡剂

泡沫玻璃制备中发泡剂必不可少，根据发泡机理发泡剂主要分为氧化型发泡剂和分解型发泡剂两种。按照组成的分类见表 5 - 3。

表 5 - 3　发泡剂分类

分　类	典　型　例　子
碳系列	乙炔炭黑（碳的质量分数 98%）、无烟煤（碳的质量分数 92.17%）、炭黑（碳的质量分数 89.38%）、石墨（碳的质量分数 87%）
碳化物类	SiC、CaC_2
氮化物	Si_3N_4、TiN、AlN

续表 5 - 3

分　类	典 型 例 子
含结构水类	水玻璃、硼砂、硼酸
碳酸盐类	轻质/重质 $CaCO_3$、$BaCO_3$、$SrCO_3$、$MgCO_3$
硫酸盐类	$CaSO_4$、$NaSO_4$
硝酸盐类	KNO_3、$NaNO_3$
其　他	MnO_2、含上述物质的矿渣、废弃物

各种分类下不同发泡剂产生气体的主要化学反应方程如下。

（1）碳系列主要发生的化学反应有以下三种，如反应式（5 - 1）~式（5 - 3）所示。

$$C + O_2 \longrightarrow CO_2 \uparrow \tag{5 - 1}$$

$$2C + O_2 \longrightarrow 2CO \uparrow \tag{5 - 2}$$

$$C + CO_2 \longrightarrow 2CO \uparrow \tag{5 - 3}$$

碳系列除了具有发泡作用外，还具有稳泡作用。以炭黑为例，由于炭黑和液态玻璃的化学亲和力较小，不易被玻璃浸湿，可降低界面能，有利于气孔的稳定。

（2）碳化物类主要发生的化学反应如式（5 - 4）所示。

$$SiC + 2O_2 \longrightarrow SiO_2 + CO_2 \uparrow \tag{5 - 4}$$

碳化物系列的发泡剂发泡温度较碳系列的高，为了达到均匀起泡的目的，有时会加入分解能产生氧气的氧化物。

（3）氮化物类主要发生的化学反应如式（5 - 5）所示。

$$2AlN \longrightarrow 2Al + N_2 \uparrow \tag{5 - 5}$$

此反应产生的温度在 800 ~ 1200℃ 左右，反应温度较碳系列的高，在有氧化物如 TiO_2 存在的条件下，还会发生如反应式（5 - 6）所示的反应。

$$3TiO_2 + 4AlN \longrightarrow 2Al_2O_3 + 3TiN + \frac{1}{2}N_2 \uparrow \tag{5 - 6}$$

这种反应可以归结为如下表达式：

$$3M^{n+} + nN^{3-} \longrightarrow 3M + \frac{n}{2}N_2 \uparrow \tag{5 - 7}$$

发泡剂发生的化学反应步骤较多，有利于气泡均匀稳定的溢出，有利于气泡尺寸的统一和均匀。

（4）含结构水类主要发生的化学反应如式（5 - 8）~式（5 - 9）所示。

$$H_3BO_3 \longrightarrow HBO_2 + H_2O \uparrow \tag{5 - 8}$$

$$2HBO_2 \longrightarrow B_2O_3 + H_2O \uparrow \tag{5 - 9}$$

硼酸盐类在分解时会产生 B_2O_3，B 具有成网作用，在玻璃体内形成［BO_4］

四面体与［SiO_4］四面体一起构成网络结构，修补断裂的小型［SiO_4］四面体，使网络连接程度变大，提高熔体的聚合度，从而相应地提高玻璃熔体的黏度，通过延缓起泡壁变薄的速率达到稳定起泡的作用。

（5）碳酸盐类、硫酸盐类和硝酸盐类主要发生的化学反应如式（5－10）～式（5－12）所示。

$$CaCO_3 \longrightarrow CaO + CO_2 \uparrow \qquad (5-10)$$

$$Na_2SO_4 \longrightarrow Na_2O + SO_2 \uparrow + \frac{1}{2}O_2 \uparrow \qquad (5-11)$$

$$2KNO_3 \longrightarrow 2KNO_2 + O_2 \uparrow \qquad (5-12)$$

（6）其他。含上述物质的矿渣和废渣，其发泡作用机理和上述典型反应原理一致。MnO_2 发生的主要化学反应如式（5－13）所示。

$$2MnO_2 \longrightarrow 2MnO + O_2 \uparrow \qquad (5-13)$$

由于 MnO_2 会产生氧气，在有些情况下会将 MnO_2 和氧化型发泡剂同时使用，以提供足够的供氧量，保证气泡均匀连续地产生。

上述各种发泡剂在使用时一般采用混合法，根据实际情况，将一种或几种发泡剂复合加入，以保证气体的均匀连续产生，制得性能良好的制品。

5.3.1.4 泡沫玻璃生产和研究中使用的原料

A 玻璃

玻璃广泛用于房屋建设和人们的日常生活，同时也是科研生产和尖端技术不可或缺的材料，大量玻璃的使用不可避免地产生大量的废玻璃。废玻璃成为制作泡沫玻璃的首选原料。

a 平板玻璃

平板玻璃又称为白片玻璃，是一种应用比较广泛的玻璃，它属于钠钙硅酸盐玻璃，玻璃厂正常生产情况下，从平板玻璃原片上裁切下来的边角玻璃占玻璃生产总量的 15%～25%，还有约占玻璃生产总量 5%～10% 的因定期停产造成的废玻璃，由于操作失败和运输使用过程中造成的损耗数量也难以估计。平板玻璃化学组成各成分质量分数为 $w(SiO_2) = 70\% \sim 73\%$，$w(Al_2O_3) = 0 \sim 3\%$，$w(CaO) = 6\% \sim 12\%$，$w(MgO) = 0 \sim 4\%$，$w(Na_2O + K_2O) = 12\% \sim 16\%$，软化温度为 650～700℃。采用废弃的平板玻璃作为泡沫玻璃的制作原料，其制作机理与方法同一般泡沫玻璃相同。

宋秀霞等人以炭黑为发泡剂，加入适量的助熔剂和稳泡剂，与破碎球磨后的废弃平板玻璃混合，在 800℃发泡，其实验结果表明，随着碎玻璃量的增加，发泡从只有外部发泡到均匀发泡，泡径由不均匀变得比较均匀，泡径在 0.5～3mm 之间。但是炭黑难以与玻璃粉混合均匀，且单纯以炭黑为发泡剂容易造成大孔和连通孔。

闵雁等人以平板和瓶罐玻璃为原料，乙炔炭黑、煤粉、色素炭黑、碳化硅等作为发泡剂，外掺分析纯的硝酸钠、纯碱、硼砂、氟硅酸钠制备了体积密度为 $0.18g/cm^3$，抗压强度为 $0.7MPa$，抗折强度为 $0.5MPa$，导热系数为 $0.061W/(m \cdot K)$，体积吸水率为 0.2% 的泡沫玻璃，碳和 SiC 复合发泡剂能延长和提高发泡剂的效用，避免了由于发泡剂的快速反应产生较大气体压力而导致的通孔和大孔的形成，而且硝酸钠、硼砂和纯碱的掺入起到助熔和稳泡的作用。

不同种类的碳和 SiC 是一类利用氧化还原反应产生 CO_2 气体的发泡剂，还有一类发泡剂是以加热分解产生气体的物质作为发泡剂。赵秀梅等人以废旧玻璃为主要原料，将 $CaCO_3$ 和炭粉作为发泡剂，利用碳酸钙分解产生的二氧化碳，制备了体积密度为 $0.135 \sim 0.165g/cm^3$，耐压强度在 $0.4 \sim 1MPa$，抗折强度在 $0.3 \sim 0.8MPa$，常温导热系数为 $0.04 \sim 0.06W/(m \cdot K)$，线膨胀系数为 $(50 \sim 100) \times 10^{-7}/K$ 的泡沫玻璃。

Alejandro Saburit Llaudis 等人用 Si_3N_4 和 MnO_2 作为发泡剂，以钠钙玻璃为主要原料，利用二氧化锰分解（$2MnO_2 = 2MnO + O_2$）释放氧气增加氧含量，加强 Si_3N_4 的氧化作用，降低了烧成温度，缩短反应时间，减少了孔壁的连接，提高了所制成的泡沫玻璃的强度。

为了进一步降低成本和利用资源，H. R. Fernandes 等用白云石和方解石作为发泡剂，以粉煤灰辅助平板玻璃为主要原料制备了体积密度为 $0.36 \sim 0.41g/cm^3$，耐压强度为 $2.40 \sim 2.80MPa$ 的泡沫玻璃。

E. Bernardo 等人用约含 50% SiC 磨料废渣作为发泡剂，以钠钙玻璃为主要原料，制备了相对体积密度最低为 $0.08g/cm^3$ 的泡沫玻璃。

b　阴极管

阴极射线管是实现工业化生产最早、应用最广泛的显示技术，作为电视机、计算机显示器和示波器等电子电器设备的核心显示部件，在生产中得到广泛应用。随着阴极管报废的积累，目前阴极管被称为主要的电子废弃物之一，以我国显像管玻璃为例，其主要成分见表 5 - 4。

表 5 - 4　我国显像管玻璃成分（质量分数）　　　（%）

项目	SiO_2	Al_2O_3	BaO	PbO	CaO	MgO	Na_2O	K_2O	SrO	ZrO_2	TiO_2	Sb_2O_3
管屏	60.80	2.00	5.70	—	1.80	0.40	8.10	7.10	9.80	2.50	0.50	0.35
管锥	50.60	4.90	—	22.30	3.75	2.50	5.75	8.80	—	—	—	0.35
管颈	47.75	3.50	—	32.50	1.50	—	2.70	9.65	2.00	—	—	0.50

通常以平板玻璃为原料生产的泡沫玻璃耐压抗折强度一般较小，采用阴极管作为原料，利用玻璃管中的氧化铅生成晶体，能提高泡沫玻璃的机械强度。郭宏

武用废阴极射线管颈玻璃为主要原料，外加分析纯氧化铅、氟化铅、碳化硅、三氧化二铁和氧化铋，用烧成法制备出含有 $PbFeO_2F$、Pb 和 PbO 三种晶体的泡沫玻璃，其耐压和抗折强度最大分别提高到 8MPa 和 6MPa。高淑雅等人用废旧阴极射线管为原料，以 SiC 为发泡剂，Na_2SiF_6 为助熔剂制备了主晶相为 Pb，次晶相为 Pb_3O_4 和 $Al_6Si_2O_{13}$，密度为 $0.6535g/cm^3$，耐压抗折强度分别为 6.28MPa 和 2.11MPa 的泡沫玻璃。Francois Mear 等用不同部位的阴极射线管为原料，以氧化镁为氧化稳定剂，分别以碳化硅和氮化钛为还原剂，测定了气孔率并观察孔结构，结果显示生成的气孔以开口为主。Enrico Bernardo 等以阴极射线管为原料，以碳酸钙为发泡剂，研究了温度制度和发泡剂用量与制备的泡沫玻璃的密度和力学性能之间的关系，其性能为体积密度 $0.13g/cm^3$，耐压强度大于 2MPa，导热系数为 $0.060 \sim 0.070W/(m \cdot K)$。但以上用阴极管制备的泡沫玻璃都含有铅等重金属。Mengjun Chen 等用拆下来的阴极射线管的管屏为原料，加入碳，在不同的温度、压力和保温时间下进行反应，还原出金属铅，还原后的残留物即为泡沫玻璃，这种泡沫玻璃不含重金属铅。

c 其他玻璃种类

废玻璃纤维在玻璃纤维工业生产过程中是必然产生的，占玻璃纤维产量 15%。陈建华将废玻璃纤维磨细，加入合适的发泡剂和稳泡剂等添加剂制备泡沫玻璃。I. I. Kitaigorodskii 用不含碱金属的玻璃，添加软锰矿作为发泡剂，制备了具有均匀细小孔结构，容重为 $0.38 \sim 0.21g/cm^3$ 的泡沫玻璃。D. R. Devilliers 等用 $Na_2O\text{-}B_2O_3\text{-}Y_2O_3\text{-}ZrO_2$ 玻璃制备了耐碱的泡沫玻璃。T. Yazawa 等用含氧化锌的硼硅玻璃制备了耐化学性好和成型性好的泡沫玻璃。

平板玻璃是制备泡沫玻璃所用的原料，用阴极管制备泡沫玻璃是希望获得微晶泡沫玻璃，提高其强度。除此之外，为了能获得微晶玻璃或者在原泡沫玻璃基础上形成部分晶相提高强度，通常会采用添加部分矿渣和废渣等代替钠钙硅玻璃，目前通常添加代替钠钙硅玻璃的矿渣主要是粉煤灰和部分的炉渣。

B 粉煤灰

粉煤灰也称为飞灰，是热电站发电时，煤粉燃烧后从烟囱收集的细灰，由于所用煤粉的不同，粉煤灰的化学成分有波动，但我国大多数火电厂产生的粉煤灰，其主要成分是 $w(SiO_2) = 35\% \sim 60\%$，$w(Al_2O_3) = 15\% \sim 40\%$，$w(MgO) = 0.5\% \sim 4\%$，$w(K_2O) = 0.8\% \sim 2\%$，$w(Na_2O) = 0.2\% \sim 0.6\%$，CaO 和 Fe_2O_3 的变动幅度比较大。中国是以燃煤发电为主的国家，2005 年全国灰渣的排放量已经突破了 2 亿多吨，而且每年还在以超过 600 万吨的速度增长，因此粉煤灰的处理及利用是非常重要的任务。添加粉煤灰制备泡沫玻璃除了可以起到结晶作用还可以代替部分发泡剂，主要原因是粉煤灰中含有一定的挥发分，利用其可产生气泡。

谢建忠等人以粉煤灰为主要原料,添加一定量的硅质黏土材料、发泡剂和助熔剂,采用二次烧成工艺,具体操作是先将粉煤灰制备成含玻璃相的固溶体,再将制备成的粉煤灰玻璃破碎磨成粉末,添加发泡剂进行发泡,制备成的泡沫玻璃密度为 0.667g/cm³,耐压强度、抗折强度分别为 6.1MPa 和 1.0MPa,导热系数为 0.190W/(m·K)。该方法的特点是要先将粉煤灰等原料制备成玻璃,再按照一般泡沫玻璃的生产工艺进行。虽然制备成的泡沫玻璃性能较好,但操作步骤较多,能耗增加。另一种利用粉煤灰制备泡沫玻璃的方法是将粉煤灰加入到玻璃中,再按照一般泡沫玻璃的生产工艺进行。姜晓波、张勋芳、何峰、方容利、马晶、陈景华等均采用此方法,采用这种方法制作泡沫玻璃工艺简单且能耗低,但影响因素较多,只有调控好这些因素才能制备性能较好的泡沫玻璃。这两种利用粉煤灰制备泡沫玻璃的方法都要注意使玻璃配合料软化温度与发泡剂生成气体的温度匹配。

C 其他炉渣

除了玻璃和粉煤灰外,还有一些固体废弃物也逐渐被利用来制备泡沫玻璃。肖秋国等用40%～50%煤矸石配合废玻璃为主要原料,添加发泡剂和稳定剂,制备了以开口气孔为主的吸声泡沫玻璃。鹿晓斌等用脱镁硼泥和废玻璃为原料,利用硼泥中本身含有的硼降低发泡温度,制备了气孔均匀、性能优异,各项性能均达到 JC/T 647—2005 标准要求的泡沫玻璃。王晴等人用攀枝花钢厂排放的废渣废玻璃和粉煤灰为主要原料,以二氧化锰为发泡剂,二氧化锆和氟化钙为复合晶核剂制备了泡径为 2～3mm,主晶相为透辉石,表观密度为 0.946g/cm³,抗压强度为 17.9MPa,可代替实心黏土砖的微晶泡沫玻璃。冯宗玉以油页岩渣为主要原料,碳酸钙为发泡剂,磷酸钠为稳泡剂,制备了主晶相为普通透辉石,次晶相为钙长石,晶体呈纤维状结构相互交织的高强度微晶泡沫玻璃。张招述等以铸造废砂和废玻璃为主要原料,添加助剂制备了容重为 0.42g/cm³,导热系数为 0.059W/(m·K),耐压强度为 2.7MPa,可用于建筑、隔绝材料和漂浮材料的泡沫玻璃。Vladimir I. Vereshagin 以沸石为主要原料,添加碱,制备了表观密度为 0.340g/cm³,耐压强度 1.6MPa,吸水率为 13% 的微晶泡沫玻璃。王承遇等人用开采矿物珍珠岩的尾粉和膨胀珍珠岩的废料微粉为主要原料,以芒硝和石墨为发泡剂,制备了用于吸音和保温的珍珠岩泡沫玻璃。任兆磊用工业废渣黄磷渣加发泡剂高温熔制成黄磷渣泡沫玻璃。也有利用液态排渣炉熔渣和含钛高炉渣制备泡沫玻璃的。

5.3.2 电熔棕刚玉制备泡沫玻璃的部分工艺参数

本节以玻璃粉和电熔棕刚玉除尘粉为主要原料,研究了不同电熔棕刚玉除尘粉掺入量对混合料熔融特性的影响;并在此基础上分别研究了发泡剂含量、发泡剂种类及保温时间对所制备的泡沫玻璃性能的影响。由此探讨出在一定配比下较优的掺入电熔棕刚玉除尘粉制备泡沫玻璃的工艺参数。

5.3.2.1　熔融特性

将质量分数为 20%、30%、40% 和 50% 的电熔棕刚玉除尘粉分别与玻璃粉干混 8h，然后于 20MPa 压力制成 ϕ25mm 的薄片，在马弗炉中升温至 900℃保温 10min，观察其熔融特性及外观变化。其具体配料表见表 5 – 5。

表 5 – 5　配料表

试　样	配　比	除尘粉的质量分数/%	玻璃粉的质量分数/%
1	A20/G80	20	80
2	A30/G70	30	70
3	A40/G50	40	50
4	A50/G50	50	50

注：1. A—电熔棕刚玉除尘粉；

　　2. G—玻璃粉。

试样烧成后的俯视和平视照片分别如图 5 – 6、图 5 – 7 所示，从图中可以看出 A20/G80 试样的膨胀坍塌最为明显且最大；A30/G70 膨胀坍塌量较 A20/G80 小，产生部分形变；A40/G60 没有明显的变形，试样表面有少量的鼓凸；而 A50/G50 没有明显的变形及膨胀。

图 5 – 6　试样的俯视图

其主要原因是不同比例的混合料高温下熔融黏度有差别。玻璃黏度的计算方法有很多，两种常用的较为准确的方法是奥霍琴法和富尔切法，其中奥霍琴法适用于钠钙硅玻璃系统。根据计算配合料的氧化物的种类和含量基本满足奥霍琴法计算玻璃黏度的范围（奥霍琴法适用范围：Na_2O 质量分数为 12% ~ 16%，Al_2O_3 和 MgO 质量分数各为 0 ~ 5%，CaO 质量分数为 5% ~ 12%，其余的为 SiO_2），将 K_2O 计入 NaO_2 的含量。根据式（5 – 14）分别计算 A20/G80、A30/G70、A40/G60、A50/G50 的黏度，结果如图 5 – 8 所示。

图 5 – 7　试样的平视图

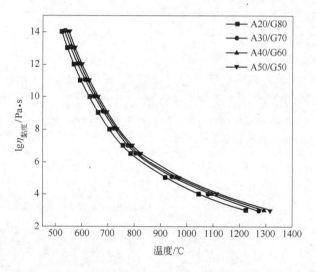

图 5 – 8　各配比不同温度对应的黏度值

$$t^{\eta} = AP_{Na_2O} + B(P_{MgO} + P_{CaO}) + CP_{Al_2O_3} + D \qquad (5-14)$$

式中，t^{η} 为该黏度值对应的温度；P 为各氧化物的质量百分比；A、B、C、D 为 M. B. 奥霍琴常数。

随着玻璃粉加入量的减小，在同一温度下黏度呈增大的趋势，但是 A30/G70、A40/G60、A50/G50 这三个配比黏度增大的幅度较 A20/G80 至 A30/G70 小，随着玻璃粉加入量的减少，要达到相同的黏度所需要加热到的温度升高。玻璃黏度与操作工艺的关系显示见表 5 – 6，当黏度为 $10^{4~5}$ Pa·s 时玻璃呈软化状态。根据图 5 – 8 所显示的数值，A20/G80 和 A30/G70 在 900℃ 下黏度刚好在此范围内，配合料的软化状态有利于膨胀，A40/G60 和 A50/G50 配合料黏度值则相较高，所以导致了试样保持原状态。

表 5-6 玻璃黏度与玻璃工艺操作的关系

黏度/Pa·s	10^2	10^3	$10^{4~5}$	10^9	10^{13}	$10^{14.5}$
特性或操作温度	澄清温度	玻璃液出炉温度	熔融温度	软化温度	转化温度	应变温度
玻璃状态	液态		软化状态	塑态	固态	

Riley 图（如图 5-9 所示）中 a 区代表了一般膨胀陶粒适用的范围，b 区表示的是高强陶粒适合的组成范围；1~4 表示了初始配料的组成位置。当各个配方按照箭头方向沿着直线以 2% 的熔剂增加量直至增加了 6% 的黏度结果如图 5-10 所示（即 SiO_2 和 Al_2O_3 比例不变，熔剂含量以 Na_2O 的形式增加）。结果表明当组成沿着箭头增加时相同温度下黏度呈下降趋势，达到同一黏度时所需温度随着熔剂含量的增加而降低。

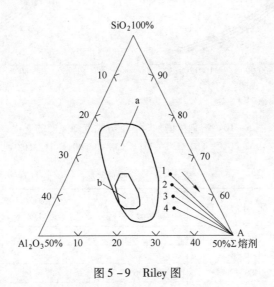

图 5-9 Riley 图

5.3.2.2 电熔棕刚玉除尘粉及发泡剂的掺入量

以碳酸钠为发泡剂，选择电熔棕刚玉除尘粉的掺入量分别为 20% 和 30%（质量分数）的混合料分别加入 2%、3%、4%、5%、6%（质量分数）的发泡剂，将配合料填装入金属模具中，在马弗炉升温至 900℃ 保温 10min，对烧成后的样进行修整切割，测定所制备的泡沫玻璃的物理化学性能。其具体配料见表 5-7。

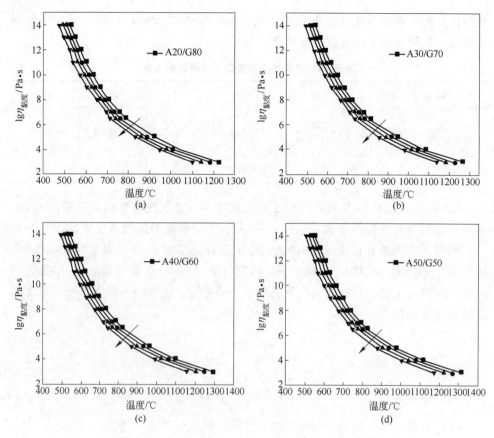

图 5-10　溶剂量增加时各配方黏度随温度的变化

（a）A20/G80；（b）A30/G70；（c）A40/G60；（d）A50/G50

表 5-7　发泡剂含量

试　样	配　比	A20/G80 质量分数/%	A30/G70 质量分数/%	Na_2CO_3 质量分数/%
1	A20/G80 - N2	98	—	2
2	A20/G80 - N3	97	—	3
3	A20/G80 - N4	96	—	4
4	A20/G80 - N5	95	—	5
5	A20/G80 - N6	94	—	6
6	A30/G70 - N2	—	98	2
7	A30/G70 - N3	—	97	3
8	A30/G70 - N4	—	96	4
9	A30/G70 - N5	—	95	5
10	A30/G70 - N6	—	94	6

注：N—$NaCO_3$。

A 物理性能

表观密度和耐压强度随发泡剂碳酸钠加入量的变化如图 5-11 所示，整体而言，随着发泡剂碳酸钠加入量的增加，试样的表观密度呈现下降趋势，但两种配方都在碳酸钠加入量为 5% 的时候出现异常；试样的耐压强度也随着发泡剂碳酸钠的加入量增多而出现下降趋势，与表观密度趋势一致，但 A20/G80 在发泡剂碳酸钠加入量为 6% 有所上升。

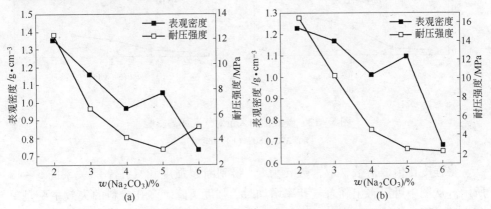

图 5-11 发泡剂碳酸钠加入量不同对表观密度和耐压强度的影响
(a) A20/G80；(b) A30/G70

试样表观密度随发泡剂含量增加而降低的原因主要是随着发泡剂含量的增加，产生的气体量增加，从而导致试样表观密度下降。表观密度的下降表明试样气孔率增加，试样实际承压面积减少，引发应力集中，导致材料强度显著下降。

发泡剂碳酸钠加入量对各种气孔率的影响如图 5-12 所示，总气孔率按照式 (5-15) 计算：

$$P = \left(1 - \frac{d_a}{d}\right) \times 100\% \qquad (5-15)$$

式中，P 为总气孔率,%；d_a 为表观密度；d 为真密度。

随着发泡剂碳酸钠含量的增加，试样总气孔率呈现上升趋势，开口气孔率也呈现上升趋势，且当碳酸钠加入量为 6% 时，总气孔率显著增加达到 70% 左右；随着发泡剂碳酸钠加入量的增加开口气孔率呈上升趋势，闭气孔率呈先上升后下降趋势，但总体而言其趋势较为平缓，当加入量增加到 6% 时，由于其表观密度低于 $0.8\mathrm{g/cm^3}$，无法用阿基米德原理测量。

Ryskewitsch 经验公式 (5-16) 表明试样的强度 σ_b 随着总气孔率增加呈指数规律下降：

$$\sigma_b = \sigma_0 e^{-np} \qquad (5-16)$$

式中，p 为气孔率；σ_0 为 $P=0$ 时的强度；n 为常数，其值在 4~7 之间。

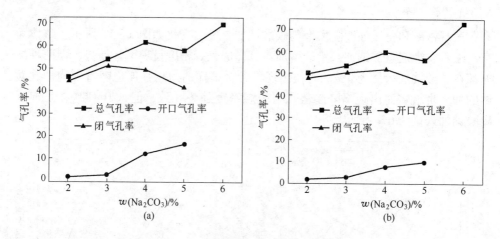

图 5-12　碳酸钠加入量对气孔率的影响

(a) A20/G80；(b) A30/G70

　　将强度比值取对数，取常数 n 为 5，得到断裂强度和气孔率的关系图 5-13 所示。从图中可以看出随着气孔率增加时，强度下降。多孔材料的失效主要是单元失效过程；当应力增加时，局部应力集中导致单元失效，单元失效后在原来恒定载荷下，失效过程扩展，也就是非平衡迭代过程出现使失效扩展，单元体承载能力下降，但没有出现脆性断裂那种完全失效，材料仍然具有一定承载能力，随着位移的增加，承载能力下降，直到最后的断裂失效，整个过程是一种塑性失效过程。

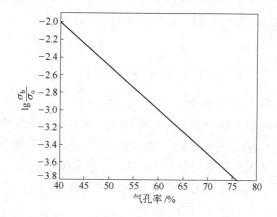

图 5-13　强度和总气孔率的关系（Ryskewitsch 经验公式）

　　试样体积吸水率随发泡剂碳酸钠加入量的变化如图 5-14 所示，随着加入量的增多，吸水率都呈上升趋势，其中 A20/G80 配方上升趋势明显，A30/G70 配

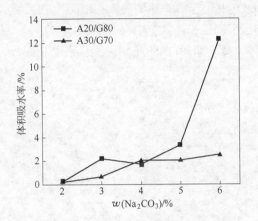

图 5 - 14 碳酸钠加入量对试样吸水率的影响

方的上升趋势较为平缓。

典型的试样的孔结构和分布如图 5 - 15 所示。图 5 - 15（a）显示当发泡剂的质量分数为 2% 时，气孔尺寸较小，A20/G80 气孔主要是在 0.5mm 以下，但在平面上出现 1~4mm 不等的气孔，可能原因是挥发分造成气孔分布局部的不均匀；图 5 - 15（b）显示 A30/G70 气孔主要集中在 1mm 以下，平面上同样出现不等径的气孔；图 5 - 15（c）显示当发泡剂质量分数为 3% 时，A20/G80 气孔变大，但不均匀，气孔从 0.5~5mm 不等；图 5 - 15（d）显示 A30/G70 气孔变大，出现不均匀不等径的气孔，结构不均匀；图 5 - 15（e）显示当碳酸钠加入量为 4% 时，A20/G80 试样气孔总体上增大，不均匀程度加剧，孔相较而言变得更加的不规则，椭圆形孔和不规则孔出现；图 5 - 15（f）显示 A30/G70 也出现相同情况；图 5 - 15（g）显示当碳酸钠加入量为 5% 时，A20/G80 试样气孔尺寸变大，不均匀程度进一步加剧，大尺寸孔和异常形状孔出现较多；图 5 - 15（h）显示 A30/G70 其变化趋势相同；图 5 - 15（i）显示当碳酸钠加入量为 6% 时，A20/G80 试样气孔均匀；图 5 - 15（j）显示 A30/G70 试样孔结构同样呈均匀分布，但其孔径相较 A20/G80 变大。从试样的表观结构可以看出，A20/G80 和 A30/G70 的变化趋势相同。除了气孔尺寸外，气孔的分布状况对试样的力学性能也有影响，均匀分布的小气孔有利于力学性能的提高，小而均匀的气孔容易变形，阻止裂纹扩展的能力较强，A20/G80 试样中碳酸钠加入量为 6% 的气孔较加入量为 5% 时的均匀，其耐压强度高。

B 物相组成

Na_2CO_3 加入量对 A20/G80 和 A30/G70 物相组成的影响如图 5 - 16 所示，从图中可以看出，试样的主体物相还是玻璃相，但相较于原料本身存在的刚玉相外，试样中出现了新的物相，主要是 K、Na、Al、Si 和 O 的化合物，但由于试样中成分较杂，两种配方中化合物的种类大体相似，没有很明显的区别。新物相产生的原因可能是：电熔棕刚玉除尘粉中存在 Al_2O_3，在一定程度上起到了成核剂的作用，这时 K、Na、Al、Si 和 O 的晶相可能从玻璃相中析出。

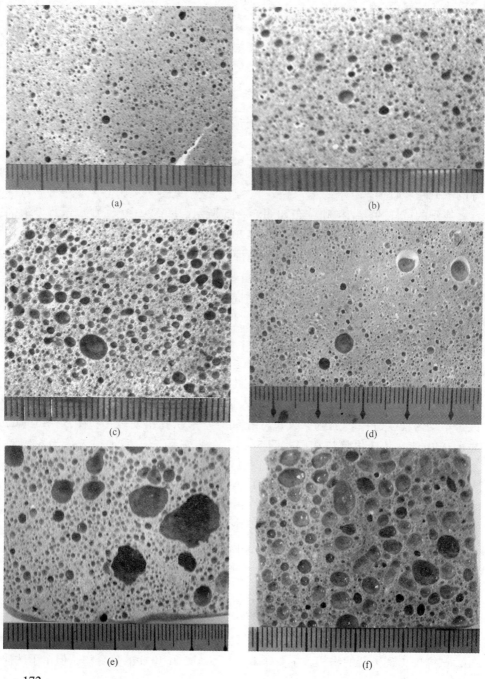

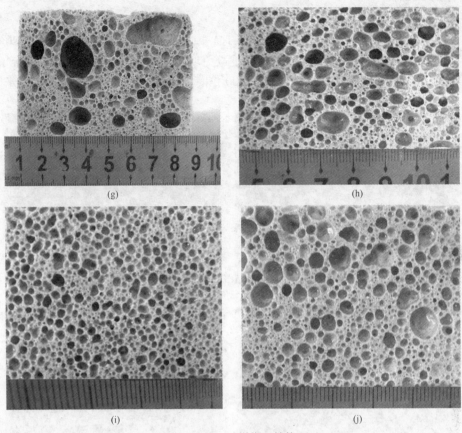

图 5 - 15　试样表观结构

（a）A20/G80 - N2；（b）A30/G70 - N2；（c）A20/G80 - N3；（d）A30/G70 - N3；（e）A20/G80 - N4；
（f）A30/G70 - N4；（g）A20/G80 - N5；（h）A30/G70 - N5；（i）A20/G80 - N6；（j）A30/G70 - N6

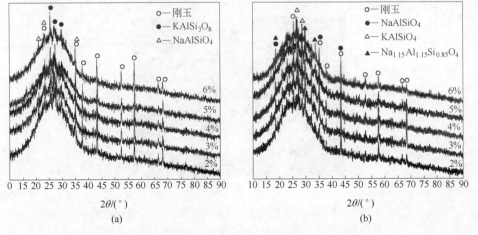

图 5 - 16　发泡剂碳酸钠加入后试样的 XRD 图谱
（a）A20/G80；（b）A30/G70

C 显微结构

物相分析表明试样中存在新生成的晶相，为了进行验证，将试样在 20%（质量分数）的 HF 酸中浸泡 2h，目的是避免玻璃相的包裹而导致难以观测到晶粒的存在。腐蚀后 A20/G80 试样放大 200 倍时的显微结构照片如图 5 - 17 所示。

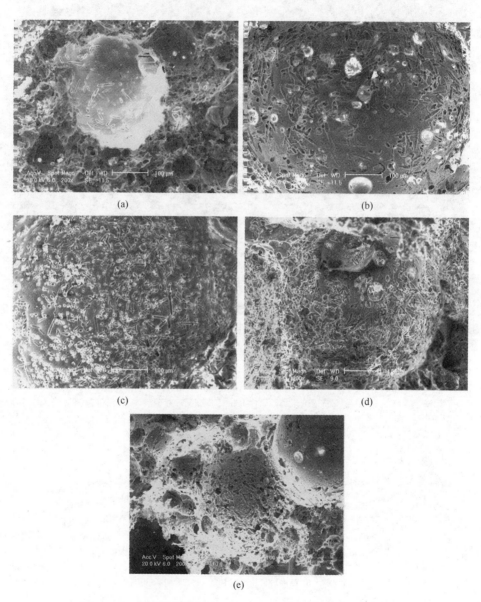

图 5 - 17   不同碳酸钠加入量下 A20/G80 试样的显微结构照片
(a)$w(Na_2CO_3)$ = 2% ;(b)$w(Na_2CO_3)$ = 3% ;(c)$w(Na_2CO_3)$ = 4% ;
(d)$w(Na_2CO_3)$ = 5% ;(e)$w(Na_2CO_3)$ = 6%

从图片中可以看出每个试样中都存在针状的坑洞，在试样中找到的残留柱状物（如图5-18所示）说明坑洞主要是晶相在被HF刻蚀完后留下的痕迹，这表明所生成的晶相形状为针状和短柱状，长度30~40μm左右的居多，直径在3μm左右，分布于泡沫玻璃固相中，其排列分散、杂乱、交错、无规则。这些杂乱交错织构的针状和短柱状晶粒在材料中起到了改善材料强度的作用。

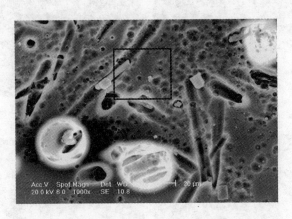

图5-18　试样残留柱状物的显微结构照片

图5-19所示为腐蚀后A30/G70试样放大200倍时的显微结构照片，其结果和A20/G80相同。从图片中可明显观察到针状和短柱状晶相被腐蚀后残留的坑洞，其痕迹表明A30/G70试样中所生成的晶相长度30~40μm左右，直径在3μm左右，分散交错排列在孔壁中对材料起到增韧效果。

5.3.2.3　发泡剂

选择电熔棕刚玉除尘粉的掺入量20%（质量分数）的混合料分别加入2%、4%和6%（质量分数）的发泡剂，发泡剂分别为碳酸钠和石墨，将此配合料填装入金属模具中，在马弗炉中升温至900℃保温10min，对烧成后的样进行修整切割，测定所制备的泡沫玻璃的物理化学性能。具体配料表见表5-8。

表5-8　发泡剂配料

试样	配　比	A20/G80 质量分数/%	Na₂CO₃ 质量分数/%	C 质量分数/%
1	A20/G80 - N2	98	2	—
2	A20/G80 - N4	96	4	—
3	A20/G80 - N6	94	6	—
4	A20/G80 - C2	98	—	2
5	A20/G80 - C4	96	—	4
6	A20/G80 - C6	94	—	6

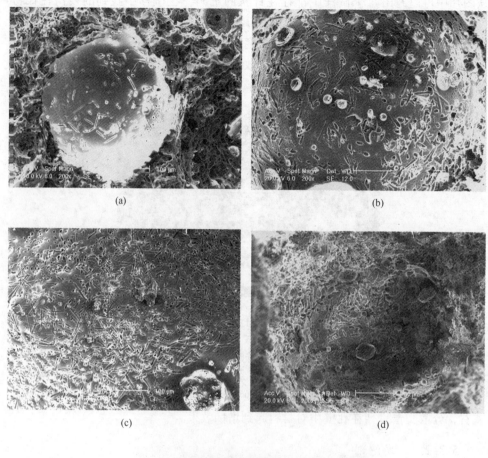

(a)

(b)

(c)

(d)

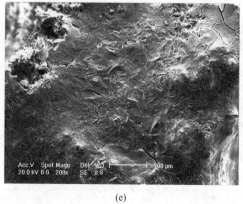

(e)

图 5 - 19　不同碳酸钠加入量下 A30/G70 试样的显微结构

(a) $w(Na_2CO_3) = 2\%$; (b) $w(Na_2CO_3) = 3\%$; (c) $w(Na_2CO_3) = 4\%$;

(d) $w(Na_2CO_3) = 5\%$; (e) $w(Na_2CO_3) = 6\%$

A 物理性能

本节所对比的发泡剂种类选取分解型和氧化型中的一种作为代表。不同种类发泡剂对试样表观密度和耐压强度的影响如图 5-20、图 5-21 所示。总体而言，表观密度都是随着发泡剂加入量的增大而降低，主要原因是发泡剂含量的增加导致气体生成量增加，使单位体积试样内气体所占体积增加，表观密度下降，但发泡剂为石墨时其表观密度变化不大，且发泡剂为石墨时其表观密度较发泡剂为碳酸钠小，主要原因是产生气体时，相同质量的石墨较相同质量的碳酸钠产生的气体量多。发泡剂为碳酸钠时，耐压强度随着表观密度的降低呈降低趋势；发泡剂为石墨时，耐压强度随着表观密度的降低呈现上升趋势。主要原因是发泡剂为碳酸钠时试样的表观密度相差较大，其耐压强度主要由实际承重面积决定，而发泡

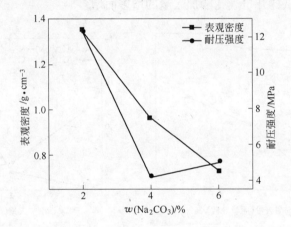

图 5-20 发泡剂 Na_2CO_3 对表观密度和耐压强度的影响

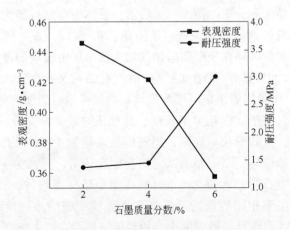

图 5-21 发泡剂石墨对表观密度和耐压强度的影响

剂为石墨时，表观密度相差不大，表明实际承重面积相差不多，其耐压强度主要由其孔结构等决定。

发泡剂种类对气孔率的影响如图 5 – 22 所示。石墨作为发泡剂时，泡沫玻璃的气孔率明显大于添加 Na_2CO_3 的试样；发泡剂为碳酸钠时，气孔率呈上升趋势且变化较大，发泡剂为石墨时气孔率呈上升趋势但变化趋势较为平缓，这也说明碳酸钠试样的耐压强度主要由实际受压面积决定，而石墨试样实际受压面积区别不大，其耐压强度主要由试样的结构决定。

试样体积吸水率的变化如图 5 – 23 所示，从图中可以看出，以碳酸钠为发泡剂的试样吸水率呈现上升趋势，以石墨为发泡剂的试样呈现下降趋势，这主要是与气孔的结构相关，说明用石墨为发泡剂的试样其气孔结构主要为闭口气孔，而添加 Na_2CO_3 的试样开口气孔随加入量的增多而增多。

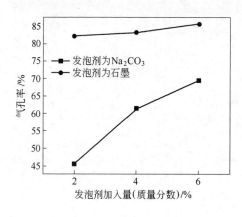

图 5 – 22　发泡剂种类对气孔率的影响

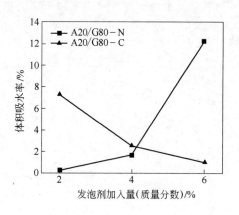

图 5 – 23　发泡剂种类对吸水率的影响

典型的气孔结构和分布如图 5 – 24 所示，总体而言以石墨为发泡剂的试样孔结构较碳酸钠为发泡剂的均匀一些。从图 5 – 24（a）、（b）和（c）可以看出，以碳酸钠为发泡剂的试样孔径随碳酸钠的加入量增加由较均匀逐渐为不均匀，呈现不均匀的大孔，但当加入量增加到 6% 时气孔结构又趋向于均匀；从图 5 – 24（a）、（c）、（e）中可以看出以石墨为发泡剂的试样当石墨加入量为 2% 时，气孔分布不是很均匀，由于试样孔隙率较高，孔壁相对较薄，部分的孔融合在一起，形成贯穿和大孔，孔的形状不规则，当石墨加入量为 4% 时气孔结构相较于 2%的加入量显得更加均匀，图中显示试样的孔壁比较薄，孔径为 4 ~ 6mm，孔的形状不是很规则，当石墨加入量为 6% 时，孔细小且分布均匀，孔径约为 1mm 左右，无贯穿孔。由于相同质量的石墨产生气体较碳酸钠多，导致孔所占面积较大，石墨的粒度为 200 目，颗粒细小，相较碳酸钠而言能更加均匀地分散于粉料中，且颗粒细小能使发泡更加的均匀，除了颗粒粒度有区别的原因外，主要原因还与碳酸钠和石墨产生气体的温度和速度相关。

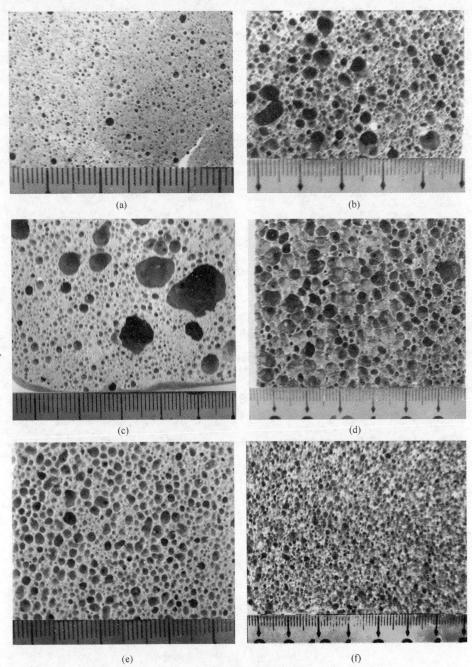

图 5 – 24   试样表观结构

(a) A20/G80 – N2;(b) A20/G80 – C2;(c) A20/G80 – N4;(d) A20/G80 – C4;
(e) A20/G80 – N6;(f) A20/G80 – C6

实验所用碳酸钠和人造石墨的 *TG – DTA* 如图 5 – 25、图 5 – 26 所示。从图中可以看出,碳酸钠的分解反应开始于 800℃ 左右,850℃ 左右反应最剧烈,反应速率快,窄且尖锐的峰形表明反应发生比较剧烈且反应时间较短,短时间内产生大量的气体,导致试样容易出现大孔和贯穿的孔;人造石墨产生氧化反应的温度从 600℃ 左右开始,当到达 800℃ 左右时反应最为激烈,峰形较宽表明反应持续时间长,反应释放气体速率较均匀,有利于试样形成均匀结构的气孔。当所采用的发泡剂使反应较为激烈时,应加入一定的稳泡剂,使气体不在短时间内大量的释放,或者通过加入添加剂改变黏度,黏度的提高有利于阻止气孔的贯穿合并,防止异常大孔的出现。

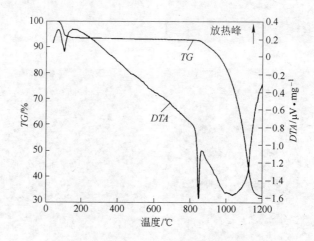

图 5 – 25　碳酸钠的热重差热分析

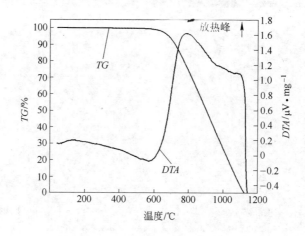

图 5 – 26　人造石墨的热重差热分析

B　物相组成

以石墨为发泡剂时试样的物相变化如图 5 – 27 所示,物相中出现石墨峰表明，石墨没有反应完全，在试样中有一定的残存，少量的晶相主要还是 K、Al 和 Si 的化合物，相较以碳酸钠为发泡剂时含量较少。

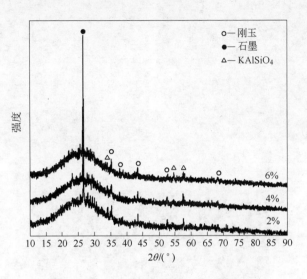

图 5 - 27　石墨为发泡剂时的 XRD 图谱

C　显微结构

不同石墨加入量下 A20/G80 试样的显微结构如图 5 - 28 所示。从图中可以看见类似于 Na_2CO_3 作为发泡剂的显微结构照片中出现的杂乱无章排列的针状坑洞，但是其更为细小狭长，通过图 5 - 27 的 XRD 图谱对比验证，针状坑洞可能为 $KAlSiO_4$ 晶相被腐蚀留下的坑洞，长度大多在 20 ~ 30μm。

5.3.2.4　保温时间

将电熔棕刚玉除尘粉的掺入量为 20%（质量分数）的混合料加入 6%（质量分数）石墨发泡剂的混合料填装入金属模具中，在马弗炉中升温至 900℃分别保温 0min、10min、20min、30min 和 50min 后，对烧成后的试样进行修整切割，测定所制备的泡沫玻璃的物理化学性能。具体保温时间见表 5 - 9。

表 5 - 9　保温时间

试　样	配　比	时间/min
1	A20/G80 - C6	0
2	A20/G80 - C6	10
3	A20/G80 - C6	20
4	A20/G80 - C6	30
5	A20/G80 - C6	50

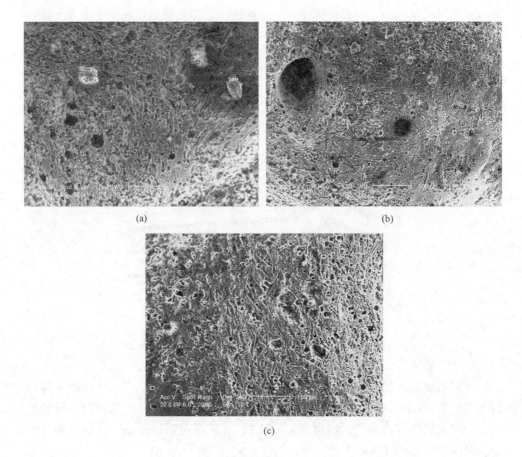

(a)　　　　　　　　　　(b)

(c)

图 5 – 28　不同石墨加入量下 A20/G80 试样的显微结构照片

（a）2%；（b）4%；（c）6%

A　物理性能

发泡剂为石墨时表观密度和耐压强度随保温时间的变化趋势如图 5 – 29 所示，从图中可以看出随着保温时间的增加，表观密度呈下降趋势，但下降趋势较为平缓，其表观密度相差不大；耐压强度随保温时间的增加也呈现先上升后下降趋势，但是其变化幅度平缓；适当的延长保温时间有利于试样气孔均匀，过度延长保温时间会导致气孔长大，孔壁变薄，产生连通和开口气孔，导致试样强度降低。

试样总气孔率的变化趋势如图 5 – 30 所示，气孔率呈上升趋势但变化幅度不大较为平缓，说明此时气孔率基本是稳定的状态。可以推测，石墨作为发泡剂时，其气孔主要为闭口气孔，即使保温时间进一步延长，气孔即使聚合但也不会形成穿孔或开孔。

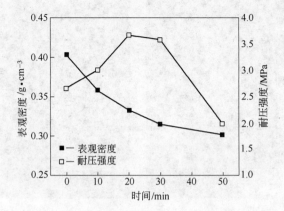

图 5 - 29 以石墨为发泡剂时保温时间对表观密度和耐压强度的影响

试样的吸水率呈上升趋势，如图 5 - 31 所示，但是趋势很平缓，没有很大的差别，总体而言其吸水率保持在较低的水平。

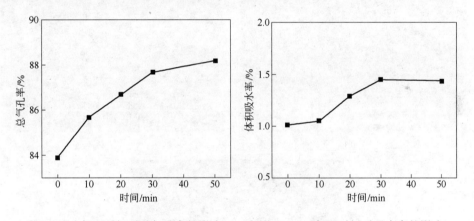

图 5 - 30 保温时间对总气孔率的影响　　图 5 - 31 保温时间对吸水率的影响

以石墨为发泡剂时不同保温时间的典型气孔结构和分布如图 5 - 32 所示，从图片中可以看出，保温时间延长，气孔呈逐渐增大趋势，孔壁变薄；当保温时间为 0min、10min 和 20min 时，孔尺寸较小且气孔分布均匀，约为 1 ~ 2mm；当进一步延长保温时间时，小气孔开始逐渐合并成较大孔径的气孔，主要原因是孔壁变薄容易造成小气孔的合并，造成气孔结构的不均匀，结构的不均匀导致力学性能的下降；因此不宜过度延长保温时间。

B　物相组成

试样的 X 射线衍射结果如图 5 - 33 所示，可以看出，石墨峰仍旧很强，表明石墨是没有完全反应。除石墨峰之外其他的峰值比较小，并不明显。表明时间的

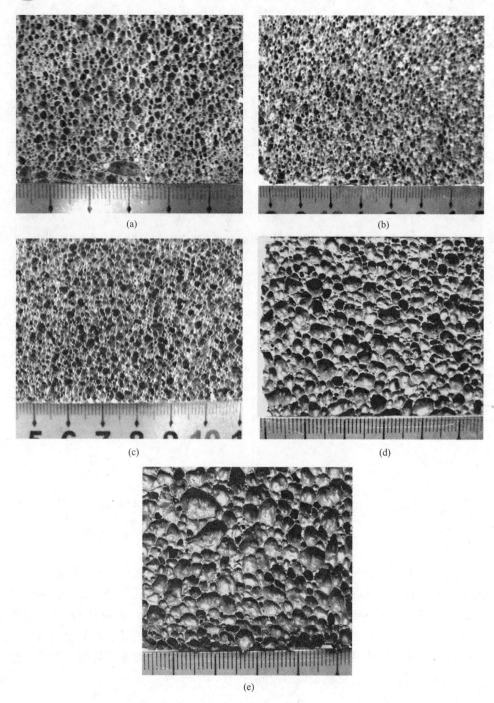

(a)

(b)

(c)

(d)

(e)

图 5 – 32　试样表观结构

（a）保温时间为 0min；（b）保温时间为 10min；（c）保温时间为 20min；
（d）保温时间为 30min；（e）保温时间为 50min

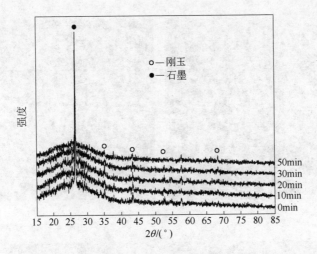

图 5 - 33　试样的 XRD 图谱

延长并未改变其物相组成，孔径尺寸的增加主要是小气孔的逐渐合并引起，而非材料物相变化引起材料黏度的变化导致的。

C　显微结构

不同保温时间下的显微结构照片如图 5 - 34 所示，在试样中同样发现针状杂乱排列的坑洞，其形状不规则，排列无规则，晶粒非常细小，长度在 $20 \sim 30\mu m$ 较多。对照 XRD 谱图，晶粒为 K 盐，且随保温时间的延长晶粒数量有一定程度的增加。

5.3.3　泡沫玻璃不同孔结构受力的计算机模拟

针对制备的泡沫玻璃中出现的一些结果进行了简单的计算机模拟分析，所采用的软件为 Abaqus，更加直观地显示不同气孔率及相同气孔率下不同孔结构的受力情况。

由于制备的泡沫玻璃的化学成分接近钠钙硅玻璃，参数设定选择钠钙硅玻璃的参数：选取其弹性模量 $E = 46.2GPa$，泊松比 $\mu = 0.245$，导热系数（室温下）$\lambda = 0.75W/(m \cdot K)$，热膨胀系数取 8.5。模拟软件为 Abaqus，模拟时边界条件为约束底部在 Y 方向上的位移，并选取加载压力为 1MPa（不考虑其断裂）。其具体加压过程如图 5 - 35 所示。

当气孔结构相同，气孔率不同时，其受力状况分别如图 5 - 36 和图 5 - 37 所示，从图中可以看出气孔结构相同时，气孔率大时，受力后变形较为严重，与实验结果中气孔率变大时材料力学性能显著下降一致。两图对比看出无论气孔率为多少，主要的应力集中都大约位于平行于 X 轴的直径位置的两端，材料易于在此位置断裂，这就解释了一般多孔材料的断裂方向与受力方向垂直的现象。

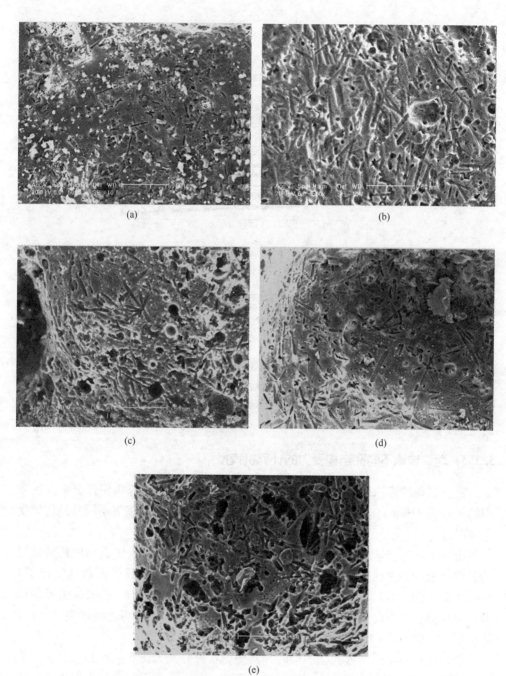

图 5 – 34　不同保温时间 A20/G80 – C6 的显微结构照片

（a）保温时间为 0min；（b）保温时间为 10min；（c）保温时间为 20min；

（d）保温时间为 30min；（e）保温时间为 50min

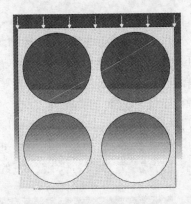

图 5 - 35 加压过程示意图

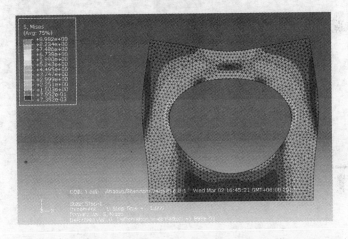

图 5 - 36 气孔率为 40% 时受力情况示意图

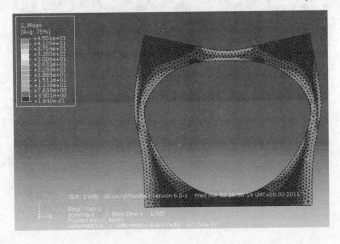

图 5 - 37 气孔率为 60% 时受力情况示意图

当气孔率相同但孔结构不同时，其受力情况如图 5 - 38 所示，其气孔率均为 60%，其中（b）、（d）分别表示孔大小相同且结构均匀分布，（c）相较（b）而言表示孔大小不同。（b）相较于（a）其结构变形较轻，应力分布较为均匀；（d）其变形主要集中在第一层孔结构部位，变形较为严重，但下半部结构较为完整，应力主要集中在平行于受力方向的孔壁间，从受力的状况可看出一般多孔材料不容易发生脆性断裂；从（a）到（b）再到（d）说明，孔分布均匀的时候，孔尺寸的适当变小有利于材料力学性能的提高，但是当孔尺寸进一步变小时材料上层部位容易发生变形断裂，但不会造成脆性断裂。（c）较（b）的变形较为严重，说明气

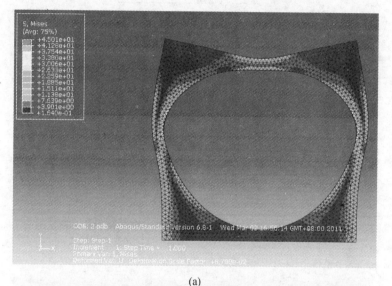

(a)

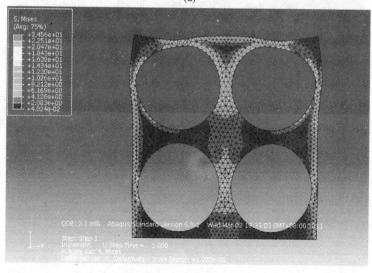

(b)

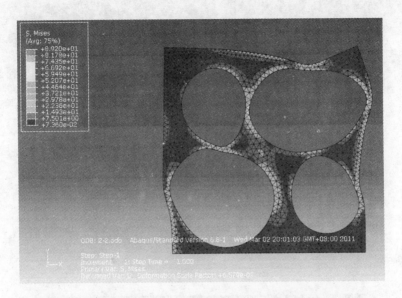

(c)

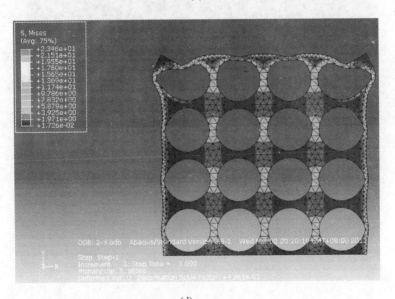

(d)

图 5 - 38 气孔率同为 60% 下不同气孔分布的受力情况示意图

孔率相同的情况下,孔尺寸分布不均匀易造成材料力学性能的下降。

当气孔率和孔分布相同但存在开口气孔时,其受力情况如图 5 - 39 所示,图 5 - 39(b)中的变形虽然不如图 5 - 39(a)的变形严重,但存在开口气孔时,应力集中数值较无开口气孔时大,表明其承受力的能力相对较低。

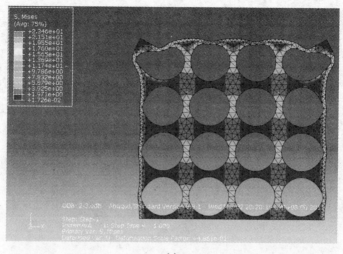

(a)

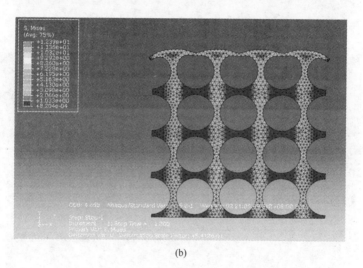

(b)

图 5-39　气孔率同为 60% 下不同气孔结构的受力情况示意图

（a）无开口气孔；（b）有开口气孔

5.4　电熔棕刚玉除尘粉制备泡沫玻璃的性能与经济效益分析

5.4.1　性能比较

泡沫玻璃一般用于建筑和管道等的铺设，下面将对 900℃，配比为 A20G80-C6，保温 20min 工艺下制得的电熔棕刚玉除尘粉泡沫玻璃和中联望城新型隔热材料公司生产的牌号为 ZW300 的泡沫玻璃、一等品非承重烧结空心砖进行性能比较，结果见表 5-10。

表 5 – 10　产品性能比较

性能 \ 产品	试　样	ZW300	非承重烧结空心砖（一等品）
容重/kg·m^{-3}	333	300	800 ~ 1200
导热系数/W·(m·K)$^{-1}$	热面温度150℃下0.108	室温下0.098	室温下0.29
耐压/MPa	3.68	1.62	MU3.0
体积吸水/%	1.25	<0.2	≤25
孔洞率/%	87%	80% ~ 90%	≥35

　　从表 5 – 10 中的数据可以看出，实验制得的电熔棕刚玉除尘粉泡沫玻璃与ZW300 比较，其容重相差不大，实验制得的泡沫玻璃耐压强度明显大于 ZW300，总孔洞率相差不多，主要的区别是实验制得的泡沫玻璃其体积吸水率远大于ZW300 体积吸水率，主要原因是试样中存在开口和连通的开口气孔，导致体积吸水率的增加，当发泡剂在分布不均匀时，在发泡剂量多的地方高温时放出的气体较多，容易造成气孔尺寸的不均匀和连通孔的出现，为了避免这一现象的产生，可从配合料和发泡剂的粒度着手改善。适当降低配合料和发泡剂的粒度，使其均匀分布，但其粒度不宜过细，过细时会造成粉体的团聚，不易分散，从而不利于产生均匀气孔结构。分别测定热面温度为 150℃、200℃、250℃和 300℃时试样的热导率，其结果如图 5 – 40 所示。

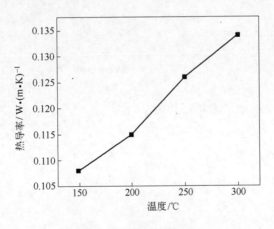

图 5 – 40　试样的热导率

　　图 5 – 40 表明试样的导热系数随测试温度的升高而增大，主要是孔壁间的辐射传热、孔隙中的气体导热等均随温度的升高及气体、固体分子热运动增强而成比例增大。一般材料中的传热主要是通过导热、对流和辐射三种方式传递，实验制得的泡沫玻璃固相导热主要是玻璃体和无方向交织的晶相，由于晶相的存在导

致固相导热并不完全垂直于热面，增加了传热途径，降低了固相导热的强度；高闭气孔率的试样中气体对流传热作用甚微，而且分散的闭气孔（气孔仓）分割并阻碍热气流，阻止气流的通过。

5.4.2 成本估算

添加电熔棕刚玉除尘粉，按照传统的粉末烧结发泡方法制备了性能比较优良的泡沫玻璃，通过上一节中性能的比较，所制备的泡沫玻璃可作为建材使用。

对制备微晶玻璃的原料成本进行简单核算，以 1t 配合料中各配合料所占比例对应的价格，按照工艺 900℃配比为 A20/G80 - C6 保温 20min 制备的容重约为 300kg/m³ 的泡沫玻璃计算，其结果见表 5 - 11。

表 5 - 11　原料成本估算（按照 1t 配合料计算）

原　料	废平板玻璃	电熔棕刚玉除尘粉	发泡剂	合　计
费用/元	300	0	90	390

在实验室制备时，每 1000g 配合料至少能生成 $0.7 \times 10^{-3} m^3$ 体积的泡沫玻璃，按照每 1t 配合料能生产 $0.7m^3$ 的泡沫玻璃，按照泡沫玻璃砖的售价是 2000 元/m³ 计算，每吨配合料生产的泡沫玻璃的售价是 1400 元。原料成本占 28%。

废旧阴极炭块和炭渣的综合利用

6.1 废旧阴极炭块综合利用

工业铝电解槽的炭阴极材料,在使用6~7年之后就会破损,需要更换,因为高温熔融电解质(其组成为冰晶石-氧化铝混合物)渗透进入炭阴极中而使其破裂,并使电解槽内的铝液从裂缝口漏出,于是不得不停槽检修。在检修时要取已经破碎了的炭阴极,以及其底下的耐火砖和保温砖,换砌新的炭阴极和耐火砖及保温砖,然后重新投入生产运行。这些大修后的固体废料——废旧阴极内衬(Spent Pot Lining,SPL)就是铝电解工业的重大污染源之一。

铝电解废旧阴极的主要成分有碳、冰晶石、氟化钠、氧化铝、氟化钙,以及少量的碳化铝、氮化铝、铝铁合金和少量氰化物。当前,我国废旧阴极主要采取露天堆放的方式进行处理,由于其中含有可溶氟化物以及剧毒的氰化物,势必会随雨水渗入地下,从而对土壤和地下水造成污染,危害周围居民的健康。由此可见,废旧阴极是一种有毒废弃物,必须对其中的有害物质进行处理。同时,碳和冰晶石、氟化钠、氧化铝、氟化钙等又是有价物质,如能对其进行回收利用,将产生巨大的经济效益,这符合国家可持续发展的战略精神。

据报道,每生产1t铝,大约产生废旧阴极30~50kg。随着铝产量的逐年增加,我国每年产出大量的废旧阴极。以2011年为例,我国铝产量为1778.6万吨,按每生产1t铝产出30kg废旧阴极计算,产出废旧阴极53.4万吨,其排放量不可小视。如果能合理地处理和利用,将是对环境保护极大的贡献,和对资源极大的节约。

6.1.1 废旧阴极炭块简介

6.1.1.1 废旧阴极炭块的组成

电解铝废阴极炭块主要组成为碳素、氟化盐(主要是氟化钠和冰晶石)和氧化铝,碳的质量分数(以固定碳表示)约为50%~70%,氟化盐的质量分数约为10%~20%,废阴极炭块的主要化学元素分析结果见表6-1,废阴极炭块的XRD图谱如图6-1所示。有关研究表明,电解铝阴极炭块在铝电解高温及电解质催化作用下石墨化度逐步提高。使用5年以后,石墨质阴极炭块的石墨化度由最初的80%左右提高到95%左右，是石墨化度非常高的人造石墨。氟化钠、冰晶石是重要的工业氟产品，主要用于电解铝、木材防腐、电焊、杀虫剂、杀菌剂、制备其他氟产品。因此，废阴极炭块中的碳素、氟化物资源丰富，价值高。

表6-1　废阴极炭块的主要化学元素分析结果　　　　　　　　（%）

化学成分	固定碳	F	Na	Al	Ca	Fe	SiO$_2$
质量分数	58.56	9.86	11.86	2.42	1.36	0.74	4.33

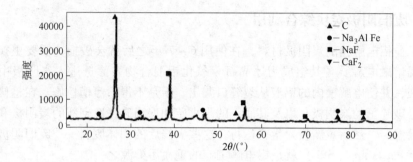

图6-1　废阴极炭块的XRD图谱

6.1.1.2　废旧阴极炭块中电解质的组成

由于在电解过程中，电解质不断渗透炭素阴极，阴极炭素材料在经过了3~5年的使用后，其中有将近一半的电解质和一些在电解过程中生成的其他物质。废旧阴极内衬中一般含有约70%的炭和30%的电解质。电解槽不同部位产生的炭块中产生的电解质的含量是不同的。在阴极的各个部位，电解质的渗入量也有所不同。靠近槽的边部，电解质的量一般占40%左右；在炭间缝中，渗入量高达70%；而在槽中部，含量在25%左右。

通过图6-2所示的XRD分析得到具体物相为：石墨型碳、Na$_3$AlF$_6$、β-氧化铝（NaAl$_{11}$O$_{17}$）、氟化钠、氟化钙、氟化锂等。根据工业铝电解槽的氟平衡计算结果，每生产1t铝平均消耗氟30kg。其中有50%~60%损失于烟气中，30%~40%渗透于炭阴极中，也就是每生产1t铝，炭阴极吸收10kg氟。如果电解槽阴极钢棒口有空气渗漏，导致空气中的氮与石墨、钢棒作用，还可能含有少量铁氰化物和氰化物。现在的废旧阴极有碳含量降低而其他添加物质含量升高的趋势，并且密度较小的添加剂种类越来越多，造成废旧固体中电解质的成分越来越复杂。电解质的主要成分是冰晶石、氟化钠、氧化铝等，见表6-2。

表6-2　废旧阴极炭块中电解质的主要组成及含量　　　　　　（%）

电解质成分	Na$_3$AlF$_6$	NaF	Al$_2$O$_3$	NaAl$_{11}$O$_{17}$	CaF$_2$	LiF
质量分数	65.7	12.7	5.6	4.6	2.9	2.7

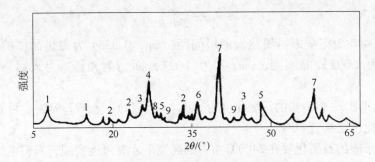

图 6-2 废旧阴极炭块的 X 衍射谱

$1—NaAl_{11}O_{17}$；$2—Na_3AlF_6$；$3—NaC_{64}$；$4—C$；$5—CaF_2$；

$6—Al_2O_3$；$7—NaF$；$8—Na_4Fe(CN)_6$；$9—Al_4C_3$

在偏光显微镜下可以看到有很大的氟化钠晶体，与炭有明显的界面。在偏光显微镜下也可以明显看到冰晶石晶体，它们与炭的界面也很清晰，它们均匀分布在炭块裂缝中，而氧化铝颗粒则嵌布于炭块的孔洞中。同时，在氟化钠晶体周围有灰黑色斑纹，冰晶石的周围则更明显，该灰黑色斑块为碳化铝化合物。图 6-2 中的 X 衍射也显示出它的存在。它往往出现在氟化钠的冰晶石的周围，因此设想发生了下列反应：

$$4Na_3AlF_6(l) + 12Na(l) + 3C(s) \Longrightarrow 24NaF(s) + Al_4C_3(s)$$

冰晶石催化了上述反应的进行，从冰晶石熔体对铝和炭的润湿性考虑，这种推测是合理的。炭块中氟化钠的含量高于冰晶石的含量也是佐证。但也有人认为一部分 Al_4C_3 是炭与铝在高温下直接生成的：

$$4Al(l) + 3C \Longrightarrow Al_4C_3(s), \Delta G_{970℃} = -147kJ/mol$$

从热力学角度，该反应可以进行。

整体分析发现，电解质基本上处于炭块的裂缝中和孔洞里，用肉眼观察到。这是电解过程中渗透进入炭块中的电解液在温度低的地方结晶析出的。同时，也是催化作用下的 Al-C 化学反应的结果。

6.1.1.3 废旧阴极炭块中炭的结构

铝电解槽的阴极炭块主要由无烟煤构成。由于无烟煤属于无定形碳，在 X 衍射图中应为缓慢上升的坡峰。但图 6-2 中炭的峰接近于石黑晶体的峰，这表明废旧阴极炭块中的碳已由原来的无定形碳转化为石墨型碳，同时也证明了 Dell 提出的阴极炭块石墨化的论点。

由石墨化度计算公式，

$$g = \frac{0.3440 - d_{002}}{0.3440 - 0.3354} \times 100\%$$

$$d_{002} = \frac{\lambda}{2\sin\theta}$$

式中，0.3440 为完全未石墨化炭的层间距，nm；0.3354 为理想晶体的层间距，nm；d_{002} 为（002）面间距，nm；θ 为（002）面衍射角；λ 为入射 X 射线的波长。

计算出图 6 - 2 中炭的石墨化度为（$d_{002} = 3.372$）：$g = 77.91\%$。可知，此炭块的石墨化度已接近 80%。

无定形碳的石墨化要在 2400℃ 左右的高温下才有可能实现，而铝电解的温度仅有 970℃，石墨化的机理有必要加以探讨。但可以推测这与铝电解过程中冰晶石电解质的催化作用有关。

废旧阴极炭块的红外光谱如图 6 - 3 所示。除 2300 ～ 2400cm^{-1} 处的 CO_2 的强吸收峰外，没有很强的吸收峰，这进一步证明块粉不是表面结构复杂的无烟煤，而是具有晶体结构的石墨粉。

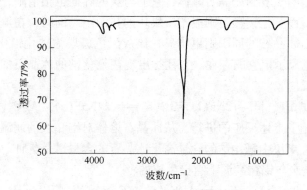

图 6 - 3　废旧阴极炭块中炭粉的红外光谱

6.1.1.4　废旧阴极炭块中有碳钠化合物的氰化物

X 衍射（如图 6 - 2 所示）还显示了两种新化合物的存在：碳钠化合物，通常写成 NaC_{64} 或 NaC_{32}；氰化物 $Na_4Fe(CN)_6$。它们是电解过程中伴生化学反应的产物。

NaC_{64} 和 NaC_{32} 的生成一直被认为是钠侵蚀的结果。在电解槽启动及后期管理中或更长一段时间内，电解槽内生成的金属钠大约 93% 被阴极材料吸收，使阴极内衬深层钠离子逐渐达到饱和，钠析出后进入碳晶格中以及晶格交界面上，钠与碳生成金属嵌合物。

研究发现这一过程是导致铝电解槽阴极破损，寿命降低的主要原因。因为钠进入炭的晶格，引起炭体膨胀，必然出现裂缝。于是侵入的电解质熔体在裂缝中沉积晶格，进一步加大了裂缝，导致更多电解质的侵入和结晶，最终破坏了阴极而不得不停产拆除，所以钠渗透被认为是炭阴极中存在电解质的主要原因。

电解槽启动初期钠渗透结晶膨胀、钠和电解质反应，发生钠吸收：

$$3Na(g) + Na_3AlF_6(l) \Longrightarrow 6NaF(s) + Al(l)$$

$$4Na_3AlF_6(l) + 12Na(g) + 3O_2(g) \Longrightarrow 2Al_2O_3(s) + 24NaF(l)$$

$$22Na_3AlF_6(l) + 68Na(g) + 17O_2(g) \Longrightarrow Na_2O \cdot 11Al_2O_3(s) + 132NaF(l)$$

$$32C(s) + Na(g) \Longrightarrow NaC_{32}(s)$$

$$4Na(g) + 3O_2(g) + 2C(g) \Longrightarrow 2Na_2CO_3(s)$$

Yap 专门研究过氰化物的分布和结构。氰化物多集中于钢质阴极棒附近和电解槽的侧部。有铁存在时，生成反应速度将加速，文献报道有两种氰化物，即 $NaCN$ 和 $Na_4Fe(CN)_6$。推测可能发生的反应是：

$$2C(s) + 2Na(l) + N_2(g) \Longrightarrow 2NaCN(s)$$

$$6C(s) + 4Na(l) + Fe(l) + 3N_2(g) \Longrightarrow Na_4Fe(CN)_6(s)$$

如图 6 - 2 所示，X 衍射只证明了 $Na_4Fe(CN)_6$ 的存在，废旧阴极炭块中氰化物毒性较大，在工业上已经发生过氰化物中毒的事件，应予以密切注意。

如上所述可知：

（1）在废旧阴极中有 NaC_{64} 和 Al_4C_3 及氰化物存在。

（2）氟化钠、冰晶石和氧化铝结晶于炭块的裂缝和孔洞中并与炭体有明显的界线。

（3）红外光谱证明废旧炭块本身具有较高的石墨化度。

（4）所得的实验结果可为废旧阴极炭块的综合利用提供理论依据。

（5）指明了防范氰中毒的重要性。此种氰化物，易受潮湿空气的侵袭而产生 HCN 气体，毒性非常大，应在处理废旧阴极炭块时严加防范。

6.1.2　废旧阴极炭块回收利用现状

国外对废旧阴极的无害化处理及回收利用的研究起步较早，据报道始于1946年，按其处理方法可分为处置工艺和回收工艺，目前已形成产业。然而，引进国外成熟技术的经济成本巨大，这使得国内铝生产商望而却步。我国从 20 世纪 90 年代初开始对废旧阴极的回收利用进行了研究。近年来，随着可持续发展战略的提出和民众环保意识的提高，对铝电解废旧阴极的回收利用的研究力度正在加大，越来越多的研究文章见诸报道。然而到目前为止，大部分研究仍处于实验室阶段，只有少数研究有工业试验报道，这一产业仍然没有大规模实现工业化。究其原因，主要在于大部分的处理方法虽然解决了废旧阴极污染环境的问题，却没有将其中的有价值成分充分利用，实现经济利益最大化。

废旧阴极的处理主要有两个要求，第一是无害化，第二是回收利用。无害化主要包括处理其中的氟化物和氰化物；回收利用则是利用各种不同的工艺，使其中的有用成分能有效地分离出来。目前世界上有多种处理废旧阴极的技术可分成几类：（1）根据各物质的物理性质的差异，如溶解性，表面性质，密度等把碳与氟化物分离；（2）采用热处理法来处理耐腐蚀的物质，如碳可以用高温燃烧掉；（3）采用化学浸出等方法处理氟化物和氰化物。

6.1.2.1 作为水泥制造中的补充燃料

水泥的组成为 $CaO\text{-}SiO_2\text{-}Al_2O_3\text{-}Fe_2O_3$ 系，它是一种大宗的廉价建筑材料。废旧内衬中的炭可作为水泥制造中的补充燃料，其中的碱金属氟化物可在炉料烧结反应中作为催化剂，因此可降低熟料烧结温度，并减少燃料用量。

废阴极炭块在干法水泥窑内作为燃料添加的燃烧法同样可以在水泥工业中应用，大部分水泥窑在回转窑的前端有一个燃烧器，该燃烧器能产生有效烧结所需要的高温（1500℃）。燃烧用空气经与热熟料的热交换被预热到很高的温度，并且在水泥窑中几乎能使任何种类的燃料燃烧。通常水泥窑用粉煤作燃料，所以用磨碎了的优选的废槽内衬可代替一部分煤。废内衬中的 Al_2O_3 和硅可作为部分原料，进入生产流程。

由于废旧内衬中含有很高的碱量，所以它不适用于制造低碱水泥，但是水泥原料中含量特别低的例外。此外，废旧内衬材料比较坚硬，所以它不能和煤（水泥窑的燃料）放在一起磨，而应该分开磨。内衬材料中有金属铝是不利的，因为它在水泥窑中不会很快地氧化，如果它残留在水泥成品中则是非常有害的，碱金属氟化物会使水泥窑内生成结圈。水泥的颜色也会因采用废旧内衬而有些改变。

我国山东铝厂用此种废旧炭阴极材料作为铝土矿烧结过程中的补充燃料，这也是一种比较好的用途。

6.1.2.2 作为熔铁冲天炉的燃料与萤石代用品

目前在钢铁工业中，熔铁的冲天炉内，需要冶金焦作燃料，萤石作熔剂。冶金焦和萤石都是比较昂贵的原材料。废槽阴极材料中所含的炭正好可作为燃料代替冶金焦，废旧阴极中同时含有相当多的氟，故可利用氟盐与石灰石混合作添加剂代替萤石。美国进行的实验结果表明，冲天炉可以正常运转，其熔渣的流动性得到改善，硫和磷含量也降低了，产品铸铁的质量良好。在向电弧炉添加废槽内衬时，废槽内衬通常被粉碎到 15~50mm，并按一定比例与石灰混合。更细的颗粒（0.6~2mm）可与冶金焦混合用于处理泡沫熔渣。

6.1.2.3 燃烧法处理废旧阴极炭块

燃烧法即将废旧炭块粉碎后，添加粉煤灰、石灰石等添加剂，控制有害物质的燃烧分解条件。其中氰化物在300℃时约99.5%可以分解消失，加热到400℃

时约99.8%分解消失，而到700℃以上时可以达到100%分解，首先达到了无害化，同时利用了其中炭素材料的热能。废槽衬的火法处理过程较复杂，其化学反应机理有待进一步深入研究。其中有害物质存在如下反应：

$$2NaCN + 4.5O_2 = Na_2O + 2NO_2 + 2CO_2$$
$$2NaCN + 4O_2 = Na_2O + N_2O_3 + 2CO_2$$
$$2NaF + CaO + SiO_2 = CaF_2 + Na_2O \cdot SiO_2$$
$$2NaF + 3CaO + 2SiO_2 = CaF_2 + Na_2O \cdot SiO_2 + 2CaO \cdot SiO_2$$

中国铝业郑州研究院开发出 Chaleo—SPL 工艺，其处理是在回转窑中进行的，生料以一定的喂料速度均匀连续地加入回转窑中，保持高温带温度大于900℃，物料在高温带充分反应，熟料进入冷却机冷却、出料。烟气经冷却、收尘，送电解干法净化系统回收气态氟化物。中国山东铝厂在氧化铝生产中，把废旧炭阴极材料磨细后，在回转窑内作燃料，生产氧化铝烧结块。废旧炭块作为燃料还被用于铸造工业、石棉厂和火力发电厂家。还有些国外的公司把废旧阴极炭块用来做垃圾焚烧站的燃料，以及作为锅炉燃料，提供热水生活福利等。

6.1.2.4 高温水解法处理废旧阴极炭块

美国凯撒铝公司用高温水解法处理废旧阴极材料，在1200℃高温下，燃烧废旧内衬材料，并通入水蒸气使之与氟盐起反应，生成 HF 气体，此时材料中所含的氰化物亦分解。HF 用水吸收后，得到25%的水溶液，可用来制造工业氟化铝（AlF_3）。因此，废旧阴极材料对于环境的污染弃置问题可得以解决。所用的主要设备是一台用耐火砖砌筑的循环流化床反应器，其内径为0.5m，高为0.7m；还有两台用耐火砖砌筑的旋风收尘器，把颗粒物料送回反应器，以维持流化床的循环流动。空气、水蒸气及小于1mm 的细粒从反应器的底部供入。反应器中产生的高温气体用水或弱酸淋洗后，通过袋滤器，进入吸收塔，残余气体在碱式洗涤器内处理。高温水解法中发生的化学反应主要是：

$$NaF + H_2O = NaOH + HF(g)$$
$$2NaF + Al_2O_3 + H_2O = 2NaAlO_2 + 2HF(g)$$

原始材料所含的炭，铝的化合物、氟盐等有用物质，经处理后得到氢氟酸和铝酸钠溶液，前者可合并到拜耳法流程中制造氧化铝。

6.1.2.5 浮选法处理废旧阴极炭块

如前面所述，直接利用废弃阴极炭块作冲天炉或回转窑的燃料，也是可以考虑的，但会使大量价值很高的氟盐缺失。而高温水解法需要1200℃的高温，而且设备较为复杂，成本很高。选用浮选法来综合回收废旧炭阴极材料，不仅能使材料中炭和冰晶石等有价值的物料充分回收，并在处理中同时使氰化物分解，达到无害化。

A 浮选法原理

浮选法是利用特定的浮选剂从浆料中选取物质的一种分离方法。

废旧阴极炭块的偏光显微镜结构分析表明，浸入的电解质 NaF、$NaAlF_6$、Al_2O_3 等分布在炭块的裂缝与孔洞中，并和炭有明显的界面，通过物理破碎可以将二者分开。根据实验室和半工业试验测试，粉料的粒度 165~100μm（100~150 目）较适宜。废炭块中的碳，其石墨化度达 80%，有些甚至达到 95%，与电解质的表面疏水性差异很大，并且电解质分布在炭块的裂缝和孔洞之中，与炭有明显的界面，通过物理破碎完全可以将二者解离开，这是废炭块浮选工艺的基础。而废旧阴极炭块中的碳钠化合物是容易水解的，遇水则分解，所含有的少量氰化物（约为 0.1%~0.2%），可在工艺流程中添加适量的分解剂（例如漂白粉）使之分解，化为无害物质。

同时，选择合适的浮选剂是浮选法的关键。目前有人把水玻璃和 AH_6 的联合使用作为碳的浮选剂。AH_6 是一种高分子化合物，来源广，价格便宜，它与水玻璃联合能消除碳对电解质表面的污染，增大碳和电解质之间的可浮性差异，提高选择性，使碳和电解质得到良好的分离。

浮选废水可循环利用。当浮选废水中的杂质含量达到一定程度时需要添加石灰使其沉淀，此种沉淀物氟化钙是有用的。废水经过净化后，仍可循环使用，其中的微量氰化物可用分解剂处理，使它变成无害物质。

B 浮选法流程

浮选法处理废旧阴极材料的具体流程为：把废旧阴极材料经过粗碎、中碎，然后细碎成粉料，粒度为 165~100μm（100~150 目）。然后调浆进入浮选机（视浮选情况可以采取粗选和精选结合的办法，确定粗选和精选的次数和组合，最后再扫选一次，可以保证浮选的完全）。浮选后，得到溢流泡沫（产品炭）和底流（产品固体电解质）。此种炭可重新用于制造新的阴极炭块，或用作底糊原料。此种固体电解质还含有少量（质量分数约 5%）的炭，这需要在 400~600℃下加热，使其燃烧掉，得到 98% 以上纯度的电解质，主要是冰晶石和氧化铝，还有价值很高的氟化锂（2.7%），可以返回用于铝电解，供电解槽启动时应用。具体的工艺流程如图 6-4 所示。

C 浮选法分离废旧阴极的研究进展

卢惠民、邱竹贤等人采用从废阴极炭块的性质出发，通过小型实验，研究制订了废阴极炭块的浮选法综合利用工艺。浮选炭粉用于制造铝电解阴极的配料，浮选电解质经 600℃焙烧后再用作铝电解质，浮选废水用漂白粉处理后达到排放标准。浮选法分离含碳量为 53.48%（质量分数）的废旧阴极，捕收剂为煤油，调整剂为水玻璃和 AH_6，发泡剂为二号油，精矿碳品位 91.2%，碳回收率

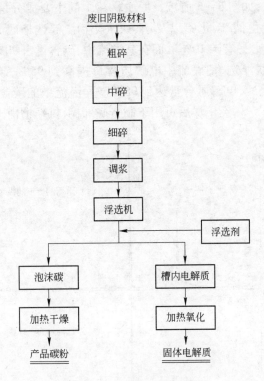

图 6-4 浮选法工艺流程

95.02%，尾矿含碳量 4.98%，电解质回收率 90.33%，取得了较好的分离效果。工艺流程简单，易于工业化推广。

刘志东，俞小花等人对废旧阴极内衬的分析，采用碱浸浮选法对其进行处理，回收其中的有用成分，将有害物质分解，从而保护环境。碱浸过程中，通过对碱用量、温度、反应时间和液固比这些单因素的分析，确定了最佳反应条件。炭的纯度提高到 83.61%，回收了 Na_3AlF_6 和 NaF；浮选实验有效地分离了炭和电解质，最终炭的纯度达到 95%，电解质纯度为 98%；最后用漂白粉对实验废水进行处理，分解有害的氰化物并回收 CaF_2。

李楠，李荣兴等人通过元素分析和显微结构分析检测了使用寿命不同的三种废旧阴极 SPL1（1016 天）、SPL2（1560 天）和 SPL3（1936 天），结果表明废旧阴极使用寿命越长，碳含量越低，电解质在碳基体中的渗透情况越复杂，嵌布粒度越细。浮选实验采用煤油为捕收剂，碳进入泡沫相，而电解质留在矿浆中。浮选过程中，磨矿粒度小于 200 目的占 90%。实验结果表明，废旧阴极使用寿命越长，分选效果越差，建议对废旧阴极按照使用寿命进行分类堆存，并优化浮选条件和药剂制度，从而改善低碳含量废旧阴极的分选效果。

用 X 射线衍射技术分析了浮选前所用的废旧炭阴极材料以及浮选后所得的电

解质和炭粉的组成,如图 6-5 所示。原始材料中的主要成分是碳、冰晶石和氟化钠,还有氟化锂、碳化钠、碳化铝以及钠、铁氰化物。浮选槽底流中电解质的含量(质量分数)占 90%,另有碳 10%。而在其溢流中,碳含量占 90%,电解质占 10%。为此,采用多级串联浮选,使底流中电解质含量提高到 95%,碳含量降低到 5%。经 500~600℃煅烧后,电解质含量达到 98%。而溢流中的碳含量也提高到 95%,电解质含量降低到 5%,经干燥后可用于制造底部糊,供新槽铺砌用。

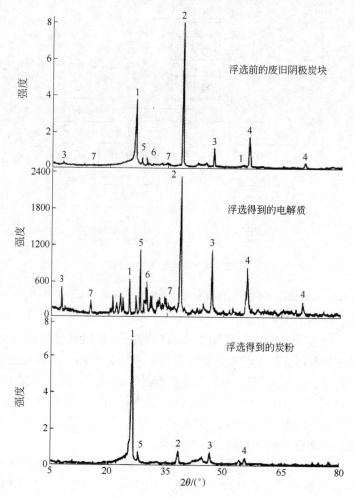

图 6-5 浮选物的 X 衍射谱图

1—C; 2—3NaF·AlF$_3$; 3—NaAl$_{11}$O$_7$; 4—Al$_2$O$_3$; 5—NaC$_{64}$; 6—LiF; 7—Na$_4$Fe(CN)$_6$

6.2 炭渣的综合利用

在铝电解生产过程中,200kA 预焙槽阳极炭块的消耗速度为 1.44cm/d 左右,使用周期一般为28d,阳极炭块被电解反应逐渐消耗,其中的炭粉和灰分杂质进入电解质和铝液中形成炭渣。炭渣对铝电解质熔液电导率的影响非常显著。当电解质中的炭渣含量达到一定浓度时,电解质的比电阻增大,使电解质电压升高,导致电解槽增加额外的工作电压;当电解质中的炭渣含量过高时,电解质电压升高,使电解槽收入过多的热量,引起电解质熔液过热,槽温上升,给正常生产带来影响;更甚将会导致热槽。当电解质熔液表面漂浮大量炭渣时,炭渣将影响电流阴阳极之间的流通,使部分电流进入阴极侧部,造成部分电流的损失。由此可见,电解质中漂浮的炭渣是铝电解生产过程中不可忽略的问题。因此,在铝电解槽正常生产过程中,处理电解质中的炭渣成为铝电解生产者的主要作业之一。

据统计,每生产1t原铝约外排5~15kg炭渣,由于受电解质的浸泡和渗透,炭渣中电解质含量很高,约占炭渣总量的60%~70%,成分主要是冰晶石、亚冰晶石。少量氧化铝和氟化钙。目前铝电解产生的炭渣一般是作为废物抛弃或用作燃料消耗。作为废物抛弃时污染环境,炭渣燃烧后其电解质进入灰渣,白白浪费了高附加值的电解质。因此研究铝电解炭渣中电解质的回收工艺很必要。

6.2.1 炭渣简介

6.2.1.1 炭渣的产生

当前工业铝电解槽所用电极都是由炭素材料制作的,由于炭素材料的不均质性,在电解生产金属铝过程中,炭渣的产生是不可避免的。炭渣产生的原因有:

(1)阳极氧化掉渣。电解槽运行中阳极炭块表面氧化脱落掉渣,主要原因是阳极在电解质中选择性氧化导致炭块中活性较大的沥青结焦先消耗,从而破坏了固定炭粒的碳网,增加了阳极表面的粗糙度,被阳极气体冲蚀而使焦粒脱落,形成炭渣。预焙阳极炭块是由石油焦、沥青焦、沥青通过破碎、煅烧、混捏和成型后焙烧而成,采用的原材料或工艺直接影响着阳极炭块的质量,而炭块质量是铝电解生产中阳极氧化掉渣的主要原因。

(2)阳极氧化及阴极剥落。在铝电解生产过程中,由于阳极升降使阳极与边部结壳之间形成缝隙、下料点阳极外露等原因,高温的阳极表面极易氧化脱落形成炭渣。如果在生产管理过程中,没有及时处理边部烧空、极缝、下料点阳极外露等情况,就会导致阳极氧化产生炭渣;另一方面,铝电解槽启动后阴极由于钠的渗透,电解质溶液和铝液的侵蚀和冲刷,导致体积膨胀,变得疏松多孔,剥落形成炭渣。

(3)二次反应。铝电解过程中的二次反应生成炭渣,主要原因是溶解在电解质溶液中的铝将阳极气体中的CO_2和CO还原成C,在电解质溶液中形成细微的游离态炭渣,即

$$4Al(溶解) + 3CO_2 \Longrightarrow 2Al_2O_3 + 3C$$

根据多年的生产经验，正常生产情况下二次反应生成的炭渣量很少且可控。但在生产工艺有利于二次反应加剧的情况下，二次反应也是电解生产过程产生炭渣的一个因素。

（4）操作不当带来的机械损失。

6.2.1.2 炭渣的组成

用 X 衍射仪分析炭渣组成得出炭渣中主要含有碳和电解质。电解质的主要组成包括冰晶石、亚冰晶石、氧化铝、氟化钙、氟化镁、锂冰晶石、氟化铝等。电解质内各组分的相对含量见表 6-3。

表 6-3　炭渣中电解质的主要组成及含量　　　　（%）

电解质成分	Na_3AlF_6	$Na_5Al_3F_{14}$	CaF_2	Al_2O_3	Li_3AlF_6	LiF	MgF_2	AlF_3
质量分数	64.2	10.2	5.6	5.1	4.1	2.1	3.5	3.2

从表 6-3 中可以看出，冰晶石和亚冰晶石的含量最高，约在电解质总含量的 74.4%。

炭渣的化学分析结果见表 6-4。从中可以看出电解质含量约为 60%，碳含量约为 40%。对电解铝企业来说，炭渣确实是一种很有利用价值的"废料"。

表 6-4　炭渣的化学元素分析　　　　（%）

元　素	Na	Al	F	C	其　他
质量分数	13.81	8.42	29.61	41.53	6.63

从经济上看，以年产铝 20 万吨，每吨产出炭渣 15kg 计算，每年总产出炭渣 3000t，其中电解质占 1800t，碳 1200t。按回收率 80% 计算，每年可回收约 1000 万元。建立一座日处理量 7t 的浮选厂，当年便可收回全部投资，并取得经济效益。

6.2.1.3 粒度分析

炭渣的综合筛分结果见表 6-5。

表 6-5　炭渣试样的粒度特征

粒度区间/mm		>0.9	-0.9 +0.45	-0.45 +0.25	-0.25 +0.15	-0.15 +0.105	-0.105 +0.076	-0.076 +0	合计
分布率/%	个别	40.7	21.4	6.8	5.1	10.5	4.2	11.3	100
	累计	40.7	62.1	68.9	74	84.5	88.7	100	

从炭渣试样的粒度特征来看，大于 0.45mm 的占 62.1%，小于 0.076mm 的

占 11.3%。实践证明，炭渣的适宜浮选粒度为 0.45 ~ 0.076mm，而且不超过 0.15mm 的粒度占总磨矿粒度的 75% ~ 85% 时，浮选的电解质品质最好，生产率也比较高。磨矿粒度大，炭和电解质不能很好地单体分离，磨矿粒度小，浮选的效果不理想，炭浆中电解质的含量将增大，电解质的回收率降低。所以，炭渣在浮选前必须要经过磨矿，并使粒度不超过 0.15mm 的磨矿料控制在 75% ~ 85% 以内。因此，炭渣浮选前必须进行磨矿。在炭的磨矿过程中易产生过粉碎。但实际操作中也不宜采取先将细级别筛出，然后将粗级别磨矿，而后再混合浮选的方法。所以，炭渣试样最适宜的浮选粒级，需根据浮选试验结果来确定，既要使炭与电解质单体分离，又要不产生过粉碎现象。

6.2.1.4 炭渣对铝电解生产的影响

电解质中碳含量与电导率的关系如图 6 - 6 所示。一般电解质中碳含量（质量分数）为 0.05% ~ 0.1% 时，对电解质的电导率无大影响，当达到 0.2% ~ 0.5% 时，电导率开始降低，达到 0.6% 时电导率大约降低 10%。

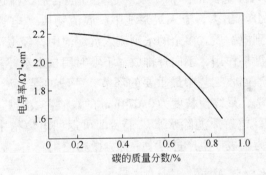

图 6 - 6　电解质中碳含量与电导率的关系

由此可见，炭渣对铝电解质熔液电导率的影响非常显著。当电解质中的炭渣含量达到一定浓度时，电解质的比电阻增大，使电解质电压降升高，电解槽增加额外的工作电压；当电解质中的炭渣含量过高时，电解质电压升高，使电解槽收入过多的热量，引起电解质熔液过热，槽温上升，给正常生产带来影响；更甚将会导致热槽。当电解质熔液表面漂浮大量炭渣时，炭渣将影响电流阴阳极之间的流通，使部分电流进入阴极侧部，造成部分电流的损失。由此可见，电解质中漂浮的炭渣是铝电解生产过程中不可忽略的问题。因此，在铝电解槽正常生产过程中，处理电解质中的炭渣成为铝电解生产者的主要作业之一。

电解质中含炭渣的主要表现特征是：电解质较脏，且发黏，两水平界限不清晰；槽温高，火苗黄而无力；槽电压自动上升，含碳处表面不易结壳；电解质局部不沸腾或微小滚动。

6.2.2 炭渣的回收利用——浮选技术

6.2.2.1 浮选工艺过程

把炭渣中的碳和电解质分别提取出来，采用的是浮选的方法。实际上就是利用这两种物质不溶于水以及密度不同的特点，在浮选药剂的作用下使之分离。具体工艺过程如下：

（1）磨炭渣。磨炭渣是关键工序，磨矿质量直接影响电解质的品质和产量。磨渣时采用人工喂料，每分钟14kg左右，并在球磨机出料口处加一定量的水，使磨后矿浆浓度为70%，调整球磨机配球比例和总装球量，使粒度分布不超过0.15mm的矿磨料为80%。

（2）加入浮选药剂。将球磨机出口处的浓浆按1:1的比例加水稀释后流入搅拌槽，边搅拌边加入浮选药剂。常以水玻璃、AH_6或与其性质类似物质为调整剂，以煤油、2号油或与其性质类似物质作为捕收剂和起泡剂。

（3）浮选。加入浮选药剂的稀矿浆经过充分混合后，流进浮选机浮选。浮选机将上面的炭浆分离出去，流入炭浆池中。底流物质（电解质）从侧部流入沉淀槽中沉淀后得到电解质。多余的水则流入沉淀池中，经澄清后抽入高位水箱中备用。生产用水循环作用，不向外排放，不够时用自来水补充。

浮选流程是炭渣回收工艺中最重要的环节，一般的浮选流程分为两次粗选、三次扫选、三次精选，最终使粒度为0.074mm的炭渣占炭渣总量的70%。

（4）干燥备用。电解质滤除水水烘干后即可返回电解槽中使用。炭粉滤除水水干燥后，作为阳极糊生产过程中一部分微粉使用。

6.2.2.2 炭渣浮选结果

A　精选结果

实验室炭渣浮选流程如图6-7所示。

按照此流程一次精选后得到的结果见表6-6。

表6-6　精选实验结果

精选条件	产品名称	产率/%	品位/%		回收率/%	
			碳	电解质	碳	电解质
水玻璃0.25kg/t；煤油0.2kg/t；2号油20g/t	K_1	53.01	4.76	95.24	6.11	86.05
	K_2	40.11	91.57	8.43	88.87	5.76
	W	6.88	30.17	69.83	5.02	8.19
	原样	100	41.33	58.67	100	100

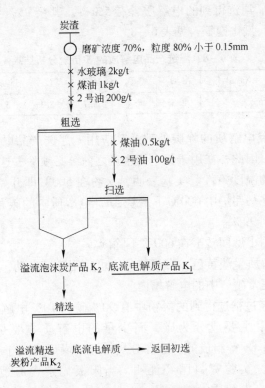

图 6-7 炭渣的浮选流程

从实验结果看出，粗选泡沫炭产品经一次精选后得到碳含量为 91.57% 的底流产品。

B 浮选结果

按照上述炭渣浮选流程统计平均浮选指标见表 6-7。炭渣的浮选产品有两种，即含有少量碳的电解质和含有少量电解质的炭粉。电解质中碳的含量（质量分数）约为 5%，而炭粉中电解质含量约为 8%。

表 6-7 炭渣浮选统计平均指标

产品名称	产率/%	品位/%		回收率/%	
		碳	电解质	碳	电解质
底流电解质 K_1	53.00	4.88	95.12	6.22	86.25
泡沫炭产品 K_2	47.00	91.57	8.43	93.78	13.75
原 样	100	41.55	58.45	100	100

C 浮选产品

浮选产品如下：

（1）电解质。浮选得到的电解质含有 5% 碳。其余 95% 为冰晶石、氧化铝、氟化钙、氟化镁、氟化锂等，见表 6-8。

表 6-8 浮选产品电解质的 X 衍射分析结果

成　分	$Na_3AlF_6 + Na_5Al_3F_{14}$	Al_2O_3	CaF_2	MgF_2	LiF	Li_3AlF_6	AlF_3	$Ca_3Al_2O_6$
质量分数/%	65.2	8.3	7.4	3.7	2.1	5.2	2.1	1

（2）浮选产品电解质的除碳处理及其应用。浮选产品电解质中的少量碳影响电解质的使用。因此，在用于铝电解生产之前，必须除去这部分碳。实验研究了将其灼烧除去的温度条件。实验表明，炭粉在 500℃ 即开始燃烧，到 600℃ 可加速其燃烧。故在马弗炉中 600℃ 下焙烧 4h，电解质中的碳和水分可基本除尽。剩余的电解质达到 99%。

工业上可选用小型回转窑在 600℃ 下除碳。

焙烧后的电解质呈淡黄色，带浅红色，可应用于槽启动，以及以少量掺入新冰晶石中，加入正常生产中的电解槽内。

（3）炭粉。经过精选得到的炭粉中有 90% 碳和 10% 电解质，X 衍射谱所显示的组成表明其中主要成分为碳，而少量的电解质主要是由冰晶石，其次 Li_3AlF_6、AlF_3、Al_2O_3 等组成的。这部分炭粉经干燥后可用于铝电解自焙阳极制作阳极糊的原料。实验资料已经证明，当阳极糊中含有适量冰晶石、AlF_3、Al_2O_3 时，能够补充电解质的消耗量，而且冰晶石和锂盐可以降低阳极过电压，降低铝电解能耗。因此这部分炭粉用作自焙阳极原料的配料在技术上是有利的。但要考虑到，配制阳极糊时，从炭渣带来的电解质不宜超过糊量的 1%。根据计算，每吨阳极糊中加入 50kg 精选炭粉是可行的。在预焙阳极电解槽，可用它制造底糊，供砌筑新槽用。

D　浮选法存在的不足

（1）浮选法对电解质的回收率低，约 80%。

（2）回收炭粉含电解质高，约 10%，不能直接用于生产炭素制品。

（3）回收电解质含碳高，约 5%，不能直接返回电解槽使用。

（4）浮选法回收的电解质由于夹杂浮选剂，发黏，易堵下料器，不能用于浓相输送，必须进行焙烧除去碳和浮选剂后才能使用。

（5）浮选废水中氟离子含量约 100mg/L，高于外排工业废水允许限值 10mg/L，不能直接外排，必须进行废水处理。

上述不足导致浮选法工艺流程长、处理成本高、工业可操作性差，至今未得到工业应用。

7 铝灰的综合利用

将工业固体废渣资源化并用于生产新材料，是目前解决工业生产中产生的各种废料对环境带来严重问题的有效手段。铝渣灰是一种产量大、污染严重的工业废渣，主要来源于电解铝厂、铝型材厂、铸造铝合金厂等铝冶炼企业，是电解铝工业和铝材、铝制品生产过程中产生的固体废物（包括尾矿、赤泥、煤灰等其他固体废物）中数量不小的部分，而且成分比较复杂，占渣总量 1/3 ~ 1/2 的金属铝是可以回收利用的。通常这些铝回收后，剩下的残渣被称为铝灰。在电解铝和铝合金铸造与熔炼过程中都会产生铝灰，通常把这些统归为金属烧损。据资料显示，一般生产 1t 成品铝锭要产生 30 ~ 50kg 铝灰；而对于铝加工行业来讲，根据生产合金品种不同所产生的铝灰量也不同，例如生产 1t 铝箔所产生的铝灰为 50 ~ 100kg。铝灰具有一定的化学活性，容易与水反应，它被作为垃圾遗弃遇到雨水发生反应会产生有害的氨和碳化氢，会造成二次污染，既污染环境，又需要大量的处置场地，且处理费用高。因此，加强对铝灰的综合利用已势在必行。铝灰的主要成分是 SiO_2 和 Al_2O_3，SiO_2 的质量分数一般在 5% ~ 20%，Al_2O_3 的质量分数一般在 43% ~ 75%，具有很高的回收价值。有数据表明，铝灰的化学组成与我国优质铝土矿相当，可作为再生资源加以利用。并且铝灰中含有一定量的铝，在许多应用领域，铝灰比铝土矿更具优越性能。目前国内外都大力研究铝灰的回收利用，主要集中在用作净水剂、混凝土或建筑材料，冶金炉料，铝盐的回收和无机材料等，但这些方法普遍对铝灰利用率不高，而且还会产生二次污染。因此，找出一种既可以大量利用铝灰，又不会污染环境的方法成为现在研究的焦点。

7.1 铝灰的简介

铝灰是在一次和二次铝工业中所产生的一种废弃物。工业上金属铝的生产始于用拜耳法从铝矾土中获得氧化铝。在霍尔工艺中，氧化铝通过电化学方法熔炼出金属铝。为了防止熔融金属铝的氧化，在熔炼过程中通常会加入冰晶石（Na_3AlF_6），这样也就导致了大量铝灰的产生。在这一过程中产生的铝灰通常含有 80%（质量分数）以上的金属铝，被称为白灰，白灰可以作为二次铝工业的原料。从白灰中回收金属铝的传统方法为熔盐法（通常为 NaCl 和 KCl 的混合物加入了少量的冰晶石或 CaF_2）和电弧法。在熔盐法中，熔盐的加入可以促进铝和渣的分离，并且可以防止铝液的氧化，其产生的废弃物（二次铝灰）通常含有5%～20%（质量分数）的金属铝和大量的可溶性盐，被称为黑灰，而那些金属铝含量在5%～10%（质量分数）之间的又被称为盐饼，其流程如图7－1所示。而电弧法回收金属铝后产生的二次铝灰中则基本不含可溶性盐。

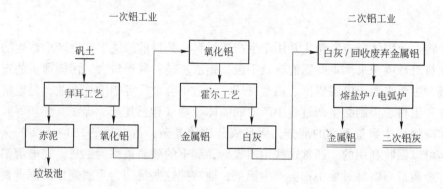

图7－1　铝工业流程

铝灰的成分会随着各生产厂家的原料及操作条件不同而略有变化，但铝灰中通常都含有金属铝，铝的氧化物、氮化物、碳化物和盐，其他金属氧化物（如SiO_2、MgO）以及一些其他成分。其中SiO_2的质量分数一般在5%～20%，Al_2O_3的质量分数一般在43%～75%。铝灰中含有很多会对环境产生直接或间接危害的元素或化合物（如铝灰中的Al_4C_3和AlN遇水会分别产生CH_4和NH_3），如果直接将其填埋会对环境造成严重威胁。

目前，全世界铝的产量和消费量都超过了2700万吨/年，并且每年以1%～3%的速度递增。近几年，我国铝生产能力及产量也大幅增加，已经占世界原铝产量的1/4以上。铝在冶炼过程中将产生1%～3%的铝灰。随着铝工业的发展，铝灰的回收和利用已经成为世界性的问题。

7.2　铝灰的综合利用现状

7.2.1　回收铝

目前国内外从铝灰中回收铝的方法有很多，大体上可以分为两大类，即：热处理回收法和冷处理回收法。有报道称通过这些方法处理后，铝的回收率可达70%以上。

热处理回收法主要是针对一次铝灰（白灰），这种铝灰的铝含量通常在80%以上。这种方法主要是通过两种形式实现，一种是利用铝灰本身的热量，再加入一些添加剂（主要为盐类），通过高温搅拌使铝灰中的金属铝熔化，由于金属铝和铝灰不润湿，且金属铝的密度大，会沉入底部，从而实现金属铝和铝灰的分离。此方法的优点是操作简单,但在高温下对铝灰进行搅拌会产生大量的烟尘对环境造成污染。并且通过此方法处理后的二次铝灰含有大量的可溶性盐,对后续的处理造成了很大的困难,容易引起二次污染。热处理回收法的另一种形式是通过外加热源(如旋转电弧炉、等离子电弧炉等)对铝灰进行加热,从而使金属铝熔化,以实现铝和铝灰的分离。此方法的突出优点是污染小,并且处理后的二次铝灰中没有可溶性盐,有利于后续处理,但运用这一方法会消耗大量能源,成本高。

冷处理回收法主要是针对二次铝灰。通过热处理回收法处理后的铝灰依然含有一定量的金属铝,冷却后的金属铝形成小颗粒,一般采用筛选、重选、浮选或电选法回收其中的铝。

7.2.2 回收盐

从铝灰中回收盐包括回收铝灰中的可溶性盐(如 NaCl、KCl 等)和用铝灰合成铝酸盐(主要为铝酸钠和铝酸钙)两项内容。

从铝灰中回收可溶性盐主要是针对通过熔盐法回收金属铝后的二次铝灰(黑灰或盐饼),这种铝灰中含有大量的可溶性盐。其回收方法主要是利用高温高压或控制 pH 值使铝灰中的盐溶解,然后经过过滤提纯而将其回收。例如,先通过加入盐酸将 pH 值控制在 6 ~ 7 之间进行一次过滤,溶出一部分盐,然后将滤渣在 pH 值 8 ~ 9 之间(通过 NaOH 或 KOH 调节 pH 值)二次溶解过滤就可以将剩余的可溶性盐溶出,之后通过提纯就可以将其回收。此方法的缺点是会产生大量的废液,并且提取可溶性盐后的铝灰如不用其他方法回收也会造成污染。

用铝灰合成铝酸钠的方法是将去除可溶性盐后的铝灰溶于 NaOH,铝灰中的金属铝和 Al_2O_3 会和 NaOH 反应生成铝酸钠,然后经过过滤、提纯就可以得到铝酸钠产品。用铝灰合成铝酸钙则是将铝灰和 CaO 一起经过高温煅烧,最终得到铝酸钙。

7.2.3 回收氧化铝

从铝灰中回收氧化铝的主要工艺过程如图 7 - 2 所示。

图 7 - 2 回收氧化铝工艺流程

在加酸反应期间要控制温度在 90℃ 左右,硫酸的浓度在 30%(体积分数)并且溶入铝灰的量为 10%(质量分数)时可以溶出铝灰中 88%(质量分数)的氧化铝。此方法虽然可以降低氧化铝的生产成本，但是工艺较复杂，在水洗时会产生例如氨气、甲烷等有害气体，并且会产生大量废液，如不妥善处理会对环境造成危害。

7.2.4 合成净水剂

以铝灰为原料合成的净水剂主要包括硫酸铝、碱式氯化铝和聚合氯化铝。

硫酸铝可以除去水中的磷酸盐、锌、铬等杂质，还可以除菌、控制水的颜色和气味。其具体工艺流程如图 7-3 所示。如果在铝灰和硫酸反应前先去除铝灰中的可溶性盐，并且控制酸的浓度为 50%（体积分数），于 90℃下搅拌溶解 1h，可以将铝灰中 95% 的 Al_2O_3 溶出。

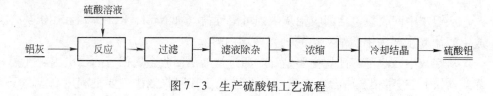

图 7-3　生产硫酸铝工艺流程

碱式氯化铝也是一种非常常见的净水剂，用铝灰合成碱式氯化铝的工艺流程如图 7-4 所示。

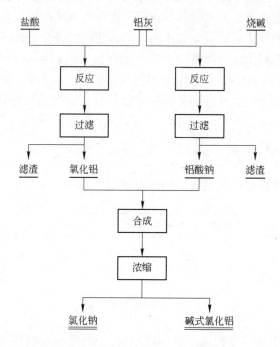

图 7-4　生产碱式氯化铝的工艺流程

聚合氯化铝（PAC）是水处理中常用的一种无机高分子絮凝剂，具有混凝能力强、用量少、净水效能高、适应力强等特点，已广泛应用于工业废水和生活废水的处理，另外在铸造、医药、制革、造纸等方面也有广泛的用途。用铝灰合成聚合氯化铝的方法不尽相同，其共同点是将去除可溶性盐后的铝灰与浓盐酸反应，然后聚合，最终得到产物。

用铝灰制备净水剂硫酸铝、碱式氯化铝和聚合氯化铝有一个共同的缺点就是铝灰在与酸或碱反应时会产生氨气、氢气、甲烷等有害气体。

7.2.5 耐火材料

经过回收金属铝后的二次铝灰的主要成分是 Al_2O_3，其次是 SiO_2、MgO、CaO 等，与我国优质铝矾土矿的成分接近。因此有许多人在用铝灰合成耐火材料方面做了大量工作，主要包括如下几个方面。

（1）用铝灰生产棕刚玉。以无烟煤作还原剂、铁屑作沉淀剂、以预处理后的铝灰为原料生产棕刚玉的工艺流程如图 7－5 所示。

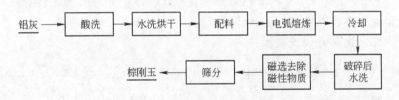

图 7－5　生产棕刚玉工艺流程

铝灰在熔炼过程中，SiO_2、Fe_2O_3 和 TiO_2 会被碳还原为金属：

$$SiO_2 + 2C \Longrightarrow Si + 2CO$$

$$Fe_2O_3 + 3C \Longrightarrow 2Fe + 3CO$$

$$TiO_2 + 2C \Longrightarrow Ti + 2CO$$

铝灰熔炼生成的金属进入熔融的铁屑中，形成硅铁合金。硅铁合金因密度较大下沉至炉底，同时使残留在溶液中的少量 Si，Ca 和 Ti 的氧化物向炉缸的边上浮去，达到纯净氧化铝的目的。纯净的氧化铝也在熔炼中经过一系列的相变过程，最后获得棕刚玉：

$$Al_2O_3 \cdot H_2O \text{ 及 } Al_2O_3 \cdot 3H_2O \xrightarrow[\text{脱水}]{500 \sim 550℃} \gamma\text{-}Al_2O_3 \xrightarrow{950 \sim 1200℃} \alpha\text{-}Al_2O_3$$

$$\xrightarrow{2050℃} \alpha\text{-}Al_2O_3（\text{熔融态}） \xrightarrow[\text{冷却结晶}]{2030 \sim 1800℃} \alpha\text{-}Al_2O_3（\text{三方晶系}）（\text{物理刚玉}）$$

但是此方法存在着局限性：1）需要铝灰中的 Al_2O_3 含量高；2）水洗后的铝灰中大量金属铝水化，导致金属铝减少，不利于还原反应；3）碳热还原 SiO_2、Fe_2O_3、TiO_2 等氧化物，和铝热还原相比，容易引入过多的碳，生成碳化物，影响最终产品的性能。

（2）将水洗去除可溶性盐后的铝灰与铝矾土熟料细粉或菱镁矿粉（或轻烧氧化镁粉）混匀后压制成型，通过电熔的方法制备电熔刚玉或镁铝尖晶石复合材料。其具体方法是：按质量分数将 20% ~ 90% 的铝灰与 10% ~ 80% 的铝矾土或含镁化合物混合，压制成坯，在 1800 ~ 3000℃ 条件下电熔冶炼，冷却后取出，然后破碎、分离，得到电熔刚玉或电熔镁铝尖晶石复合材料。其中含镁化合物为碳酸镁、氧化镁中的一种或两种。此方法主要是利用铝灰中的金属铝、氮化铝等非氧化物为主要还原剂，熔融还原铝矾土或铝灰中的 SiO_2、Fe_2O_3、TiO_2 等氧化物，因此电耗低，环境污染减少，所制备的电熔刚玉或镁铝尖晶石复合材料具有碳含量低的特点。但是存在对铝灰成分的利用不完全，浪费大的缺点。生产镁铝尖晶石只利用了铝灰中的金属铝、氧化铝或金属铝、氧化铝和氧化镁。但铝灰中含有的一定量的有用成分 SiO_2 和 AlN 会被浪费掉。

（3）用水洗后的铝灰合成 $(Mg_{1-x}, Si_x)Al_2O_4$ 尖晶石。其具体过程如下：工业铝灰首先要除去可溶于水的碱金属的卤化物（将水加入铝灰中并在 100℃ 下放置 72h），这样处理后，将残留的铝灰粉在 100℃ 下干燥 24h，然后制成试样，放进一个感应加热容器中加热到 1814℃ 使其生成 $(Mg_{1-x}, Si_x)Al_2O_4$ 尖晶石。其反应可以用如下化学方程式表示：

$$xSiO_2 + (1-x)MgO + \left(1 - \frac{x}{3}\right)Al_2O_3 + \frac{2}{3}xAlN = (Mg_{1-x}, Si_x)Al_2O_4 + \frac{x}{3}N_2(g)$$

但是此方法尚停留在实验室阶段，还不能用于工业化生产。

（4）将不含可溶性盐的二次铝灰用于耐火浇注料和预制块。用铝灰来替代一部分的煅烧氧化钙使用，但是铝灰的掺入量不宜超过 5%。

7.2.6 路用及建筑材料

铝灰在路用及建筑材料方面的应用主要包括以下几个方面：

（1）将铝灰掺入混凝土中代替一部分粉煤灰使用。铝灰的掺入可以在不改变混凝土强度的情况下降低其密度，但随着铝灰掺入量的增加混凝土的性能急剧下降。

（2）利用铝灰生产复合水泥。将硅酸盐熟料、矿渣、粉煤灰、二水石膏和铝灰均匀混合制成复合水泥。由于铝灰的烧失量较大·（一般在 10% 左右），因此在水泥中的加入量不宜过大，铝灰的加入量一般在 6% ~ 8% 之间最好，可以降低水泥的生产成本，改善水泥的安定性。

但是将铝灰用于混凝土或水泥，由于铝灰中含有金属铝、氮化铝及碳化铝等，它们水化产生气泡，导致混凝土或水泥内部产生气孔、膨胀，使得内部结构疏松，强度降低，因而铝灰利用率不高。

（3）用于生产陶瓷清水砖。以铝灰为主要原料，添加一定量的一些黏土、石英和降低烧成温度的添加剂（主要是含钙，含锂矿物）压制成型后于 1140 ～ 1150℃烧成后上釉，就可以生产出陶瓷清水砖。用铝灰生产陶瓷清水砖，铝灰的用量可在 60% 以上，可以降低其生产成本。并且从微观结构上来看，坯体中存在大量的气孔，这将有利于清水砖的可呼吸性和透气性，并能提高保温和隔热的性能。加入复合添加剂后产生的大量玻璃相将各种晶粒联结起来，使清水砖在具有外观装饰功能的同时又具有很高的强度。

7.2.7　炼钢脱硫剂

炼钢的传统脱硫剂主要是 $CaO-Al_2O_3$ 复合脱硫剂，由于铝灰中含有大量的 Al_2O_3，因此可以与石灰石、萤石混合用作新型脱硫剂。将铝灰用作脱硫剂铝灰的加入量在 39% 时脱硫效果最佳。将铝灰用作脱硫剂不仅可以显著降低脱硫剂的成本，并且在脱硫的同时还兼有脱磷的作用。但铁水经铝渣脱硫剂炉外脱硫时，铁水中锰、硅、碳有烧伤，其烧伤程度随铝灰剂量的加大和精炼时间的延长而增加，因此铝灰掺入量不超过 40%。

7.3　利用铝灰合成塞隆复合材料

塞隆（Sialon）是基于硅铝氧氮的一种陶瓷材料，是 Si_3N_4 中的 Si—N 键被 Al—O 键取代所形成的固溶体。这种材料拥有卓越的抗热震稳定性和抗金属、熔渣侵蚀能力以及良好的力学性能和化学稳定性。因此其应用领域广泛，可用在机械、化工、冶金、航空航天、医学、生物、汽车等领域。Sialon 材料的合成方法有很多，主要包括：直接合成法、自蔓延高温合成法以及碳热还原氮化法（CRN）。其中碳热还原氮化法一般采用铝硅系的天然矿物或以铝、硅为主要成分的废渣为原料。其中直接合成法和自蔓延高温合成法对原料纯度要求高，工艺复杂，成本高；而现行的碳热还原氮化法产物易受碳加入量的影响，产物物相复杂，且要去除残炭。

由于铝灰中含有大量的氧化铝、氮化铝、SiO_2 以及金属铝，具备合成 Sialon 所需的主要成分，故将铝灰用于合成 Sialon 复合材料，不仅可以将其中主要成分加以利用，并且铝灰中少量的 CaO、MgO、Fe_2O_3、K_2O 及 Na_2O 等杂质在合成 Sialon 时可以起到烧结助剂的作用，降低 Sialon 复合材料的合成温度。此法对铝灰的利用率高，工艺简单，能耗低，二次污染小，适合工业化生产，故可将铝灰变废为宝，既节约了资源，又可以消除环境污染，还可以降低 Sialon 复合材料的生产成本，具有广泛的社会和经济价值。

7.3.1　塞隆的简介

Sialon 是基于硅铝氧氮的一种陶瓷材料，其晶体结构与 Si_3N_4 相类似，是氮化硅［SiN$_4$］$^{8-}$四面体中的 Si 和 N 被 Al + M（M = Li，Ca，Mg，Y，R 等）及 O 原子置换所形成的一大类固溶体的总称。但是，Sialon 比 Si$_3$N$_4$ 易烧结，可用各种陶瓷成型方法如挤出、压制、泥浆浇注来成型，然后烧结成接近理论密度的陶瓷体。Sialon 不但保留了 Si$_3$N$_4$ 的优良性能，如强度、硬度、耐热性等，并且韧性、化学稳定性和抗氧化性均优于 Si$_3$N$_4$。Sialon 材料以其优越的力学性能、热学性能和化学稳定性成为 70 年代后迅速发展起来的一类高温结构材料，是目前被认为很有潜力的高性能陶瓷材料之一。

7.3.1.1 塞隆的分类及性质

在 Si-Al-O-N 系统中，Sialon 的种类有 α、β、O′、X 相以及组分位于 β-Sialon 和 AlN 之间的几种 Sialon。当 Sialon 组成位于 β 型和 AlN 之间的区域时，有六种不同的相，分别表示为：8H，15R，12H，21R，27R 和 2H，统称为 Sialon 多型体。它们具有纤锌矿型的 AlN 结构，故也称为 AlN 多型体或变体，它们的晶体结构不同，性质也不尽相同。Si$_3$N$_4$-Al$_2$O$_3$-AlN-SiO$_2$ 在 1700℃ 的相图如图 7 -6所示。

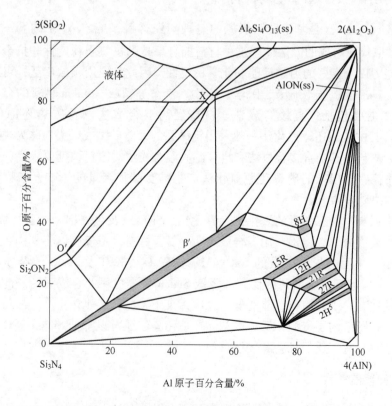

图 7 -6　Si$_3$N$_4$-Al$_2$O$_3$-AlN-SiO$_2$ 体系在 1700℃ 的相图

A β-Sialon

Sialon 中研究较多的是 β-Sialon，β-Sialon 是 β-Si₃N₄ 与 AlN·Al₂O₃ 的固溶体，属于六方晶系，有着与 β-Si₃N₄ 相同的结构，所以其物理性质也与 Si₃N₄ 相似；又因含有大量的 Al₂O₃，所以化学性质接近于 Al₂O₃。在扫描电子显微镜下观察，β-Sialon 的显微结构为拉长的晶粒和大量的残余玻璃相，其晶体比 β-Si₃N₄ 晶体粗大，呈柱状。Al₂O₃ 熔入 Si₃N₄ 虽然并未改变 Si₃N₄ 原来的结构，但其晶格常数却随 Al₂O₃ 熔入的多少而发生变化。其晶格常数为：$a = 7.603 + 0.02967z$（Å），$c = 2.907 + 0.02554Z$（Å）。β-Sialon 具有较低的热膨胀系数，热震稳定性好，高温强度高还具有良好的抗氧化性及抗熔融金属蚀损的性能。

β-Sialon 的性质与 z 值有关，其密度、硬度、弹性模量、抗弯强度、热膨胀系数均随着 z 值的增大而降低，这是由于随着 z 值的增大，晶胞尺寸增大，使其键强减弱、结构疏松。而断裂韧性却表现为 z 值低（10% Al 置换）时高，z 值高（65% Al 置换）时亦高，当 z = 3（50% Al 置换）时低。

β-Sialon（$Si_{6-z}Al_zO_zN_{8-z}$）（$z = 0 \sim 4.2$）是性能十分优异的非氧化物耐火原料。李楠等用铝土和无烟煤在井式炉中通氮气反应制得了 β-Sialon。李亚伟等采用氮化反应烧结技术，在低于 1600℃ 的流动氮气气氛中氮化金属铝粉、硅粉、氧化铝微粉以及刚玉细粉和颗粒，制备出不同 z 值的 β-Sialon/刚玉复相耐火材料，其具有良好的抗高炉渣铁、抗熔融铁水及抗碱侵蚀能力。他们的研究表明：当 z = 1.5 ~ 2.5 时，β-Sialon/刚玉复相材料具有最好的抗高炉渣铁、抗熔融铁水及抗碱侵蚀性能。当 z = 4 时，抗碱性下降。当 z 值较低时，β-Sialon 材料的力学性能与 β-Si₃N₄ 十分相似，但随着 z 值的增加，硬度及抗折强度出现下降，发生该现象的原因是由于晶格发生较大扭曲的结果。

B α-Sialon

α-Sialon 是以 α-Si₃N₄ 为基的固溶体，它是在 α-Si₃N₄ 的结构中 Si—N 键被数量不等的 Al—N 键和 Al—O 键所取代，而由此导致的电价不平衡，则由金属阳离子 M 的填隙来补偿，其通式为：$M_xSi_{12-(m+n)}Al_{m+n}O_nN_{16-n}$，式中 $0 < m \leq 12$，$0 < n \leq 16$，$m = Kx$，$x \leq 2$，K 表示填隙金属原子的化合价。其中 M 为金属离子，包括 Li、Na、Mg、Ca、Y 及除 La、Ce 以外的稀土元素。

α-Sialon 为等轴晶型，在 Sialon 家族中 α-Sialon 以其硬度高而著称，且具有出色的耐磨性。α-Sialon 的 HRA 值可以达到 93 ~ 94，比一般的 β-Si₃N₄ 或 β-Sialon 材料的 HRA 值高 1 ~ 2 度。常温导热率比 Si₃N₄ 和 β-Sialon 低得多。α-Sialon 的含氮量比 β-Sialon 高，故液相黏度也高，这也是 α-Sialon 难以烧结致密化的原因。

C O′-Sialon

O′-Sialon 属氮氧化硅相（Si_2ON_2），是 Si_2ON_2 和 Al_2O_3 连线上的 Si、Al 置换

所生成的。其通式为 $Si_{2-x}Al_xO_{1+x}N_{2-x}$（$0 \leqslant x \leqslant 0.3$），即固熔极限为 15mol Al_2O_3。由于在不添加烧结助剂的情况下获得 O′-Sialon 单晶相十分困难，所以 O′-Sialon 的力学性能难以确定。但由于结构上的特点及含有较多的氧，所以该材料热膨胀系数低，O′-Sialon 高温下抗氧化性在各种 Sialon 材料中最好，直至 1350~1400℃ 都具有极强的抗氧化性，但在 1300℃ 以上，抗氧化性随着原料中 Al_2O_3 含量的增加而降低。

D X – Sialon

由于稳定 X – Sialon 的区间比较小，因此对于其性质的研究和报道较少。对于 X 相结构和成分，较统一的观点认为 X 相是一种化学成分居于 β-Sialon 与莫来石之间的"氮－莫来石"，X 相的化学成分近于 $Si_4Al_4O_4N_2$，理论密度为 3.01g/cm^3。含有 13.6% SiO_2 玻璃相的 X – Sialon 的硬度为 11.1GPa，断裂韧性为 3.3MPa·$m^{1/2}$。X 相在弱氧化气氛中是稳定的，在中性和弱还原气氛中是不稳定的。Will 指出，X 相能降低制品的力学性能，如断裂韧性，但能减少热膨胀系数并提高抗氧化性。

E AlN 多型体

有关 AlN 多型体的资料很少，这是因为他们的力学性能并不引人注目。李红霞等对 12H 的力学性能做了测定，发现它具有高温强度比室温强度高的特点。王佩玲等对 15R（$SiAl_4O_2N_4$）、12H（$SiAl_5O_2N_5$）和 21R（$SiAl_6O_2N_6$）做了较为广泛的探索，研究了它们的形成特性及力学性能，研究表明，15R、12H 和 21R 的力学性能较差，但它们的抗折强度从室温到 1250℃ 时能保持不变或有 50% 的增加。15R 的抗氧化性比 β-Sialon 差，而热膨胀系数则与 AlN 相似，但各向异性的程度较低。AlN 多型体的硬度与其种类和添加剂的含量有关，富 AlN 的组分和高致密度的试样有利于提高 AlN 多型体的硬度，其维氏硬度变化范围为 11.5~14.4GPa。AlN 多型体的断裂韧性和抗折强度与多型体的种类没有明显关系。颗粒拔出和在多型体颗粒上形成的微裂纹被认为是高温强度增高的主要机理。

7.3.1.2 塞隆材料的合成方法

A 直接合成法

以 Si_3N_4、AlN 和 Al_2O_3 为原料，根据相图，严格按配比配料，经高温固相反应合成。此法要求比较苛刻，既要保证反应原料的纯度，而且要求在 1700℃ 以上进行热压烧结。由于反应原料纯度高，难于烧结，而且合成过程中易产生晶界，单纯依据相图配料合成往往比较困难，通常需要添加烧结助剂来改善其烧结能。

此法的优点是易通过控制组成制得满足不同特殊需要的 Sialon 陶瓷，缺点是因采用预先合成的原料，成本高且工艺过程复杂，限制了 Sialon 陶瓷的大规模生产和应用。

B 自蔓延高温合成法

以 Si 粉、SiO_2、AlN 和 Si_3N_4 为原料，经混合、烘干后，于 10MPa 的高纯氮气（N_2 的体积分数超过 99.999%）气氛中，用发热体点燃混合物顶端的钛颗粒，由于该燃烧反应有很强的放热效应，一旦点燃后就可以自发维持，并以燃烧波的形式以 2min/s 的速率向前蔓延。因此，在数分钟之内就可完成 β-Sialon 的合成。该燃烧合成反应的化学式可表达为：

$$Si + N_2 + Si_3N_4 + SiO_2 + AlN \longrightarrow Si_{6-z}Al_zO_zN_{8-z}$$

此方法合成的 β-Sialon 的 z 值在 0.3 左右。如原料中氮的含量再增加 1.2%，可获得 z = 0.6 的 β-Sialon 粉体。此方法优点是反应速度快，能量损失低，易于制备高纯产物；缺点是对原料的纯度要求高。因此，成本较高且操作工艺严格，不适宜工业化生产。

C 碳热（硅热、铝热）还原氮化法

国内外学者采用碳热还原氮化法合成 Sialon 材料，并对其性能、工艺参数和合成机理进行了详细的研究。碳热还原氮化法是用碳作为还原剂，与原料混合细磨，干燥成型后，在氮气氛围下加热到 1400℃ 以上，此时极度活跃的碳使 Si—O 键打开形成 C—O 键；处于不饱和状态的 Si 原子便会和 Al_2O_3 等氧化物，以及 N 原子结合达到饱和，便形成了 Sialon 材料。采用的原料为高岭土、蒙脱石、叶蜡石、硅线石或以硅、铝硅为主要成分的废渣（如火山灰、粉煤灰等）。此外，也有学者以硅热或铝热还原氮化法采用天然原料合成 Sialon 材料取得成功。

用天然原料合成 Sialon 耐火材料的突出优点是原料成本低、工艺简单。但由于铝硅酸矿物与碳粉（铝粉）都是固体，混合不均匀，反应温度仍然较高，反应周期长，并且反应产物易受碳加入量的影响，产物相成分复杂。

7.3.1.3 塞隆材料的应用

Sialon 材料具有很高的常温和高温强度，优异的常温和高温化学稳定性，很强的耐磨性，良好的热稳定性和不高的密度，在石油、化工、冶金、汽车和宇航等领域都有广泛的应用前景。例如，它可以用来制造轴承、切削刀具、耐腐蚀泵、机械密封部件、燃气轮机叶片和火箭喷嘴等。

除此之外，Sialon 还可以用作碳化硅、刚玉等耐火材料的结合剂。刚玉是冶金领域中常用的耐火材料，但纯刚玉材料的烧结温度高且烧结体的热膨胀系数大，抗热震性差。而与 Sialon 复合后能够使刚玉的烧结温度降低 250~300℃，这种复合物不仅抗侵蚀、耐氧化，且热稳定性得到了明显改善，在冶金耐火材料中具有显著的应用效果。在炼钢用耐火材料方面，用 Sialon 结合刚玉制作"陶瓷杯"工作已经取得进展，采用氮化烧结法合成出性能优异的 Sialon 结合刚玉样块。研制的高炉喷补料，在高炉热态状况下进行喷补，可提高高炉寿命半年以上。在大型高炉和非高炉炼铁用特种耐火材料方面，Sialon 结合的刚玉制品，用于高炉关键部位，使一代炉役寿命达到 12～15 年。Sialon 刚玉透气砖，Sialon-刚玉复相耐火材料与钢液的润湿角较大，在使用过程中基本上不发生狭缝渗漏钢现象；Sialon 刚玉滑板在炼钢钢包上使用寿命达到 4 次以上，安全系数高、适用于多种钢种，应用前景广阔；Sialon 刚玉推板导热系数好，热膨胀系数小，应用不变形，寿命长，可替代进口产品。国外研究开发了 Sialon 结合的 SiC 砖。Sialon 结合的 SiC 砖与典型的 SiC 砖相比对熔融碱、铁和盐显示出更高的抵抗能力，也具有更好的抗氧化性。Sialon 结合 SiC 是近几年研制开发出来的一种新型含氮耐火材料制品，与 Si_3N_4 结合 SiC 砖相比，前者具有更优良的抗碱金属和渣侵蚀的能力和热震稳定性。Sialon 结合 SiC 材料可用于炼铁高炉中最易损毁的炉腰、炉腹和下部炉身等部位，其效果明显好于黏土砖和高铝砖，可使高炉寿命由原来的 3～5 年增至 10～15 年。美国、日本和德国正在大力开发 Sialon 材料，用它作为冶炼高纯净钢的超高级材料。

7.3.2　铝灰合成塞隆的热力学分析

国内外很多学者对合成 Sialon 的各种反应进行过热力学计算，但因实验方程式的设计及气氛不同，其结果也会有较大差异，因此需要根据有关文献记载的热力学数据对铝灰合成 Sialon 的设计反应方程式重新进行热力学分析。

铝灰的化学成分主要以 Al_2O_3、SiO_2、AlN 和金属铝等为主，还有少量的其他金属氧化物，如 MgO、CaO、Fe_2O_3、Na_2O 等。一般 SiO_2 的质量分数在 0.5%～30%、Al_2O_3 的质量分数在 10%～75%，金属铝的质量分数在 5%～20%，其化学成分的比例随着各生产厂家的原料及操作条件不同而略有变化。

由于铝灰中的 SiO_2 含量较低，并且其中作为还原剂的金属铝含量也较低，为获得发育良好的 Sialon 相，配料时除铝灰外还需酌量添加 SiO_2、Si 和 Al 等。设计反应为：

$$Al + AlN + Si + SiO_2 + Al_2O_3 + N_2 \longrightarrow Si_{6-z}Al_zO_zN_{8-z} + O_2 \uparrow \qquad (7-1)$$

由于 Sialon 生成过程比较复杂，特以生成 $Si_4Al_2O_2N_6$（$Z=2$）为例进行热力学计算。

$$Al(s) + AlN(s) + 7Si(s) + SiO_2(s) + Al_2O_3(s) + \frac{11}{2}N_2(g)$$

$$=== 2Si_4Al_2O_2N_6(s) + \frac{1}{2}O_2(g) \qquad (7-2)$$

根据文献的数据得：

$$\Delta_f G^{\ominus}_{Si_4Al_2O_2N_6} = -2463.83 + 0.86T \quad kJ/mol$$

则可认为反应：

$$4Si(s) + 2Al(s) + O_2(g) + 3N_2(g) === Si_4Al_2O_2N_6(s)$$

$$\Delta_r G^{\ominus} = -2463.83 + 0.86T \quad \text{kJ/mol} \tag{7-3}$$

已知：

$$2Al(s) + \frac{3}{2}O_2(g) \Longrightarrow Al_2O_3(s), \Delta_r G^{\ominus} = -1675.1 + 0.313T \quad \text{kJ/mol} \tag{7-4}$$

$$Al(l) + \frac{1}{2}N_2(g) \Longrightarrow AlN(s), \Delta_r G^{\ominus} = -326.48 + 0.116T \quad \text{kJ/mol} \tag{7-5}$$

$$Al(s) \Longrightarrow Al(l), \Delta_r G^{\ominus} = 10.8 + 0.012T \quad \text{kJ/mol} \tag{7-6}$$

$$Si(s) + O_2(g) \Longrightarrow SiO_2(s), \Delta_r G^{\ominus} = -904.76 + 0.173T \quad \text{kJ/mol} \tag{7-7}$$

则，由 $2 \times$ 式(7-3) - 式(7-4) - 式(7-5) + 式(7-6) - 式(7-7)得到：

$$Al(s) + AlN(s) + 7Si(s) + SiO_2(s) + Al_2O_3(s) + \frac{11}{2}N_2(g)$$

$$\Longrightarrow 2Si_4Al_2O_2N_6(s) + \frac{1}{2}O_2(g) \tag{7-8}$$

$$\Delta_r G^{\ominus} = -2010.52 + 1.13T + RT\ln\frac{(p(O_2)/p^{\ominus})^{\frac{1}{2}}}{(p(N_2)/p^{\ominus})^{\frac{11}{2}}}$$

另外此反应在流动的 N_2 中进行，实验时所用的工业氮气的纯度为95%，可认为其中 N_2 的体积分数为95%，O_2 的体积分数为5%，故可近似认为 $p(N_2)/p^{\ominus} = 0.95, p(O_2)/p^{\ominus} = 0.05$，所以式（7-8）的标准摩尔焓变数值为：

$$\Delta_r G^{\ominus} = -2010.52 + 1.120T \quad \text{kJ/mol}$$

算得平衡温度 $T = 1522\text{℃}$，当温度高于1522℃时反应就可能向左进行，即发生 Sialon 的分解反应，故用铝灰合成 Sialon 的反应温度应控制在1522℃以内。同样的方法算得合成 Si_5AlON_7（$Z=1$）的温度不能高于1780℃。

7.3.3 熔盐法铝灰合成塞隆复合材料技术

7.3.3.1 原料的准备

熔盐法铝灰为河南某厂的熔盐法铝灰进行分析，其化学分析见表7-1。从表7-1中可以看出铝灰中可溶性盐（NaCl 和 KCl）含量较高，需对其水洗除盐。其具体方法为：室温下用水搅拌溶解24h，过滤，在60℃下干燥24h。干燥后的铝灰化学分析见表7-2。铝灰水洗前后的 XRD 如图7-7所示，从图7-7中可以看出，水洗后 NaCl 的峰消失，其他物相变化不明显。

表7-1 铝灰的化学分析 　　　　　　　（%）

组　分	Al_2O_3	SiO_2	MgO	Al	CaO	K_2O	Na_2O	TiO_2	C	Fe_2O_3	IL
质量分数	64.17	8.63	6.53	6.69	1.91	1.14	4.04	0.60	3.20	1.28	2.54

表7-2　水洗后铝灰的化学分析　　　　　　　　　　（%）

组　分	Al_2O_3	SiO_2	MgO	Al	CaO	K_2O	Na_2O	TiO_2	C	Fe_2O_3	IL
质量分数	52.53	7.72	5.36	8.30	1.69	0.62	1.85	0.58	2.32	1.33	17.7

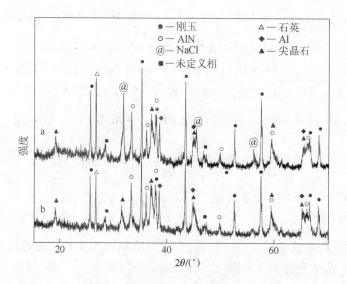

图7-7　铝灰水洗前后的 XRD 图

a—水洗前；b—水洗后

7.3.3.2　工艺影响因素分析

根据前面的热力学计算设计两个方案：（1）合成 $Si_5AlON_7(Z=1)$ 的标记为 MSP；（2）合成 $Si_4Al_2O_2N_6(Z=2)$ 复合材料（其中 Sialon 的目标质量分数为 45%）标记为 MSC。设计理论反应方程为：

$$Al + AlN + Si + SiO_2 + Al_2O_3 + N_2 \longrightarrow Si_{6-z}Al_zO_zN_{8-z} + O_2\uparrow \qquad (7-9)$$

式中，AlN 和 Al_2O_3 均来自于铝灰；Al 和 SiO_2 部分来源于铝灰，不足部分外加；Si 全部外加。具体配料见表7-3。

表7-3　配料表（质量分数）　　　　　　　　　　（%）

试　样	铝灰	Al	Si	SiO_2
MSP	33.82	1.09	61.34	3.75
MSC	80.74	2.59	7.71	8.96

将原料置于聚氨酯混料罐中干混 12h，在 100MPa 的压力下成型为 φ20mm × 20mm 的圆柱状样，将圆柱样装入石墨坩埚中，把石墨坩埚置于 $MoSi_2$ 棒高温管式炉恒温带处，密封炉子，抽真空至真空度 −0.01MPa 后通入氮气至真空度

0MPa 时进行反应。

在研究反应温度对合成实验的影响时，控制氮气流量 0.5L/min，以 4℃/min 升温至 1000℃ 保温 1h，之后继续以 5℃/min 分别加热到 1300℃、1350℃、1400℃、1450℃ 和 1500℃ 保温 4h 后，再以 5℃/min 的速率降温至室温，得到 Sialon 复合材料。

研究保温时间对合成反应的影响时，控制氮气流量 0.5L/min，以 4℃/min 升温至 1000℃ 保温 1h，之后继续以 5℃/min 加热到 1450℃ 后，分别保温 2h 和 6h，再以 5℃/min 的速率降温至室温，得到 Sialon 复合材料。

研究氮气流量对合成反应的影响时，分别控制氮气流量为 1.0L/min 和 1.5L/min，以 4℃/min 升温至 1000℃ 保温 1h，之后继续以 5℃/min 加热到 1450℃ 保温 4h 后，再以 5℃/min 的速率降温至室温，得到 Sialon 复合材料。

A　温度的影响

试样 MSP 在氮气气氛下不同温度保温 4h 后的 XRD 图谱如图 7-8 所示。由图可见，试样 MSP 在 1300℃ 时的物相为 O′-Sialon、β-Sialon、Si_3N_4 和少量 Si，其中 Si 和 Si_3N_4 的存在说明该温度下反应没有完成。1350℃、1400℃ 和 1500℃ 试样 MSP 的主要物相均为 β-Sialon 和少量的 O′-Sialon。但 1450℃ 下试样 MSP 仅有 β-Sialon 存在。

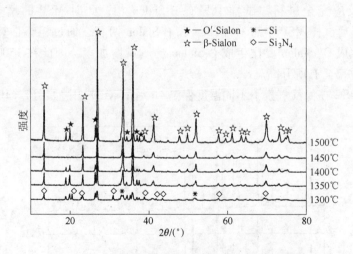

图 7-8　不同温度氮化后试样 MSP 的 XRD 图

试样 MSP 在氮气气氛下不同温度保温 4h 后的质量变化率如图 7-9 所示。从图可知试样 MSP 在氮化后增重，其中在 1300℃ 反应后增重最明显，达到 29.24%；之后随氮化反应温度的升高增重缓慢下降，在 1450℃ 时最低，仅为 20.32%；而在 1500℃ 时又有所回升。使试样 MSP 增重的原因为试样中的 Al、Si 等组分与氮气发生反应。但是试样 MSP 的铝灰中含有的挥发分，如钾盐、钠盐

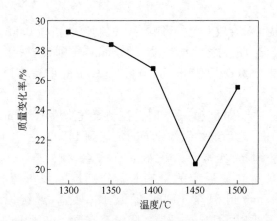

图 7 - 9　试样 MSP 的质量随温度的变化率

等在高温下挥发会使质量减少；如果升温过快，来不及与氮气反应的金属铝也会挥发。Al 在 1000℃左右开始大量氮化，Si 与氮气的反应 1300℃开始大量进行，结合图 7 - 8 可知，试样 MSP 在 1300℃时有 Si_3N_4 存在，说明生成 β-Sialon 的失重反应尚未完成，因此在 1300℃反应后试样 MSP 增重最多。而随着反应温度的升高，生成 β-Sialon 的反应进行得也更充分，因此试样 MSP 的增重率缓慢降低。在 1450℃反应完全进行，试样中只有 β-Sialon 相，此时 MSP 的增重率最低。1500℃保温后试样 MSP 中有 O′-Sialon 和 β-Sialon 两相，通过粗略估算发现，同样的原料生成 O′-Sialon 要比生成 β-Sialon 的质量增加多，因此在 1500℃时试样 MSP 的增重率又有所升高。

试样 MSC 在氮气气氛下不同温度保温 4h 后的 XRD 图谱如图 7 - 10 所示。从

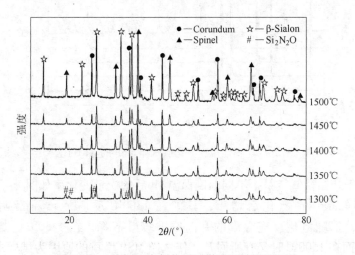

图 7 - 10　不同温度氮化后试样 MSC 的 XRD 图

图 7 - 10 中可以得出，试样 MSC 在 1300℃ 时的物相为 β-Sialon、刚玉、尖晶石（MgAl$_2$O$_4$）和 Si$_2$N$_2$O；1350~1500℃ 为 β-Sialon、刚玉和尖晶石，其相对含量随温度的不同变化不大，但其峰值则均随温度的升高而显著升高，说明适当升高温度对晶体发育有利。

试样 MSC 在氮气气氛下不同温度保温 4h 后的质量变化率如图 7 - 11 所示。从图 7 - 11 可见，试样 MSC 在反应后失重，并且在 1300℃ 反应后失重最少，为 -9.62%；在 1400℃ 失重最多，为 -13.42%。与试样 MSP 相似，试样 MSC 中也存在着相同的可以使其增重或失重的一系列反应，但由于试样 MSC 中铝灰含量较 MSP 中多，因此其中挥发分的挥发造成的失重亦比试样 MSP 多；而由于设计的 Sialon 理论含量较低，所以其可能的增重比 MSP 少。正是由于以上原因，造成试样 MSC 在不同温度氮化后均为失重，但其质量变化率的总体趋势与 MSP 相似。

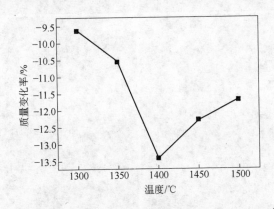

图 7 - 11　试样 MSC 的质量随温度的变化率

在前述 XRD 物相分析的基础上，为了观察 Sialon 的显微形貌和成分随温度的变化，现对试样 MSP 在氮气气氛不同温度氮化后的试样断面进行了显微结构分析，如图 7 - 12 所示。随温度升高，Sialon 的晶体发育越完善，晶粒大小越均匀。1300℃ 时晶粒细小，能谱分析显示为 O'-Sialon；1350℃ 和 1400℃ 可以观察到两种晶体，能谱分析发现，粒径在 2.5~3.5μm 的大晶粒为 $Z=1$ 的 β-Sialon，而小晶粒则是 O'-Sialon；1450℃ 和 1500℃ 时，Sialon 晶体的大小均匀，但粒径较 1350℃ 和 1400℃ 时小，主要集中在 2.0μm，能谱分析均为 β-Sialon；1500℃ 时试样晶体间出现了一定程度的团聚，可以看到大量形状不规则的块状物，可能是温度过高导致晶体熔化聚集在一起。以上显微结构分析结果均与图 7 - 8 的物相分析结果相一致。在 1500℃ 没有观察到 O'-Sialon，可能与此温度时 O'-Sialon 的相对含量较低有关。

试样 MSC 在氮气气氛不同温度下保温 4h 后的试样断面 SEM 照片如图 7 - 13 所示。随着温度的升高，Sialon 的六棱柱状晶体发育越完善，并且含量也有所增加。在 1300℃ 时各种晶体的发育均不完善，呈粒状，尺寸小于 1.0μm；1400℃ 时已能从基质

图 7 - 12 试样 MSP 在氮气气氛不同温度下保温 4h 后断面的 SEM 照片

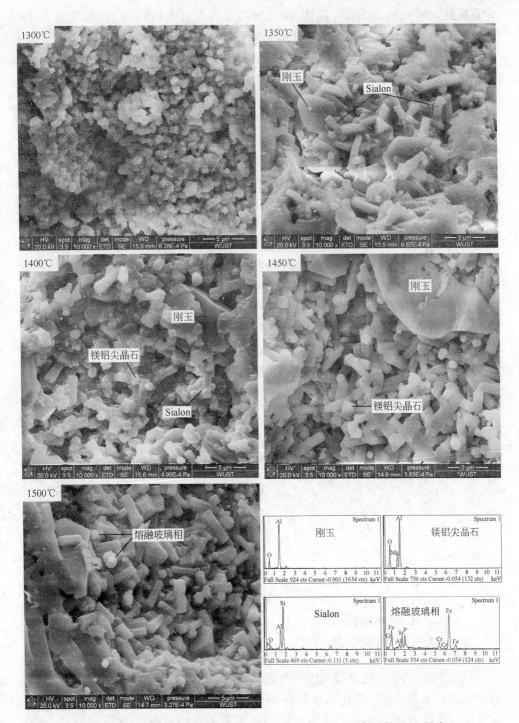

图 7－13 试样 MSC 在氮气气氛不同温度下保温 4h 后断面的 SEM 照片

中观察到六棱柱状的 Sialon 晶体,其径向尺寸大概在 1.0μm 左右,长度在 3.0 ~ 4.0μm,此外还可以观测到板状的刚玉晶体;1400℃开始 Sialon 晶柱的量较 1350℃时多,并且分布均匀;1450℃时试样中可以观察到大量的 Sialon 晶柱交错分布,其径向和轴向尺寸较之前均有所增加,分别为 1.5μm 左右和 3.0 ~ 4.5μm,在 Sialon 晶体中间夹杂有镁铝尖晶石和刚玉,Sialon 晶体依附在刚玉表面生长,并且可以观测到有板状刚玉晶体正在分化成 Sialon 晶柱;在 1500℃时 Sialon 晶柱轴向尺寸有所增加,但相貌和含量与 1450℃时相差不大,并且在试样中还可以观测到熔融玻璃相形成的圆球。在所有温度下对 Sialon 晶体做 EDS 分析均显示其组成与 $Z = 2$ 的 β-Sialon 相似,显微结构分析结果与图 7 - 10 中所示的 XRD 结果符合。

试样 MSP 在不同温度氮化后的显气孔率和体积密度分别如图 7 - 14 和图 7 - 15 所示。试样 MSP 在不同温度氮化后的显气孔率随温度先略微降低,后增加,再显著降低,在 1350℃最低,1450℃最高。其原因可能是 1300 ~ 1350℃为原料中的 Si 粉大量氮化的温度,随着反应的进行,试样中的气孔被排出,显气孔率下降;1500℃开始出现液相填充部分气孔,使显气孔率又有所下降。体积密度的变化和显气孔率的变化相符合。试样 MSP 的显气孔率在 40% 以上,体积密度在 1.8g/cm³ 以下,这说明铝灰中虽然含有一定量的 CaO、MgO 等可以起到促烧作用的成分,但含量较低,并且合成 β-Sialon 的铝灰用量低于 50%,使试样中的 CaO、MgO 等成分含量微少,不能满足烧结助剂的需要,故不添加促烧剂时难以得到烧结致密的试样。

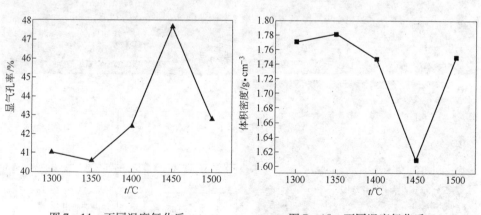

图 7 - 14　不同温度氮化后　　　　　图 7 - 15　不同温度氮化后
试样 MSP 的显气孔率　　　　　　　试样 MSP 的体积密度

试样 MSC 的显气孔率随温度的升高而下降,并且在 1450 ~ 1500℃之间下降趋势更快,体积密度的变化与显气孔率相对应(如图 7 - 16 和图 7 - 17 所示),这可能是由于合成 β-Sialon 复合材料的铝灰用量大于 80%,使试样中的 CaO、MgO 等促烧成分的含量大于 1%,足以满足烧结助剂的需要,使显气孔率降低。

在1500℃开始有液相出现，进一步促进烧结致密化，所以在这一温度范围显气孔率下降得更快。

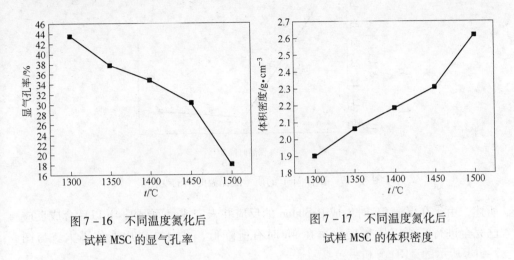

图7-16 不同温度氮化后
试样 MSC 的显气孔率

图7-17 不同温度氮化后
试样 MSC 的体积密度

B 保温时间的影响

从物相分析来看，试样 MSP 在1450℃下的物相组成以及 MSP 的质量变化率随保温时间的变化曲线如图7-18、图7-19所示。

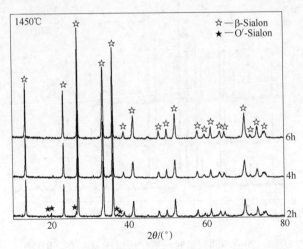

图7-18 不同保温时间氮化后试样 MSP 的 XRD 图

从图7-18可知，在保温2h时试样中β-Sialon 为主晶相，此外还有少量 O'-Sialon；在保温4h以后仅有 β-Sialon 存在，可见适当提高保温时间有利于 β-Sialon 生成。从图7-19可知试样的质量变化率总体为增重，在保温2h时最大，4h和6h时有所降低，并且这两个温度的质量变化率相差不大。其原因可能如前面

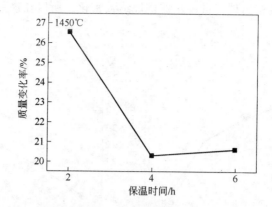

图 7-19   试样 MSP 的质量随保温时间的变化率

所述，由于在保温 2h 时生成 β-Sialon 的反应并未完成，而保温 4h 以后合成反应已完全进行，所以质量变化率在 4h 时有所降低，并且在以后变化不大。与图 7-18 所示的 XRD 分析一致。

试样 MSC 在氮气气氛下 1450℃的物相组成及其质量变化率随保温时间的变化曲线如图 7-20、图 7-21 所示。

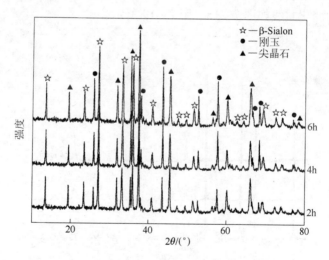

图 7-20   不同保温时间氮化后试样 MSC 的 XRD 图

不同保温时间对试样 MSC 的影响不明显，在保温 2h、4h 和 6h 时试样中的物相均为刚玉、镁铝尖晶石和 β-Sialon，其相对含量也变化不大。从图 7-21 也可以看出，不同保温时间对试样 MSC 的质量变化率影响不大，在保温 2h 时质量变化率略高，但总体相差不大，均为失重。其原因如前面所述，试样 MSC 中铝灰含量较高，其中挥发分造成的失重比与氮气反应的增重要多，因此总体表现为失重。

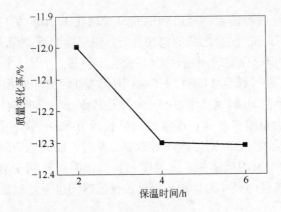

图 7 - 21 试样 MSC 的质量随保温时间的变化率

试样 MSP 在氮气气氛 1450℃下保温不同时间后试样断面的显微结构照片如图 7 - 22 所示。在保温 2h 时晶体形貌发育不完善，保温 4h 和 6h 的晶体大小和

图 7 - 22 试样 MSP 在氮气气氛 1450℃不同保温时间后断面的 SEM 照片

形貌相差不大，呈六棱柱型，径向和轴向尺寸均在 1.5μm 左右，能谱显示组成接近 $Z=1$ 的 β-Sialon。结合之前的物相分析，说明适当延长保温时间利于 β-Sialon 的晶体发育，但是保温时间超过 4h 后变化不明显。

试样 MSC 在氮气气氛 1450℃ 下保温不同时间后试样断面的显微结构如图 7-23 所示。在保温 2h 时试样中 β-Sialon 晶柱较细小，其径向尺寸小于 1.0μm，并且可以观察到大量刚玉晶体；保温时间延长后 β-Sialon 晶柱长粗，保温 4h 时在 1.5μm 左右，而保温 6h 则可达到 2.5μm，并且可以观测到刚玉晶体变少，但在保温 6h 时试样中出现玻璃相。这说明延长保温时间有利于 β-Sialon 的晶体生长，尤其有利于其径向尺寸的生长，但延长保温时间也会导致试样中熔融玻璃相增多。

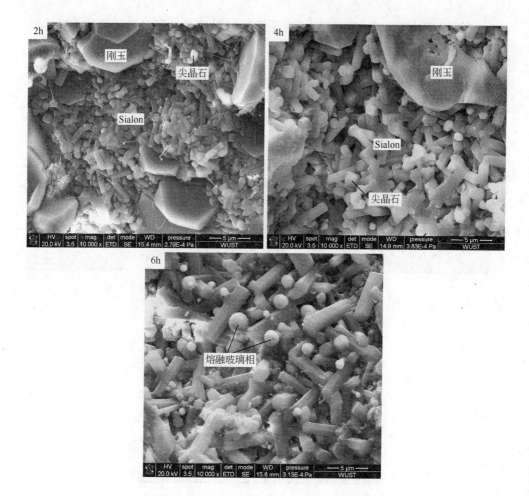

图 7-23 试样 MSC 在氮气气氛 1450℃ 不同保温时间后断面的 SEM 照片

试样 MSP 在 1450℃ 不同保温时间氮化后的显气孔率和体积密度分别如图 7 - 24、图 7 - 25 所示。试样 MSP 在保温 4h 时显气孔率最高,体积密度最低;保温 2h 时显气孔率最低,体积密度最高。从图 7 - 22 所示的显微结构可以观察到,试样在保温 2h 时晶体发育不完善,聚集成块状,保温 4h 后分化为晶粒状 Sialon 晶体,可能正是这一变化导致试样显气孔率升高,体积密度降低;而在保温 6h 后 Sialon 晶体略微长大,但是变化不明显,这导致保温 6h 后的显气孔率略微降低,体积密度略微升高。

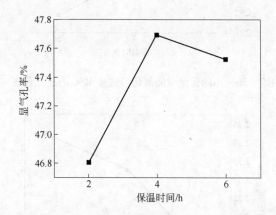

图 7 - 24 不同保温时间氮化后试样 MSP 的显气孔率

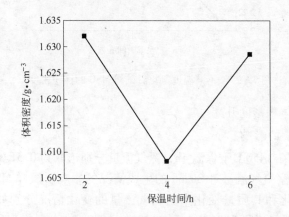

图 7 - 25 不同温度氮化后试样 MSP 的体积密度

试样 MSC 在 1450℃ 不同保温时间氮化后的显气孔率和体积密度分别如图 7 - 26、图 7 - 27 所示。试样 MSC 在保温 2h 时显气孔率最高,体积密度最低;此后随着保温时间的延长,显气孔率降低,体积密度升高。从图 7 - 23 所示试样的显微结构可以观察到,随着保温时间的延长,试样中刚玉晶体减少,并且在保温 6h 后试样中出现较多熔融玻璃相,这些变化使试样 MSC 随着保温时间的延长,

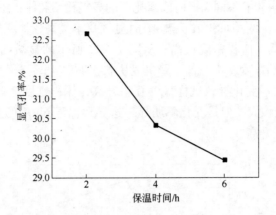

图 7 - 26　不同保温时间氮化后试样 MSC 的显气孔率

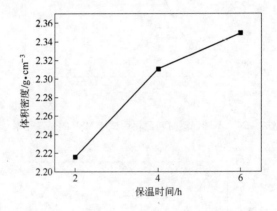

图 7 - 27　不同温度氮化后试样 MSC 的体积密度

显气孔率降低，体积密度升高。

C　氮气流量的影响

将试样 MSP 在 1450℃下保温 4h，氮气流量分别选取为 0.5L/min、1.0L/min 和 1.5L/min，观察氮气流量对 Sialon 的生成情况的影响。试样 MSP 在不同氮气流量下的物相变化和其质量变化率随氮气流量的变化情况分别如图 7 - 28、图 7 - 29 所示。在氮气流量为 0.5L/min 时试样为 β-Sialon，但当流量增大到 1.0L/min 后开始出现 O′-Sialon 相，并且随着氮气流量的增大，在 1.5L/min 时还出现了 Si₃N₄（图 7 - 28），这说明增大氮气流量不利于合成 β-Sialon。其原因是金属铝在 1300℃左右会挥发，氮气流量增大后，金属铝的挥发量也会增大，因此试样的物相组成会偏离生成 β-Sialon 的理论值，使试样中出现反应过剩的 Si₃N₄。如图 7 - 29 所示，试样 MSP 在氮气流量 0.5L/min 时质量变化率最小，1.0L/min 和 1.5L/min 时差不多，但总体为增重。其原因如同之前所述，生成 O′-Sialon 的反

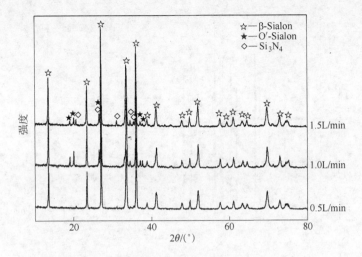

图 7 – 28　不同氮气流量氮化后试样 MSP 的 XRD 图

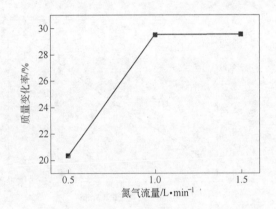

图 7 – 29　试样 MSP 的质量随氮气流量的变化率

应比生成 β-Sialon 的反应增重多，虽然金属铝会有挥发，但是试样 MSP 中金属铝的含量低，所以增大氮气流量后试样 MSP 的质量变化率为增重。

氮气流量对试样 MSC 的物相组成和质量变化率的影响均不明显，如图 7 – 30 和图 7 – 31 所示。

在前述 XRD 物相分析的基础上，为了观察 Sialon 的显微形貌和成分随氮气流量的变化，现对试样 MSP 在不同氮气流量下 1450℃保温 4h 后的试样断面进行了显微结构分析，如图 7 – 32 所示。在所有流量下 Sialon 晶体均呈现晶粒状，粒径在 1.5 ~ 2.5μm，说明增大氮气流量对试样 MSP 中 Sialon 的晶粒尺寸影响不大，但在氮气流量 1.0L/min 时，试样最致密。

将试样 MSC 在不同氮气流量下 1450℃保温 4h 后的试样断面显微结构照片作

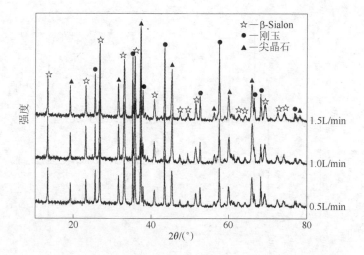

图 7 - 30 不同氮气流量氮化后试样 MSC 的 XRD 图

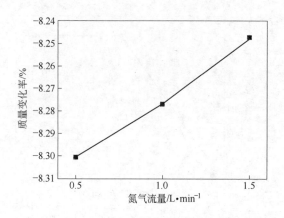

图 7 - 31 试样 MSC 的质量随氮气流量的变化率

比较，如图 7 - 33 所示。随着氮气流量的增大，β-Sialon 晶体的轴向尺寸缩短，其他物相及 β-Sialon 的径向尺寸变化不大。其原因可能是随着 N_2 流量的增加，Sialon 的形核率增加，使得相邻晶粒在随后的长大过程中受到彼此的限制而无法进一步生长。进一步研究表明，Sialon 晶粒的尺寸是由开始合成时（形核期）的 N_2 流量所决定的，而不是全过程都起作用。

试样 MSP 在不同氮气流量氮化后的显气孔率和体积密度分别如图 7 - 34 和图 7 - 35 所示。试样 MSP 在氮气流量 1.0L/min 时显气孔率最低，体积密度最高，流量为 0.5L/min 时显气孔率最高，体积密度最低。这是由于在氮气流量 1.0L/min 时试样中有 O′-Sialon 生成，导致试样的显气孔率降低，体积密度升高；氮气流量再增大，试样中挥发分的挥发加剧，这一现象成为影响试样显气孔率和体积

图 7 – 32 试样 MSP 在不同氮气流量下 1450℃保温 4h 后断面的 SEM 照片

密度的主要因素，使试样的显气孔率升高，体积密度降低。

试样 MSC 在不同氮气流量氮化后的显气孔率和体积密度分别如图 7 – 36 和图 7 – 37 所示。随氮气流量的增加，试样 MSC 的显气孔率升高，体积密度降低。其主要原因为，随氮气流量的增加，高温下试样中金属铝、SiO 等挥发分挥发的加剧，造成试样中气孔增多。

7.3.4 电弧法铝灰合成塞隆复合材料

本章在热力学分析和实验的基础上，以电弧法铝灰为主要原料，按反应方程适量地添加 α-Al_2O_3 微粉、硅微粉和硅粉，在氮气气氛下采用铝热（硅热）还原法的方法制备 Sialon 复合材料，主要考察氮化处理温度、保温时间和氮气流量对合成实验的影响，以选择合成的最佳工艺条件。

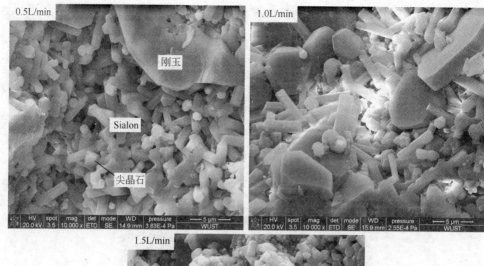

图 7 - 33 试样 MSC 在不同氮气流量下 1450℃ 保温 4h 后断面的 SEM 照片

7.3.4.1 原料的准备

与本章中所用的熔盐法铝灰不同，电弧法铝灰中可溶性盐的含量与熔盐法铝灰水洗后的相似，其金属铝含量较高，Al_2O_3 含量较低，并且还含有少量单质硅。铝灰的化学分析见表 7 - 4。

表 7 - 4　铝灰的化学分析　　　　　　　　　　　（%）

组分	Al_2O_3	SiO_2	MgO	Al	AlN	Si	CaO	K_2O	Na_2O	TiO_2	Fe_2O_3	C	IL
质量分数	30.76	7.55	7.55	21.79	12.79	1.38	1.84	1.04	1.86	0.67	2.71	2.66	-10.40

其他原料为：α-Al_2O_3 微粉；埃肯硅微粉和 325 目的硅粉，主要原料化学成分见表 7 - 5，所通氮气为普通工业氮气，其氮气体积分数大于等于 95%。

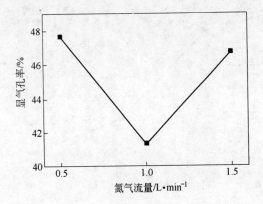

图 7 - 34　不同氮气流量氮化后试样 MSP 的显气孔率

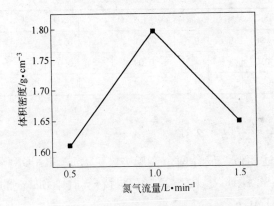

图 7 - 35　氮气流量氮化后试样 MSP 的体积密度

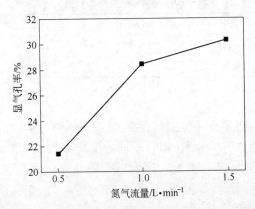

图 7 - 36　不同氮气流量氮化后试样 MSC 的显气孔率

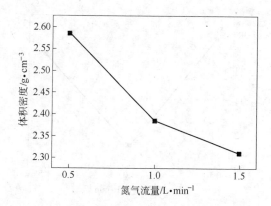

图7-37 氮气流量氮化后试样 MSC 的体积密度

表7-5 其他原料的化学成分（质量分数） （%）

组 分	Al₂O₃	SiO₂	MgO	CaO	K₂O + Na₂O	C	Fe₂O₃	Si	Fe	Al	Ca
埃肯硅微粉	0.7	96	0.6	0.5	1.0	1.5	0.25	—	—	—	—
α-Al₂O₃ 微粉	99.3	0.07			0.09		0.03	—	—	—	—
325 目单质硅	—	—	—		—	—	—	98.5	0.5	0.5	0.3

7.3.4.2 工艺影响因素分析

与本章前面所述相似，设计两个实验方案：合成 Si_5AlON_7（$Z = 1$）的标记为试样 EAP；合成 $Si_4Al_2O_2N_6$（$Z = 2$）复合材料（其中 Sialon 的目标质量分数为 45%）标记为试样 EAC。

具体配料见表7-6。具体实验步骤与电弧法铝灰合成 Sialon 复合材料相同。

表7-6 配料表（质量分数） （%）

试 样	铝灰	α-Al₂O₃	Si	SiO₂
EAP	36.13	0.37	59.47	4.03
EAC	83.65	0.85	6.16	9.34

A 温度的影响

试样 EAP 在氮气气氛下不同温度保温4h后的 XRD 图谱如图7-38所示。与以熔盐法铝灰为主要原料的试样 MSP 不同，反应温度在 1300 ~ 1500℃ 之间时，温度对 EAP 的物相组成影响不大，除个别杂质峰外，其他均为 β-Sialon。试样 EAP 在氮气气氛下不同温度保温4h后的质量变化率（由于试样 EAP 在 1500℃ 烧后极疏松，除 XRD 外其余检测均无法进行）如图7-39所示。由图可见，试样 EAP 的质量变化率随温度的升高略有降低，但变化不明显，且均为增重。其原因

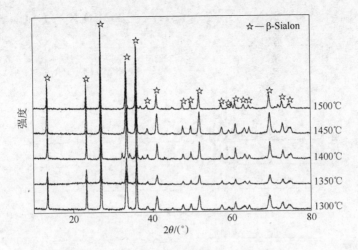

图 7-38　不同温度氮化后试样 EAP 的 XRD 图

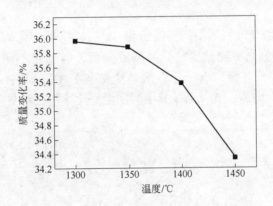

图 7-39　试样 EAP 的质量随温度的变化率

如前所述。

　　试样 EAC 在氮气气氛下不同温度保温 4h 后的 XRD 图谱如图 7-40 所示。与以熔盐法铝灰为主要原料的试样 MSC 不同，反应温度对 EAC 的物相组成影响较大。试样在 1300℃时的物相为 β-Sialon、15R、镁铝尖晶石和刚玉，其中 15R 相对含量最多，β-Sialon 居中，镁铝尖晶石和刚玉含量较少。随着反应温度升高，镁铝尖晶石相对含量升高，刚玉相对含量降低，β-Sialon 相对含量略有降低，15R 相对含量变化不大。1400℃开始时试样中不含刚玉相，此后随着反应温度的升高，物相变化不明显。其原因可能是试样 EAC 中发生了如下反应：

$$Si_4Al_2O_2N_6(s) + \frac{1}{3}N_2(g) = \frac{1}{2}SiAl_4O_2N_4(s) + \frac{7}{6}Si_3N_4(s) + \frac{1}{2}O_2(g)$$

$$Al_2O_3(s) + \frac{1}{6}Si_3N_4(s) + \frac{2}{3}N_2(g) = \frac{1}{2}SiAl_4O_2N_4(s) + O_2(g)$$

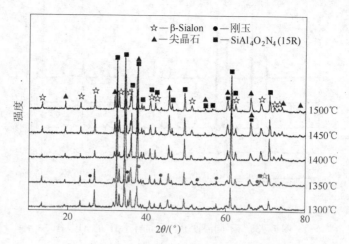

图 7-40 不同温度氮化后试样 EAC 的 XRD 图

试样 EAC 在氮气气氛下不同温度保温 4h 后的质量变化率如图 7-41 所示。试样 EAC 的质量变化率随温度的升高略有降低，但变化不明显，1300℃ 最高，1450℃ 最低，1500℃ 有所回升。与以熔盐法铝灰为主要原料的试样 MSC 不同，EAC 的质量变化为增重，其原因是其中的挥发分比熔盐法铝灰中少。

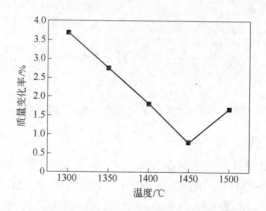

图 7-41 试样 EAC 的质量随温度的变化率

在前述 XRD 物相分析的基础上，为了观察 Sialon 的显微形貌和成分随温度的变化，现对试样 EAP 在氮气气氛不同温度下氮化后的试样断面进行了显微结构分析，如图 7-42 所示。EDS 分析显示四个温度下试样 EAP 的物相组成基本一致，接近 $Z=1$ 的 β-Sialon，与图 7-38 物相分析结果一致。从图 7-42 所示中可以观测到，试样 EAP 在 1300℃ 时晶体发育为晶粒状，大小在 1.5μm 左右，晶

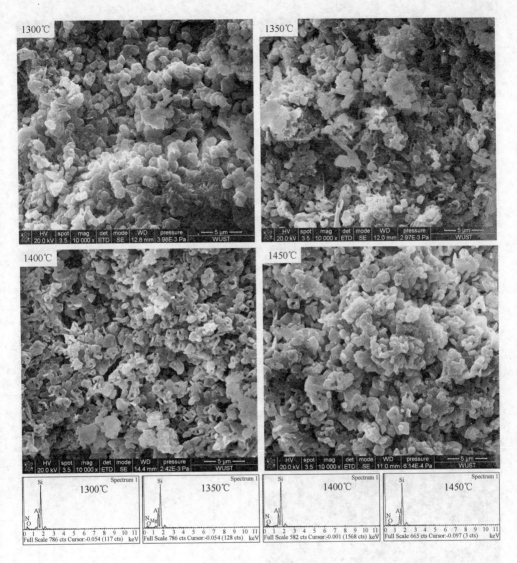

图 7 – 42　试样 EAP 在氮气气氛不同温度下保温 4h 后断面的 SEM 照片

粒较完整。随着反应温度的升高，β-Sialon 的晶胞中呈现大量气孔。根据烧结理论，出现这一情况的原因在于当烧结达到晶界移动速率等于气孔移动速率时没有保温，而是继续升高温度，由于晶界移动速率随温度呈指数增加，导致晶界移动速率远大于气孔移动速率，因而晶界越过气孔移动，使气孔包裹在晶界内部。也就是说温度升高到 1300℃ 以上对 β-Sialon 晶体发育不利。

　　试样 EAC 在氮气气氛不同温度下保温 4h 后的断面 SEM 照片如图 7 – 43 所示。与图 7 – 40 所示的 XRD 结果相同，在 1300℃ 时试样中观察到少量刚玉和两

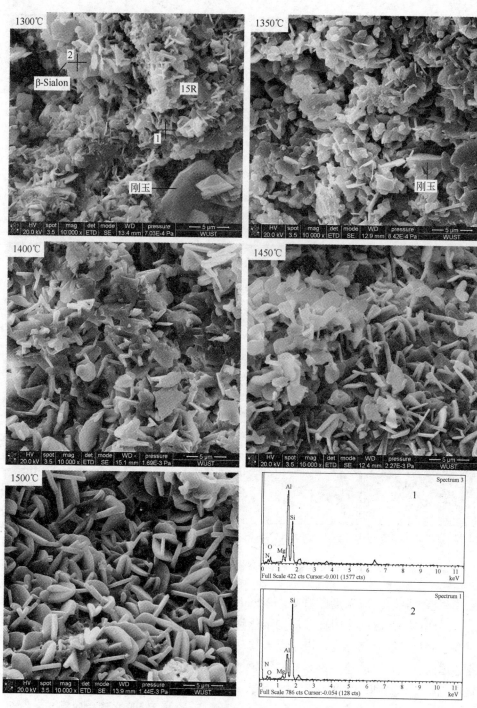

图 7 – 43 试样 EAC 在氮气气氛不同温度下保温 4h 后断面的 SEM 照片

种形态不同的 Sialon 晶体，能谱分析显示晶粒状的 Sialon 为 $Z=2$ 的 β-Sialon，而片状 Sialon 为 15R；1350℃时试样中的刚玉晶体减少，从 1400℃开始试样中没有刚玉，并且 β-Sialon 随温度升高含量有所降低，晶体尺寸变小，晶体发育越不完善；而升高反应温度对 15R 的晶体发育有利，随着温度的升高，15R 晶体从薄片状生长为板状，晶体大小和厚度均有大幅增长。与图 7-40 所示的物相分析结果不同的是，在所有试样中均未发现镁铝尖晶石，但能谱分析显示 β-Sialon 中的 Mg 原子百分含量为 1.5%，在 15R 中 Mg 原子百分含量为 2.5%。

试样 EAP 在不同温度氮化后的显气孔率和体积密度分别如图 7-44、图 7-45 所示。温度对 EAP 的显气孔率和体积密度影响不大，试样在 1400℃时显气孔率最低、体积密度最高，在 1450℃时显气孔率最高，而在 1300℃时体积密度最低。从图 7-42 所示的 SEM 照片可见，试样 EAP 的晶体内部存在大量气孔，这些封闭气孔是导致 EAP 的显气孔率和体积密度变化不一致的主要原因。

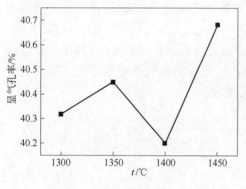

图 7-44 不同温度氮化后试样 EAP 的显气孔率

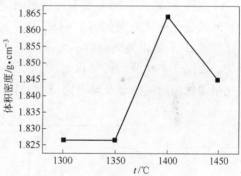

图 7-45 不同温度氮化后试样 EAP 的体积密度

试样 EAC 的显气孔率随温度的升高先降低后升高，体积密度则随温度的升高先升高后降低，在 1400℃时显气孔率最低，体积密度最高（如图 7-46 和图 7-47 所示）。由图 7-43 所示的显微结构照片可见，EAC 中存在着两种相态的 Sialon 晶体，晶粒状的 β-Sialon 和片状（板状）的 15R。开始时 β-Sialon 晶体较 15R 大，但随着反应温度的升高，β-Sialon 晶体变小，晶粒状的 β-Sialon 可以填补在 15R 晶体的缝隙中，降低试样的显气孔率，但温度再升高，β-Sialon 几乎消失，而 15R 晶体则长大，晶体间的空隙也变大，导致试样中显气孔率升高，所以试样 EAC 的显气孔率先降低后升高，而体积密度先升高后降低。

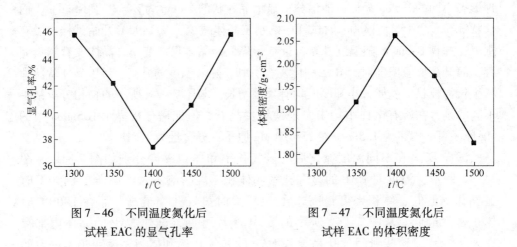

图7-46 不同温度氮化后
试样 EAC 的显气孔率

图7-47 不同温度氮化后
试样 EAC 的体积密度

B 保温时间的影响

试样 EAP 在 1450℃ 下不同保温时间的物相组成及 EAP 的质量变化率随保温时间的变化曲线分别如图7-48、图7-49所示。从图7-48可见，保温时间对试样 EAP 的物相组成影响不大，但随着保温时间的延长，β-Sialon 峰值的强度增加。由图7-49所示可见保温时间对 EAP 质量变化率的影响也不大，其质量变化率随保温时间的延长略有降低，总体为增重。

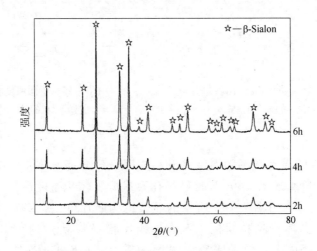

图7-48 不同保温时间氮化后试样 EAP 的 XRD 图

试样 EAC 在氮气气氛下 1450℃ 不同保温时间的物相组成及其质量变化率随保温时间的变化曲线分别如图7-50、图7-51所示。保温时间对试样 EAC 的物相组成影响较大，在保温 2h 时试样中的物相为 β-Sialon、15R

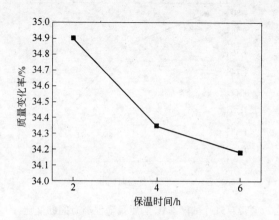

图 7-49 试样 EAP 的质量随保温时间的变化

和镁铝尖晶石，其相对含量相似；随着保温时间的延长，β-Sialon 和镁铝尖晶石的峰值明显降低，15R 的峰值则明显升高，在保温 6h 时试样中 β-Sialon 和镁铝尖晶石已基本消失，15R 为主晶相。其原因如前所述，随着保温时间的延长，试样中的 β-Sialon 逐渐反应生成 15R。由图 7-49 所示可见保温时间对 EAC 质量变化率的影响不明显，随着保温时间的延长 EAC 的质量变化率略有降低，这是由于 β-Sialon 生成 15R 的反应会略有失重造成。

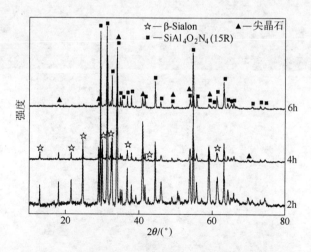

图 7-50 不同保温时间氮化后试样 EAC 的 XRD 图

试样 EAP 在氮气气氛 1450℃下保温不同时间后试样断面的显微结构照片如图 7-52 所示。随着保温时间的延长，β-Sialon 的晶粒尺寸略有增加。保温 2h 时 β-Sialon 晶体内部有大量气孔，晶粒不完整，保温 4h 以后晶粒中的气孔明显变

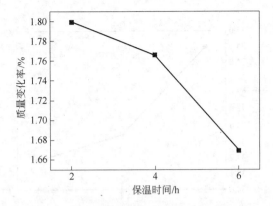

图 7 - 51　试样 EAC 的质量随保温时间的变化

图 7 - 52　试样 EAP 在氮气气氛 1450℃不同保温时间后断面的 SEM 照片

少。说明适当延长保温时间有利于 β-Sialon 晶体生长，并且有利于 β-Sialon 晶胞内气孔的排出。

将试样 EAC 在氮气气氛 1450℃下保温不同时间后试样断面的显微结构照片作比较，如图 7-53 所示。与图 7-50 所示的 XRD 结果一致，在保温 2h 时试样中有六棱柱状的 β-Sialon 和片状的 15R，其中 β-Sialon 的径向尺寸在 1.5 ~ 2.5μm，轴向尺寸大于 10μm；在保温 4h 后试样中的 β-Sialon 变少，且呈现晶粒状，15R 的晶体尺寸也略有减小；保温 6h 后试样中已观察不到 β-Sialon，15R 的晶粒尺寸进一步减小，并且出现一定程度团聚。说明延长保温时间对 β-Sialon 和 15R 的晶体发育均不利。

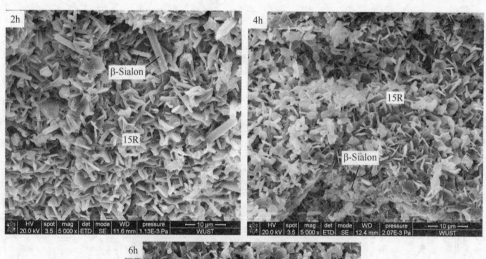

图 7-53　试样 EAC 在氮气气氛 1450℃不同
保温时间后断面的 SEM 照片

试样 EAP 在 1450℃ 不同保温时间氮化后的显气孔率和体积密度分别如图 7-54、图 7-55 所示。由图可见，保温时间对试样 EAP 的显气孔率和体积密度影响不大，随着保温时间的延长，EAP 的显气孔率略有下降，体积密度略有上升。试样 EAC 在 1450℃ 不同保温时间氮化后的显气孔率和体积密度分别如图 7-56、图 7-57 所示。随着保温时间的延长，EAC 的显气孔率下降，体积密度上升。由图 7-53 所示的 SEM 照片可以观察到，随着保温时间的延长，EAC 中晶体尺寸减小，并且出现一定程度的团聚，这是造成这一现象的主要原因。

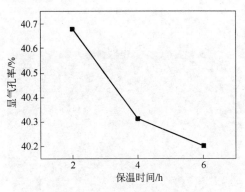

图 7-54　不同保温时间氮化后
试样 EAP 的显气孔率

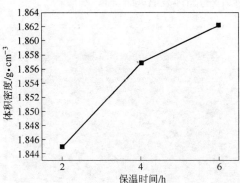

图 7-55　不同温度氮化后
试样 EAP 的体积密度

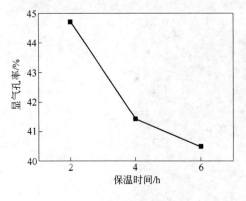

图 7-56　不同保温时间氮化后
试样 EAC 的显气孔率

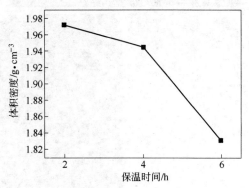

图 7-57　不同保温时间氮化后
试样 EAC 的体积密度

C　氮气流量的影响

　　将试样 EAP 在 1450℃ 下保温 4h，氮气流量分别选取为 0.5L/min、1.0L/min

和1.5L/min，观察氮气流量对 Sialon 的生成情况的影响。试样 EAP 在不同氮气流量下的物相变化和其质量变化率随氮气流量的变化情况分别如图 7-58、图 7-59所示。氮气流量对试样 EAP 的物相组成影响不明显，随着氮气流量的增加 EAP 中出现少量杂质峰，但 β-Sialon 仍为主晶相。其原因是氮气流量增加后，在高温下试样中金属铝、SiO 等成分的挥发加剧，使试样的组成偏离生成 β-Sialon 的物相组成；也可能是氮气流量增加后 β-Sialon 生成 15R 的反应更易发生，使试样中出现杂质峰。从图 7-59 可见试样 EAP 的质量变化率随氮气流量的增加逐渐降低，其原因为氮气流量增加后，试样中金属铝等成分的挥发量增加，导致试样质量变化率降低，但总体仍为增重。

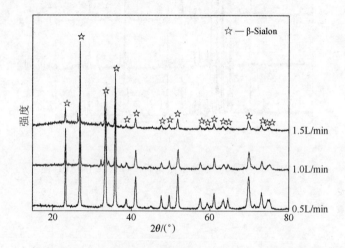

图 7-58　不同氮气流量氮化后试样 EAP 的 XRD 图

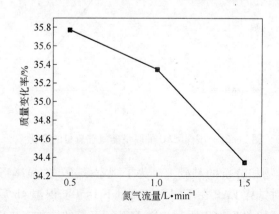

图 7-59　试样 EAP 的质量随氮气流量的变化率

在氮气流量 0.5L/min 时试样中的物相为 β-Sialon、15R 和镁铝尖晶石，如图

7 - 60 所示，随着氮气流量的增大，β-Sialon 和镁铝尖晶石的峰值降低，而 15R 的峰值升高。其原因是随着氮气流量的升高 β-Sialon 反应生成 15R 的反应更易发生，此反应导致 β-Sialon 的相对含量随着氮气流量的升高降低，而 15R 的相对含量升高。试样 EAC 的质量变化率随氮气流量的增加逐渐降低，但总体为增重，如图 7 - 61 所示其原因与 EAP 相同。

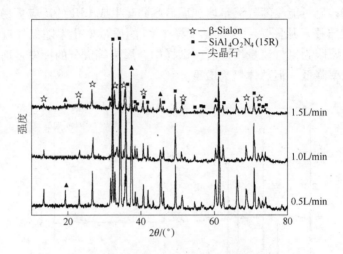

图 7 - 60　不同氮气流量氮化后试样 EAC 的 XRD 图

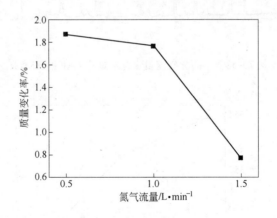

图 7 - 61　试样 EAC 的质量随氮气流量的变化率

　　在前述 XRD 物相分析的基础上，为了观察 Sialon 的显微形貌和成分随氮气流量的变化，现对试样 EAP 在不同氮气流量下 1450℃保温 4h 后的试样断面进行了显微结构分析，如图 7 - 62 所示。随着氮气流量的增加，β-Sialon 的晶粒尺寸减小，并且在氮气流量增大到 1.5L/min 时试样中有少量 15R 出现，其原因如前所述。说明增大氮气流量对合成 β-Sialon 不利。

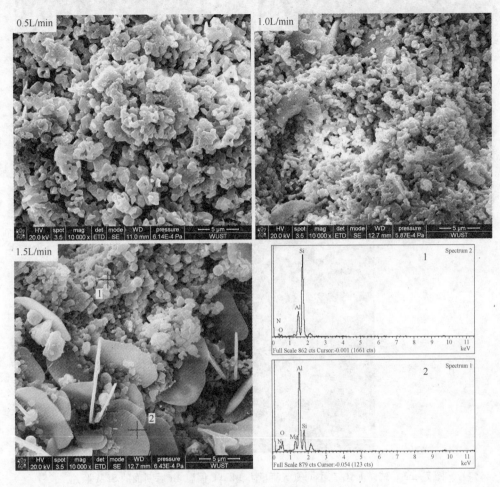

图 7 - 62 试样 EAP 在不同氮气流量下 1450℃
保温 4h 后断面的 SEM 照片

将试样 EAC 在不同氮气流量下 1450℃保温 4h 后的试样断面显微结构照片作比较，如图 7 - 63 所示。随着氮气流量的增加，15R 晶体的大小和厚度均有增长，说明增大氮气流量有利于 15R 晶体生长。

试样 EAP 在不同氮气流量氮化后的显气孔率和体积密度分别如图 7 - 64、图 7 - 65 所示。随氮气流量的增加，试样 EAP 的显气孔率升高，体积密度降低。其主要原因是随氮气流量的增加，高温下 EAP 中金属铝、SiO_2 等挥发分挥发剧烈，造成试样中气孔增多。

试样 EAC 在不同氮气流量氮化后的显气孔率和体积密度分别如图 7 - 66、图 7 - 67 所示。随着氮气流量的增加，试样 EAC 的显气孔率升高，体积密度降低。其主要原因与 EAP 相同。

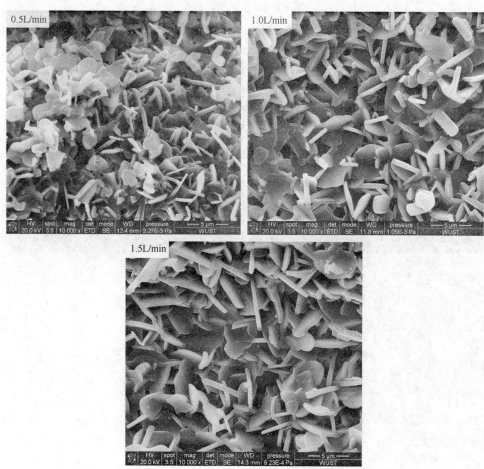

图 7-63 试样 EAC 在不同氮气流量下 1450℃ 保温 4h 后断面的 SEM 照片

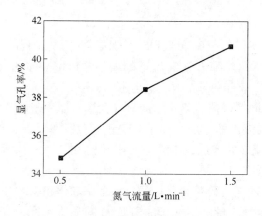

图 7-64 不同氮气流量氮化后试样 EAP 的显气孔率

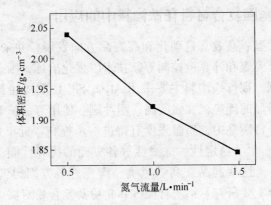

图 7 – 65　不同氮气流量氮化后试样 EAP 的体积密度

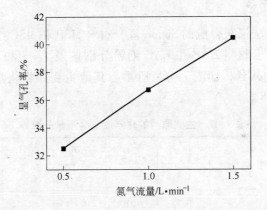

图 7 – 66　不同氮气流量氮化后试样 EAC 的显气孔率

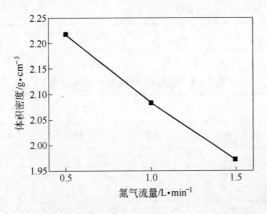

图 7 – 67　不同氮气流量氮化后试样 EAC 的体积密度

7.4　铝灰合成塞隆复合材料在铁沟料中的应用

现代高炉朝大型、高效、自动化和高寿命方向发展，并采用精料、高风温、高压炉顶、富氧、喷煤和计算机控制等新技术以强化冶炼，因此，高炉出铁沟的工作条件日益苛刻。现行铁沟料主要采用 Al_2O_3-SiC-C 质浇注料，该浇注料较传统的捣打料具有明显的优势，如强度高、耐冲刷、使用寿命长等，但仍有一些不尽如人意的地方，特别是中、高温强度有待进一步提高。近年来，人们利用 Sialon 在强度、硬度、化学稳定性、抗渣性等各方面的优异性能，研制出 Sialon 结合刚玉及 SiC 制品，这些制品在高炉风嘴、陶瓷杯等方面得到了很好的使用效果。鉴于此，本节主要研究了铝灰合成 Sialon 粉及复合粉对高炉出铁沟用 Al_2O_3-SiC-C 质浇注料性能的影响。

7.4.1　铁沟料的制备

实验所用熔盐法铝灰合成的 Sialon 复合材料 MSP 和 MSC 细粉，与电弧法铝灰合成的 Sialon 复合材料 EAP 和 EAC 细粉分别按表 7-3 和表 7-6 配料，氮化窑中烧成。其物相分析如图 7-68 所示。其他主要原料化学分析见表 7-7，配料组成见表 7-8。

表 7-7　主要原料的化学成分（质量分数）　　　　　　　　　　（％）

成　分	Al_2O_3	MgO	SiO_2	CaO	TiO_2	Fe_2O_3	SiC	C
棕刚玉	95		1.5		3	0.3		
白刚玉	98.5	0.5	0.3	0.01				
碳化硅						1.2	97	0.3
铝微粉	98.6		0.02			0.03		
硅微粉	0.7	0.6	96	0.5				1.5

表 7-8　试样的配料比（质量分数）　　　　　　　　　　（％）

配　　料	0 号	1 号	3 号	5 号	7 号
棕刚玉 + 碳化硅等配料	93	93	93	93	93
200 目白刚玉	3	3	2	1	0
铝微粉	4	3	2	1	0
Sialon 复合粉[①]	0	1	3	5	7

① Sialon 复合粉分别替换为 MSP、MSC、EAP 和 EAC。

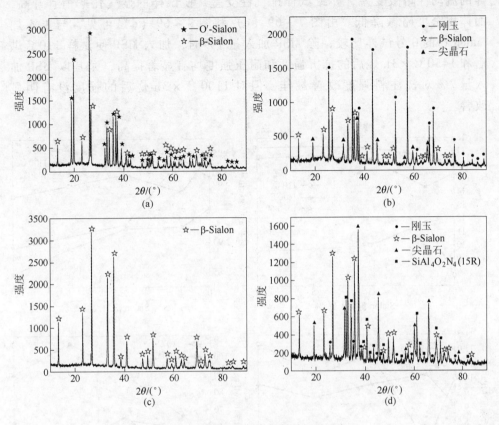

图 7 – 68　Sialon 复合材料的 XRD 图

(a) MSP；(b) MSC；(c) EAP；(d) EAC

按表 7 – 8 进行配料，在搅拌锅中搅拌均匀（大约 2min）后在 125mm ×
25mm×25mm 的模具内振动浇注成型，试样自然干燥 24h 脱模，并 110℃×
24h 烘干处理；烘干后的试样在埋炭气氛下分别于 1100℃×3h、1450℃×3h
下处理。

7.4.2　铁沟料的性能分析

7.4.2.1　塞隆复合材料对铁沟浇注料常温物理性能的影响

Sialon 粉 MSP 不同加入量对铁沟浇注料显气孔率、体积密度、抗折强度
和耐压强度的影响如图 7 – 69 所示。从图 7 – 69（a）和图 7 – 69（b）可见，
与未添加 Sialon 粉的 0 号试样比较，加入 MSP 使试样的显气孔率普遍升高，
体积密度降低，但总体变化不大，只有在 MSP 加入量 1% 时试样 1450℃×3h
烧后显气孔率降低，体积密度升高。其原因可能是随着 Sialon 粉的加入，试

样的流动性略微变差，导致试样排气性变差，使试样的显气孔率稍有升高，而体积密度略微降低。由图 7 – 69（c）和图 7 – 69（d）可见，与未添加 Sialon 粉的 0 号试样比较，除 MSP 加入量 1% 时，加入 MSP 使试样 110℃ 烘后和 1450℃ ×3h 烧后的抗折强度和耐压强度均有显著提高，尤其以 MSP 加入量 7% 对浇注料强度改善最佳，但对 1100℃ ×3h 烧后的强度没有明显改善。

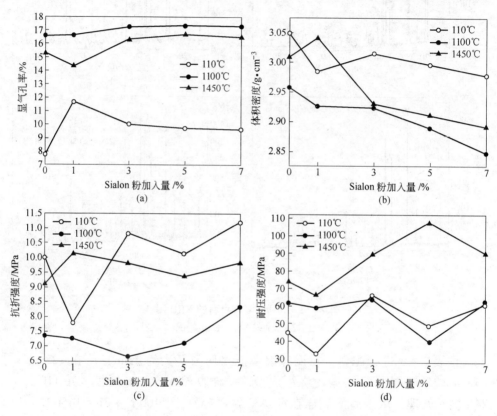

图 7 – 69　MSP 加入量与常温物理性能的关系
（a）显气孔率；（b）体积密度；（c）抗折强度；（d）耐压强度

Sialon 粉 MSC 不同加入量对铁沟浇注料显气孔率、体积密度、抗折强度和耐压强度的影响如图 7 – 70 所示。从图 7 – 70（a）和图 7 – 70（b）可见，与未添加 Sialon 粉的 0 号试样比较，加入 MSC 使试样 1100℃ ×3h 烧后和 1450℃ ×3h 烧后的显气孔率先升高后降低，但总体变化不大，110℃ 烘后的显气孔率显著升高；三个温度处理后试样的体积密度均降低。由图 7 – 70（c）可见，110℃ 烘后和 1450℃ ×3h 烧后试样的抗折强度先升高后降低，在 MSC 加入量 3% 时最高；1100℃ ×3h 烧后的抗折强度则在 MSC 加入量 1% 时最低，7% 时最高。从图 7 –

70（d）可以看出，加入 MSC，试样在三个温度点处理后的耐压强度均升高，其中对 1450℃×3h 烧后的耐压强度的改善最明显，尤其在 MSC 加入量 3% 时耐压强度最高。

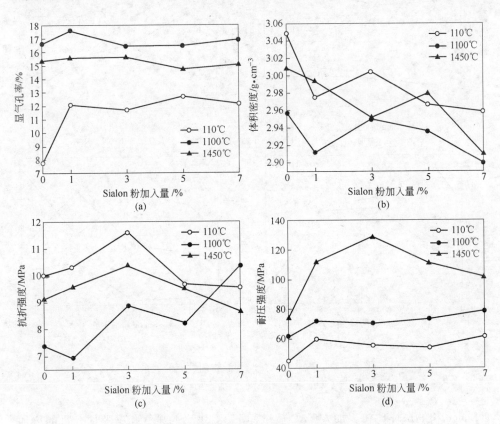

图 7-70　MSC 加入量与常温物理性能的关系

（a）显气孔率；（b）体积密度；（c）抗折强度；（d）耐压强度

Sialon 粉 EAP 不同加入量对铁沟浇注料显气孔率、体积密度、抗折强度和耐压强度的影响如图 7-71 所示。从图 7-71（b）可见，与未添加 Sialon 粉的 0 号试样比较，加入 EAP 后铁沟浇注料的体积密度普遍略有降低。由图 7-71（c）可见，加入 EAP 对试样 1100℃×3h 烧后的抗折强度有所提高，对 110℃ 烘后和 1450℃×3h 烧后的抗折强度的影响不大。从图 7-71（d）可见，加入 EAP 使试样的耐压强度呈升高趋势，尤其是 EAP 加入量 5% 时 110℃ 烘后和 1100℃×3h 烧后的耐压强度显著提高，但此时 1450℃×3h 烧后的耐压强度变化不大。

Sialon 粉 EAC 不同加入量对铁沟浇注料显气孔率、体积密度、抗折强度和耐压强度的影响如图 7-72 所示。从图 7-72（a）和图 7-72（b）可见，与未添

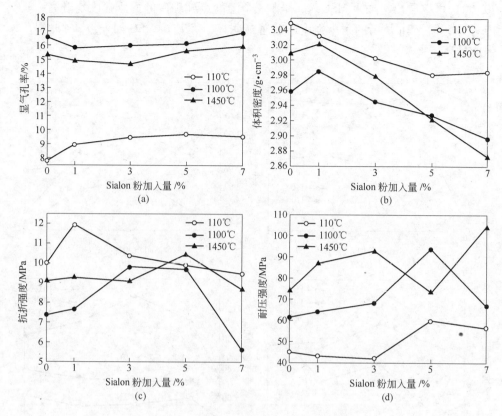

图 7 – 71　EAP 加入量与常温物理性能的关系

（a）显气孔率；（b）体积密度；（c）抗折强度；（d）耐压强度

加 Sialon 粉的试样比较，加入 EAC 后试样 110℃烘后的显气孔率随加入量的增加先升高后降低，并且在加入量 1%、3% 和 5% 时变化不大；1100℃ ×3h 烧后的显气孔率变化不大；1450℃ ×3h 烧后的显气孔率则先降低后升高。浇注料的体积密度则随 EAC 加入量的增加普遍降低。由图 7 – 72（c）可见，加入 EAC 对铁沟浇注料 110℃烘后的抗折强度影响不大；1100℃ ×3h 烧后和 1450℃ ×3h 烧后的抗折强度则随 EAC 加入量的增加先升高后降低，并且均在 EAC 加入量 1% 时抗折强度最大。从图 7 – 72（d）可以看出，与未添加 Sialon 粉的 0 号试样比较，试样 110℃烘后的耐压强度除 EAC 加入量 3% 外均升高；1100℃ ×3h 烧后和 1450℃ ×3h 烧后的耐压强度则均在 EAC 加入量 1% 时最高。

7.4.2.2　塞隆复合材料对铁沟浇注料抗氧化性的影响

铁沟浇注料于空气气氛中 1450℃ ×0.5h 氧化后试样的显气孔率、体积密度、

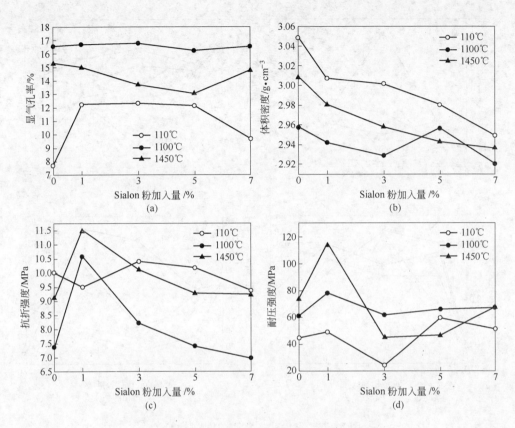

图 7 - 72 EAC 加入量与常温物理性能的关系

（a）显气孔率；（b）体积密度；（c）抗折强度；（d）耐压强度

抗折强度和耐压强度如图 7 - 73 所示。从图 7 - 73（a）可见，与未添加 Sialon 粉的 0 号试样氧化后的显气孔率比较，Sialon 粉 MSP、MSC 和 EAP 的加入均使氧化后铁沟浇注料的显气孔率升高；EAC 加入 1%、3% 和 5% 时的显气孔率降低，加入 7% 时的显气孔率升高，但总体变化不大。由图 7 - 73（b）可知，与未添加 Sialon 粉的 0 号试样氧化后的体积密度比较，加入 MSC 和 EAC 的试样体积密度略有降低，加入 MSP 和 EAP 的试样则显著降低。从图 7 - 73（c）可见，与未添加 Sialon 粉的 0 号试样氧化后的抗折强度比较，加入 Sialon 粉使氧化后铁沟浇注料的抗折强度升高，尤其是在 Sialon 粉加入量 1% 和 3%，以及 EAP 和 MSC 加入量 5% 时氧化后试样的抗折强度较 0 号试样的有显著升高。由图 7 - 73（d）可知，与未添加 Sialon 粉的 0 号试样氧化后的耐压强度比较，除 EAP 加入量 3% 和 5%、MSC 加入量 5% 外，加入 Sialon 粉使氧化后铁沟浇注料的耐压强度降低。

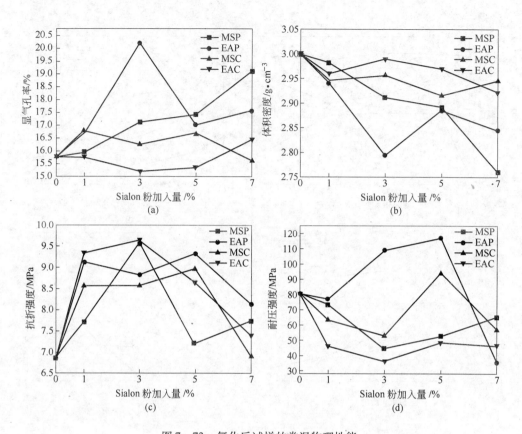

图 7 - 73 氧化后试样的常温物理性能

（a）显气孔率；（b）体积密度；（c）抗折强度；（d）耐压强度

参 考 文 献

[1] 屠海令, 赵国权, 郭青蔚. 有色金属——冶金、材料、再生与环保 [M]. 北京: 化学工业出版社, 2003.

[2] 李红霞. 耐火材料手册 [M]. 北京: 冶金工业出版社, 2007.

[3] 徐平坤. 刚玉耐火材料 [M]. 北京: 冶金工业出版社, 2007.

[4] 李楠, 顾华志, 赵惠忠. 耐火材料学 [M]. 北京: 冶金工业出版社, 2010.

[5] 宋希文. 耐火材料工艺学 [M]. 北京: 化学工业出版社, 2008.

[6] 邢守渭, 等. 中国冶金百科全书: 耐火材料 [M]. 北京: 冶金工业出版社, 1997.

[7] 王克勤. 铝冶炼工艺 [M]. 北京: 化学工业出版社, 2009.

[8] 毕诗文. 氧化铝生产工艺 [M]. 1 版. 北京: 化学工业出版社, 2006.

[9] 邱竹贤. 预焙槽炼铝 [M]. 3 版. 北京: 冶金工业出版社, 2005.

[10] 刘培英. 再生铝生产与应用 [M]. 北京: 化学工业出版社, 2007.

[11] 肖亚庆. 铝加工技术实用手册 [M]. 北京: 冶金工业出版社, 2005.

[12] 段瑞芬. 铝箔生产技术 [M]. 北京: 冶金工业出版社, 2010.

[13] 刘静安, 罗昭敏. 现代铝及铝加工业的发展特点及国内外发展水平对比 [J]. 铝加工, 2009 (3): 38 ~ 45.

[14] 詹磊, 牛庆仁, 贺华, 等. 铝电解废阴极炭块无害化综合利用工业实践 [J]. 轻金属, 2013 (10): 59 ~ 60.

[15] 李楠, 李荣兴, 谢刚, 等. 浮选法分离铝电解废旧阴极中的碳和电解质 [J]. 轻金属, 2013 (5): 23 ~ 24.

[16] 刘志东, 俞小花, 等. 碱浸浮选法处理铝电解废旧阴极的工艺研究 [J]. 轻金属, 2012 (3): 30 ~ 33.

[17] 刘永强. 铝电解生产中炭渣的危害分析与控制 [J]. 世界有色金属, 2013 (12): 30 ~ 31.

[18] 王承遇, 陶瑛. 玻璃材料手册 [M]. 北京: 化学工业出版社, 2007.

[19] 于乔, 姜妍彦, 王承遇. 泡沫玻璃与固体废弃物的循环利用 [J]. 材料导报, 2009, 23 (1): 93 ~ 96.

[20] 徐美君. 世界泡沫玻璃的生产应用及市场 [J]. 全国第五届浮法玻璃及深加工玻璃技术研讨会论文集, 2003.

[21] 吴义军. 泡沫玻璃与微晶泡沫玻璃的研制 [J]. 江苏建材, 2009, 2: 9 ~ 10.

[22] 郭宏伟, 高档妮, 高淑雅. 泡沫微晶玻璃的研究进展 [J]. 国外建材科技, 2008, 29 (2): 51 ~ 55.

[23] 宋秀霞, 梁忠友, 禚明. 以废平板玻璃为原料研制泡沫玻璃 [J]. 山东陶瓷, 2007, 30 (5): 23 ~ 25.

[24] 闵雁, 姚旦, 杨健. 以废玻璃为原料研制泡沫玻璃 [J]. 玻璃, 2002, 29 (2): 39 ~ 40.

[25] 赵秀梅. 利用废旧玻璃生产泡沫玻璃 [J]. 建材技术, 2002, (2): 22 ~ 24.

[26] 阎利, 史抗洪, 刘应宗. 废弃 CRT 玻璃的建材化处理处置与再生利用 [J]. 安阳工学

院学报，2005（6）：4～9.

[27] 田英良，张友良，田晖，等．利用废显像管研制泡沫玻璃［J］．玻璃与搪瓷，2003，31 (4)：44～47.

[28] 郭宏武．高密度泡沫玻璃的研制及应用［J］．玻璃，2009，36（3）：7～9.

[29] 高淑雅，郭宏伟，董晓锋，等．利用废阴极射线管制备泡沫玻璃及其性能研究［J］．新型建筑材料，2007，34（9）：44～46.

[30] 陈建华，徐凤广，崔益和，等．以废玻璃纤维硬丝为原料研制泡沫玻璃［J］．新型建筑材料，2000，12（5）：15～16.

[31] 陈建华，李玉华，李玉寿．用废玻璃纤维硬丝制备泡沫玻璃［J］．建筑材料学报，2000，3（4）：389～392.

[32] 陈建华，李玉华，李玉寿．废玻璃纤维硬丝泡沫玻璃的制备及其发泡机理［J］．盐城工学院学报，2001，14（2）：1～4.

[33] 沈志刚，李策镭，王明珠，等．粉煤灰空心微珠及其应用［M］．北京：国防工业出版社，2008.

[34] 谢建忠．利用粉煤灰制备泡沫玻璃［J］．矿产保护与利用，1999，5（3）：53～54.

[35] 姜晓波．粉煤灰泡沫玻璃的研究［J］．天津职业院校联合学报，2008，10（2）：36～38.

[36] 张勋芳，马晶．粉煤灰泡沫玻璃的研制［J］．有色矿冶，2000，22（增刊）：91～92.

[37] 何峰，熊天兰．粉煤灰泡沫玻璃的研制［J］．国外建材科技，2003，24（5）：3～5.

[38] 方容利，刘敏，周元林．粉煤灰泡沫玻璃发泡剂的研究［J］．粉煤灰综合利用，2003 (3)：29～32.

[39] 马晶，方庆红，吕军华．粉煤灰泡沫玻璃工艺性能的研究［J］．辽宁化工，2005，34 (9)：376～377.

[40] 陈景华．高掺量粉煤灰泡沫玻璃的制备［J］．江苏建材，2003（3）：6～7.

[41] 肖秋国，付勇坚，董振华，等．煤矸石吸声泡沫玻璃的工艺研究［J］．煤炭加工与综合利用，1999（2）：19～21.

[42] 鹿晓斌，叶俊伟，颜峰，等．新型脱镁硼泥泡沫玻璃的制备与性能研究［J］．新型建筑材料，2009，36（6）：45～49.

[43] 王晴，姜晓波，刘磊，等．矿渣微晶泡沫玻璃核化及晶化制度的优化［J］．沈阳建筑大学学报（自然科学版），2005，21（6）：685～688.

[44] 冯宗玉，薛向欣，李勇，等．以油页岩渣为原料制备微晶泡沫玻璃［J］．过程工程学报，2008，8（2）：378～383.

[45] 张召述，李红勋，周新涛．铸造废砂制备泡沫玻璃工艺研究［J］．中国铸造装备与技术，2005，26（1）：23～26.

[46] 王承遇，陶瑛，魏菊兰．珍珠岩泡沫玻璃的制造方法：中国，CN 1012949B［P］.1989.

[47] 任兆磊．黄磷渣轻质建筑材料：中国，CN 101143767A［P］.2008.

[48] 谭厚章，赵鹏，熊小鹤．一种利用液态排渣炉熔渣直接生产泡沫玻璃的方法：中国，CN 101302077A［P］.2008.

[49] 薛向欣，马明龙，杨合，等．一种用含钛高炉渣制备泡沫玻璃的方法：中国，

CN 101306919A［P］.2008.

[50] 李惠文，侯鸿泉，田元江，等．棕刚玉烟尘的物质成分研究［J］.贵州地质，1999，16（1）：57～65.

[51] 池继松，赵平．烟尘回收的资源环境意义［J］.贵州环保科技，2001，7（11）：1～11.

[52] 王春华，徐三魁，孔岩．白刚玉收尘料回收利用的研究［J］.河南化工，2000，6（7）：14～15.

[53] 刘明河，刘云，李秀兰，等．棕刚玉排尘粉涂料的研制与应用［J］.铸造，1990，9（5）：33～34.

[54] 周艳芳．刚玉尘粉的处理与利用［J］.耐火材料，2007，41（4）：319～320.

[55] 徐平坤．刚玉耐火材料［M］.2 版.北京：冶金工业出版社，2007.

[56] 毕诗文．氧化铝生产工艺［M］.1 版.北京：化学工业出版社，2006：32～36.

[57] 景英仁，杨奇，景英勤．赤泥的基本性质及工程特性［J］.山西建筑，2001，27（3）：80～81，108.

[58] 姜平国，王鸿振．从赤泥中回收铁工艺的研究进展［J］.2005（2）：23～26.

[59] 于先进，逯军正，王晓铭，等．赤泥中铁含量的测定及其回收实验［J］.轻金属，2008（5）：13～15.

[60] 廖春发，姜平国，焦芸芬．从赤泥中回收铁的工艺研究［J］.中国矿业，2007，16（2）：93～95.

[61] 张江娟．从赤泥中回收二氧化钛的初步研究［J］.中国资源综合利用，2003（1）：28～30.

[62] 姜平国，王鸿振．从赤泥中浸出钛的研究［J］.中国有色冶金，2008（2）：52～54.

[63] 王晓娟，李小康．乳状液膜法从赤泥浸出液中提取钪［J］.有色金属，2008（2）：25～27.

[64] 谭华．平果铝赤泥用作高速公路路堤填料的性能研究［J］.中外公路，2007，27（1）：177～180.

[65] 李大伟，张立全，刘学峰，等．高含量赤泥烧结砖的研究［J］.新型建筑材料，2009（6）：26～29.

[66] 杨家宽，侯健，齐波，等．铝业赤泥免烧砖中试生产及产业化［J］.环境工程，2006，24（4）：52～55.

[67] 岳云龙，芦令超，常均，等．赤泥－碱矿渣水泥及其制品的研究［J］.硅酸盐通报，2001（1）：46～49.

[68] 云斯宁，冯琼，等．高钙粉煤灰作为添加剂制备赤泥偏高岭土凝胶材料［J］.西安建筑科技大学学报（自然科学版），2008，40（6）：745～750.

[69] 卜天梅，李文化，杨金妮，等．利用烧结法赤泥生产水泥的研究［J］.水泥技术，2005（2）：67～68.

[70] 赵宏伟，李金洪，刘辉．赤泥制备硫铝酸盐水泥熟料的物相组成及水化性能［J］.有色金属，2006，58（4）：119～123.

[71] 任根宽．用改性赤泥为原料制备水泥［J］.化工环保，2008，28（6）：526～530.

[72] 任冬梅, 毛亚南. 赤泥的综合利用 [J]. 有色金属工业, 2002 (5): 57~58.

[73] 于健, 贾元平, 朱守河. 利用铝工业废渣赤泥生产水泥 [J]. 水泥工程, 1999 (6): 34~36.

[74] 吴建峰, 冷光辉, 等. 熔融法制备赤泥质微晶玻璃的研究 [J]. 武汉理工大学学报, 2009, 31 (6): 5~8.

[75] 吴建峰, 徐晓红, 等. 烧结法制备赤泥质微晶玻璃及其结构分析 [J]. 武汉理工大学学报, 2009, 31 (11): 8~12.

[76] 杨会智, 孙洪巍, 等. 烧结法制备赤泥微晶玻璃的研究 [J]. 轻金属, 2007 (4): 22~24.

[77] 汪文凌, 蒋述兴. 利用赤泥制备琉璃瓦的研究 [J]. 江苏陶瓷, 2006, 39 (6): 35~36.

[78] 贺深阳, 蒋述兴. 利用赤泥一次烧成琉璃瓦的研究 [J]. 中国陶瓷工业, 2007, 14 (6): 11~13.

[79] 吴建峰, 徐晓红, 等. 2种赤泥制备多孔陶瓷滤球的研究 [J]. 武汉理工大学学报, 2009, 31 (4): 45~48.

[80] 王萍, 李国昌, 等. 赤泥等工业固体废弃物制备陶粒的研究 [J]. 中国矿业, 2003, 12 (12): 74~77.

[81] 尹国勋, 刑明飞, 等. 利用赤泥等工业废弃物制备陶粒 [J]. 河南理工大学学报 (自然科学版), 2008, 27 (4): 491~496.

[82] 赵改菊, 路春美, 等. 赤泥的固硫特性及机理研究 [J]. 燃料化学学报, 2008, 36 (3): 365~370.

[83] 陈云嫩, 聂锦霞. 赤泥附液吸收烟气中的二氧化硫 [J]. 有色金属, 2007, 59 (4): 153~155.

[84] 周继红, 连延军, 等. 邯钢赤泥用于脱除硫化氢的研究 [J]. 河北建筑科技学院学报, 2006, 23 (3): 28~36.

[85] 刘丽平. 以赤泥为原料制备脱硫剂的方法 [J]. 燃气技术, 2006, 377: 17~20.

[86] 文小年, 王林江, 等. 赤泥对水体中铅离子的吸附 [J]. 桂林工学院学报, 2005, 25 (2): 245~247.

[87] 余建萍. 赤泥在水处理技术中的应用 [J]. 中国资源综合利用, 2009, 27 (8): 25~26.

[88] 于华通, 陈明, 等. 用赤泥去除酸性矿井水中重金属污染物的初步研究 [J]. 岩矿测试, 2006, 25 (1): 45~48.

[89] 钟华萍, 李坊平. 从热铝灰中回收铝 [J]. 铝加工, 2001, 24 (1): 54~55.

[90] 刘贤能, 刘爱德, 王祝堂. 铝炉渣处理技术的进展 [J]. 轻合金加工技术, 1998, 26 (2): 1~4.

[91] 杨昇, 吴竹成, 杨冠群. 铝废渣废灰的治理 [J]. 有色金属的再生与利用, 2006 (10): 22~24.

[92] 刘大强, 等. 铝灰生产棕刚玉的工艺 [J]. 哈尔滨理工大学学报, 1996, 1 (2): 48~50.

[93] 李远兵, 李亚伟, 李楠, 等. 一种电熔复合耐火材料及其生产方法: 中国, 200610018950.2 [P]. 2006.

[94] 李远兵, 孙莉, 常娜, 等. 一种 Sialon 复合陶瓷材料及其制备方法: 中国, 200710052469.X [P]. 2007.

[95] 李远兵, 孙莉, 金胜利, 等. 一种镁铝尖晶石/Sialon 复合陶瓷材料及其制备方法: 中国, 200710052467.0 [P]. 2007.

[96] 马昌前. 硅酸盐熔体的黏度、密度及其计算方法 [J]. 地质科技情报, 1987, 6 (2): 142~150.

[97] 黄希祜. 钢铁冶金原理 [M]. 北京: 冶金工业出版社, 2004.

[98] 全国水泥标准化技术委员会 GB 201—2000, 铝酸盐标准 [S]. 北京: 中国标准出版社, 2000: 35~39.

[99] 杨冠群, 吴竹成, 杨升, 等. 铝废渣、废灰综合利用处理工艺: 中国, 200610048565.2 [P]. 2006.

[100] 孙伯勤. 铝渣处理与回收技术 [J]. 再生资源研究, 1997 (4): 19~22.

[101] 刘贤能, 刘爱德, 王祝堂. 铝炉渣处理技术的进展 [J]. 轻合金加工技术, 1998, 26 (2): 1~4.

[102] 蔡艳秀. 铝灰的回收利用现状及发展趋势 [J]. 资源再生, 2007 (10): 27~29.

[103] 刘海涛. 铝灰综合利用技术现状 [J]. 云南冶金, 2003, 32 (2): 40~42.

[104] 龚盛昭, 韦有燧. 利用废铝渣生产水处理剂——硫酸铝的研究 [J]. 中国资源综合利用, 2000, 10: 3~4.

[105] 康文通, 李小云, 李建军, 等. 以铝灰为原料生产硫酸铝新工艺 [J]. 四川化工与腐蚀控制, 2000, 3 (5): 17~19.

[106] 蒋志建. 利用铝灰、铝屑、含铝废料生产碱式氯化铝 [J]. 湿法冶金, 1994 (2): 17~33.

[107] 李小忠, 许晓路, 申秀英, 等. 以炼铝灰渣为原料制备絮凝剂及其应用 [J]. 环境科学与技术, 2004, 27: 100~101.

[108] 于军. 铝灰制取聚合氯化铝工艺探讨 [J]. 青海师专学报 (自然科学版), 2000, 3: 79~80.

[109] 鲁秀国, 翟建, 焦玲, 等. 铝灰一步酸溶法制备聚合氯化铝的试验研究 [J]. 供水技术, 2007, 1 (4): 17~19.

[110] 袁向红, 等. 炼铝废渣的综合利用试验 [J]. 环境污染与防治, 2000, 22 (1): 37~39.

[111] 徐子芳, 宋文国, 徐国财. 利用铝渣生产复合水泥的成功实践 [J]. 中国水泥, 2004, 12: 81~82.

[112] 熊炎柏. 铝渣能改善水泥的安定性并提高其强度 [J]. 四川水泥, 1997, 1: 36~37.

[113] 熊炎柏. 铝渣在改善水泥的安定性方面的作用 [J]. 山西建材, 1997, 1: 23~25.

[114] 徐晓虹, 熊碧玲, 吴建锋, 等. 废铝灰制备陶瓷清水砖的研究 [J]. 武汉理工大学学报, 2006, 28 (5): 14~17.

[115] 龚建森, 舒青松, 等. 铝灰复合脱硫剂的研究 [J]. 湖南大学学报, 1994, 21 (1):

98～102.

［116］龚建森，舒青松，等．铝灰复合脱硫剂的应用研究［J］．湖南大学学报，1994，21
（3）：106～111.

［117］周世祥，许诚信，等．铝渣灰脱硫剂对提高 LF 炉脱硫效果的影响［J］．北京科技大学
学报，1997，19（4）：339～342.

［118］陈祖熊．Sialon 的结构、性质与应用［J］．材料导报，2002，7（1）：29～32.

［119］蔡英骧，刘敬肖．Sialon 陶瓷的研究进展［J］．大连轻工业学院学报，1999，18（3）：
187～193.

［120］都兴红，张广荣．Sialon 陶瓷的结构［J］．中国陶瓷，1997，33（2）：34～37.

［121］杨建，薛向欣．Sialon 基陶瓷的结构特征及物理和化学性质［J］．陶瓷工程，1999，33
（5）：1～7.

［122］窦叔菊．赛隆陶瓷［J］．国外耐火材料，1995，20（8）：2～7.

［123］李亚伟，李楠，王斌耀，等．β-赛隆（Sialon）/刚玉复合耐火材料研究［J］．无机材
料学报，2000，15（4）：612～618.

［124］陈祖熊．Sialon 的结构、性质和应用［J］．材料导报，1993，7（1）：29～32.

［125］都兴红，张广荣，隋智通．Sialon 陶瓷的性质［J］．中国陶瓷，1998，34（2）：
42～45.

［126］谢明．原位合成 TiN/O′-Sialon 复相材料的制备工艺、结构和性能研究［D］．沈阳：东
北大学，2000.

［127］方正国，刘解华．Si-Al-O-N 系耐火材料［J］．耐火材料，1983，5：57～67.

［128］王佩玲，张炯，贾迎新，等．AlN——多型体陶瓷的研究［J］．无机材料学报，2004，
15（4）：756～760.

［129］王林江，吴大清．β-SiMon 的合成进展［J］．硅酸盐通报，2004，23（3）：64～67.

［130］张宝林，罗新宇，庄汉锐．俄罗斯自蔓延燃烧合成技术考察情况报告［J］．硅酸盐通
报，1997，16（6）：68～72.

［131］王体壮，等．碳热还原氮化法制备 SiAlON 陶瓷材料［J］．佛山陶瓷，2004，8：
33～36.

［132］曹林洪，蒋明学．氮化反应合成 β-Sialon 材料的工艺研究［J］．耐火材料，2002，36
（3）：333～335.

［133］侯新梅，钟香崇．高铝矾土硅粉氮化合成 Sialon 的过程研究［J］．耐火材料，2005，
39（5）：333～336.

［134］曹瑛，李卫东，李金洪．硅热还原氮化法粉煤灰制备 Sialon 粉体的研究［J］．矿物岩
石地球化学通报，2006，25（4）：357～361.

［135］铃木弘茂．工程陶瓷［M］．北京：科学出版社，1989.

［136］坂野久夫．最新精密陶瓷［M］．上海：同济大学出版社，1990.

［137］李庭寿．中国钢铁工业用耐火材料的技术发展［J］．耐火材料，2000，34（1）：
7～12.

［138］陈厚章．高炉陶瓷杯复合炉衬的应用［J］．炼铁，2003，22（5）：9～13.

［139］尹洪丽，禄向阳，张晖．浇注成型 Sialon 结合刚玉质透气砖的研制［C］．第九届全国

耐火材料青年学术报告会论文集，郑州，2004：83~87.

[140] 李庭寿，宋阳介，王泽田. 炼铁用耐火材料新进展［M］. 北京：冶金工业出版社，1994.

[141] 梁英教，车荫昌. 无机物热力学数据手册［M］. 沈阳：东北大学出版社，1993.

[142] 甄强，王福明，李文超. 赛隆体系热力学性质评估与预报［J］. 稀有金属，1999，23 (40)：254~257.

[143] 陈肇友. 化学热力学与耐火材料［M］. 北京：冶金工业出版社，2005.

[144] 陈前林，何显平，高珊珊，等. β-Sialon/刚玉复相粉体材料的制备［J］. 现代机械，2004 (3)：73~74，77.

[145] 姜涛，杨建，薛向欣. 碳热还原氮化法制备 β-Sialon 的影响因素［J］. 材料导报，2004，18 (3)：21~23，31.

[146] 洪彦若，孙加林，等. 非氧化物复合耐火材料［M］. 北京：冶金工业出版社，2003.

[147] Alejandro Saburit Llaudis, et al. Foaming of flat glass cullet using Si_3N_4 and MnO_2 powders ［J］. Ceramics International, 2000, 35 (5)：1953~1959.

[148] H. R. Fernandes, D. U. Tulyaganov, J. M. F. Ferreira. Preparation and characterization of foams from sheet glass and fly ash using carbonates as foaming agents ［J］. Ceramics International, 2009, 35 (1)：229~235.

[149] E. Bernardo, R. Cedro, M. Florean, et al. Reutilization and stabilization of wastes by the production of glass foams ［J］. Ceramics International, 2007, 33 (6)：963~968.

[150] Francois Mear, Pascal Yot, Martine Cambon, et al. Characterisation of porous glasses prepared from Cathode Ray Tube (CRT) ［J］. Powder Technology, 2006, 162 (1)：59~63.

[151] Enrico Bernardo, Francesca Albertini. Glass foams from dismantled cathode ray tubes ［J］. Ceramics International, 2006, 32 (6)：603~608.

[152] Chen Mengjun, Zhang Fushen, Zhu Jianxin. Lead recovery and the feasibility of foam glass production from funnel glass of dismantled cathode ray tube through pyrovacuum process ［J］. Journal of Hazardous Materials, 2009, 161 (2~3)：1109~1113.

[153] I. I. Kitaigorodsklii, T. L. Shirkevich. Certain Properties of Nonalkaline Foam Glass ［J］. Glass and Ceramic, 1959, 16 (10)：533~534.

[154] D. R. Dwvilliers, Mares, R. O. Heckroodt. Alkali-resistant porous glass produced from a Na_2O-B_2O_3-Y_2O_3-ZrO_2 glass ［J］. Journal of Material Science Letters, 1986, 3 (5)：277~278.

[155] T. Yazawa, H. Tanaka, K. Eguchi, et al. Novel porous glass with chemical resistance and good shaping ability prepared from borosilicate glass containing ZnO ［J］. Journal of Materials Science Letters, 1993, 12 (5)：263~264.

[156] Vladimir I. Vereshagin, Svetlana N. Sokolova. Granulated foam glass-ceramic material from zeolitic rocks ［J］. Constructing and Building Material, 2008, 22 (5)：999~1003.

[157] Wanchao Liu, Jiakuan Yang, Bo Xiao. Application of Bayer red mud for iron recovery and building material production from alumosilicate residues ［J］. Journal of Harzardous Materials, 2009 (161)：474~478.

[158] S. Agatzini-Leonardou, P. Oustadakis, P. E. Tsakiridis, et al. Titanum leaching from red mud

by diluted sulfuric acid at atmospheric pressure [J]. Journal of Harzardous Materials, 2008 (157): 579~586.

[159] Pankaj Kasliwal, P. S. T. Sai. Enrichment of titanium dioxide in red mud: a kinetic study [J]. Hydrometallurgy, 1999 (53): 73~87.

[160] Enes Sayan, Mahmut Bayramoglu. Statistical modeling of sulfuric acid leaching of TiO$_2$ from red mud [J]. Hydromrtallurgy, 2000 (57): 181~186.

[161] Asokan Papuu, Monhini Saxena, Shyam R. Asolekar. Solid wastes generation in India and their recycling potential in building materials [J]. Building and Environment, 2007 (42): 2311~2320.

[162] Ekrem Kalkan. Utilization of red mud as a stabilization material for the preparation of clay liners [J]. Engineering Geology, 2006 (87): 220~229.

[163] P. E. Tsakiridis, S. Agatzini-Leonardou, et al. Red mud addition in the raw meal for the production of Portland cement clinker [J]. Journal of Harzardous Materials, 2004 (B116): 103~110.

[164] Vincenzo M. Sglavo, Stefano Maurina, et al. Bauxite "red mud" in the ceramic industry. Part 2: productionofclay-based ceramics [J]. Journal of the European Ceramic Society, 2000 (20): 245~252.

[165] Yang Jiakuan, Zhang Dudu, et al. Preparation of glass-ceramics from red mud in the aluminium industries [J]. Ceramics International, 2008 (34): 125~130.

[166] Fei Peng, Kaiming Liang, et al. Nano-crystal glass-ceramics obtained by crystallization of vitrified red mud [J]. Chemosphere, 2005 (59): 889~903.

[167] Nevin Yalcin, et al. Utilization of bauxite waste in ceramic glazes [J]. Ceramics International, 2000 (26): 485~493.

[168] H. Soner Altundogan, et al. Arsenic adsorption from aqueous solutions by activated red mud [J]. Waste Management, 2002 (22): 357~363.

[169] U. Danis. Chremate removal from water using red mud and crossflow microfiltration [J]. Desalination, 2005 (181): 135~143.

[170] B. Koumanova, M. Drame, et al. Phosphate removal from aqueous solutions using red mud wasted in bauxite Bayer's process [J]. Resources Conservation and Recycling, 1997 (19): 11~20.

[171] Li Yanzhong, Liu Changjun, et al. Phosphate removal from aqueous solutions using raw and activated red mud and fly ash [J]. Journal of Harzardous Materials, 2006 (b137): 374~383.

[172] Yunus Cengeloglu, et al. Removal of fluoride from aqueous solution by using red mud [J]. Separation and Purification Technology, 2002 (28): 81~86.

[173] Yunus Cengeloglu, et al. Removal of nitrate from aqueous solution by using red mud [J]. Separation and Purification Technology, 2006 (51): 374~378.

[174] Zhao Ying, Wang Jun, et al. Removal of phosphate from aqueous solution by red mud using a fractorial design [J]. Journal of Harzardous Materials, 2009, 1193 (165): 1~3.

[175] O. Manfredi, W. Wuth, I. Bohlinger. Characterizing the physical and chemical properties of a-luminum dross [J]. JOM Journal of the Minerals, Metals and Materials Society, 1997, 49 (11): 48~51.

[176] S. S. Amritphale. A novel process for making radiopaque materials using bauxite-red mud [J]. Journal of the European Ceramic Society, 2007 (27): 1945~1951.

[177] M. C. Shinzato, R. Hypolito. Solid waste from aluminum recycling process: characterization and reuse of its economically valuable constituents [J]. Waste Management, 2005, 25 (1): 37~46.

[178] T. Gens. Recovery of aluminum from dross using the plasma torch: US, 5, 135, 565 [P], 1992.

[179] R. S. Y. Narayanan. Chemical Interactions of Dross with Water and Water Vapor in Aluminum Scrap Remelting [J]. Mater. Trans. , 1997, 38 (1): 85~88.

[180] B. R. Das, B. Dash, B. C. Tripathy, et al. Production of η-alumina from waste aluminum dross [J]. Minerals Engineering, 2007, 20 (3): 252~258.

[181] O. Manfredi, W. Wuth, I. Bohlinger. Characterizing the physical and chemical properties of a-luminum dross [J]. Journal of the Minerals, Metals and Materials Society, 1997, 49 (11): 48~51.

[182] M. C. Shinzato, R. Hypolito. Solid waste from aluminum recycling process: characterization and reuse of its economically valuable constituents [J]. Waste Management, 2005, 25 (1): 37~46.

[183] T. Gens. Recovery of aluminum from dross using the plasma torch: US, 5, 135, 565 [P] . 1992.

[184] J. A. S. Teno'rio, D. C. R. Espinosa. Aluminum recycling, in: G. E. Totten, D. S. Mackenzie (Eds.), Handbook of Aluminum: Production and Materials Manufacturing, vol. 2 [M]. New York: Marcel Dekker, 2003: 115~153.

[185] R. S. Y. Narayanan. Chemical Interactions of Dross with Water and Water Vapor in Aluminum Scrap Remelting [J]. Mater. Trans. , 1997, 38 (1): 85~88.

[186] Necip Ünlü, Michel G. Drouet. Comparison of salt-free aluminum dross treatment processes [J]. Resources, Conservation and Recycling, 2002, 36 (1): 61~72.

[187] K. Sreenivasarao, F. Patsiogiannis, J. N. Hryn, et al. Concentration and precipitation of NaCl and KCl from salt cake leach solutions by electrodialysis. Publication of TMS [J]. Minerals, Metals & Materials Society, 1997, 1153~1158.

[188] Jr. Stwart, et al. Process for the removal of salts from aluminum dross: US, 5227143 [P] . 1993.

[189] J. W. Pickens, Morris, et al. Process for preparing calcium aluminate from aluminum dross: US, 6238633 [P] . 2001.

[190] B. R. Das, B. Dash, B. C. Tripathy, et al. Production of η-alumina from waste aluminum dross [J]. Minerals Engineering, 2007, 20 (3): 252~258.

[191] B. Dash, et al. Acid dissolution of alumina from waste aluminum dross [J]. Hydrometallurgy,

2008, 92 (1~2): 48~53.

[192] Takeshi Hashishin, Yasuhiro Kodera, Takeshi Yamamoto, et al. Synthesis of (Mg,Si) Al$_2$O$_4$ Spinel from Aluminum Dross [J]. Journal of American Ceramic Society, 2004, 87 (3): 496~499.

[193] H. N. Yoshimura, et al. Evaluation of aluminum dross waste as raw material for refractories [J]. Ceramics International, 2008, 34 (3): 581~591.

[194] K. H. Jack. Review Sialons and related nitrogen ceramics [J]. Journal of Material Science, 1976, 11 (6): 1135~1158.

[195] K. H. Jack. Sialon ceramics: retrospect and prospect [J]. Mater. Res. Soc. Symp. Proc., 1993, 287: 15~27.

[196] L. Dumitrescu, B. Sundman. A thermodynamic reassessment of the Si-Al-O-N system [J]. J. Eur. Ceram. Soc., 1995, 15 (3): 239~247.

[197] P. Tessier, H. D. Alamdari, R. Dubuc, et al. Nanocrystalline β-sialon by reactive sintering of a SiO$_2$ – AlN mixture subjected to high-energy ball milling [J]. Journal of Alloys and Compounds, 2005, 391 (1~2, 5): 225~227.

[198] N. Pradeilles, et al. Synthesis of β-SiAlON: A combined method using sol-gel and SHS processes [J]. Ceram. Int., 2008, 34 (5): 1189~1194.

[199] T. Ekstrom, M. Nygren. Sialon Ceramics [J]. J. Am. Ceram. Soc., 1992, 75 (2): 259~276.

[200] L. J. Gaukler, H. L. Lukas, G. Petzow. Contribution to The Phase Diagram Si$_3$N$_4$-AlN-Al$_2$O$_3$-SiO$_2$ [J]. J. Am. Ceram. Soc., 1995, 58 (8): 246~247.

[201] Wang Jun, Li Nan, Shi Caicheng. β-Sialon produced by carbon thermal nitriding reaction of bauxite [J]. J. Univ. Sci. Technol., 2000, 7 (3): 209~213.

[202] C. Santos, K. Strecker, M. J. R. Barboza, et al. Compressive creep behavior of hot-pressed Si$_3$N$_4$ ceramics using alumina and a rare earth solid solution as additives [J]. International Journal of Refractory Metals and Hard Materials, 2005, 23 (3): 183~192.

[203] F. Peillon Cluzel, F. Thevenot, T. Epicier. Study of the secondary phase in gas pressure sintered Si$_3$N$_4$ (relation composition-toughness) [J]. International Journal of Refractory Metals and Hard Materials, 2001, 19 (4~6): 419~424.

[204] J. Aucote, S. R. Foster. Performance of Sialon Cuting Tools When Machining Nickel-base Aerospace Alloys [J]. Mater. Sci. Tech., 2006, 2 (2): 700~708.

[205] D. P. Thompson. The Crystal Chemistry of Nitrogen Ceramics [J]. Mater. Sci., 2003, 47: 21~42.

[206] J. Persson. Oxidation studies of β' – Sialon [C], Riso symposium on Metallurgy and Material science, Riso National Laboratory Roskilde, Denmark, 1990, 25 (12): 451~457.

[207] M. Hillert, S. Jonsson. Thermodynamic calculation of the Si-Al-O-N System [J]. Z. Metallkd, 1992, 83 (10): 720~728.

[208] L. M. Sopicka, R. A. Terpstra, R. Metselaar. Carbon thermal production of β'-Sialon from alumina, silica and carbon mixture [J]. J. Mater. Sci., 1995, 28 (30): 6363~6369.

[209] C. M. Sheppard, K. J. D. Mackenzie, M. J. Ryan. The physical properties of sintered x-phase Sialon prepared by silicon thermal reaction bonding [J] . J. Eur. Ceram. Soc. , 1998, 46 (18): 185～191.

[210] K. H. Jack. The Significance and Structure and Phase Equilibria in the Development of Silicon Nitride and Sialon Ceramics [J] . Sci. Ceram. , 2003, 11: 125～142.

[211] H. X. Li, W. Y. Sun, D. S. Yan. Mechanical Properties of Hot-pressed 12H Ceramics [J]. J. Eur. Ceram. Sco. , 2005, 15 (7): 697～701.

[212] Feng Jinli, Toru Wakihara, Junichi Tatami, et al. Synthesis of β-SiAlON powder by carbothermal reduction-nitridation of zeolites with different compositions [J] . Journal of the European Ceramic Society, 2007, 27 (6): 2535～2540.

[213] C. M. Sheppard, K. J. D. MacKenzie, G. C. Barris, et al. A New Silicothermal Route to the Formation of X-Phase Sialon: The Reaction Sequence in the Presence and Absence of Y_2O_3 [J] . Journal of the European Ceramic Society, 1997, 17 (5): 667～673.

[214] C. M. Sheppard, K. J. D. MacKenzie. Silicothermal Synthesis and Densification of X-sialon in the Presence of Metal Oxide Additives [J] . Journal of the European Ceramic Society, 1999, 15 (5): 535～541.

冶金工业出版社部分图书推荐

书　名	作　者	定价(元)
负载氧化铜氧化铈烟气脱硫	郁青春	32.00
铜电解精炼工（铜电解工、硫酸盐工）	程永红	36.00
金银冶金（第2版）	孙　戡	49.00
现代铝电解（精装）	刘业翔	148.00
铝电解用炭素材料技术与工艺	郎光辉	68.00
闪速炼铜过程研究	宋修明	130.00
中国铂业	汪贻水	120.00
金银提取技术（第3版）	黄丽煌	75.00
铝电解和铝合金铸造生产与安全	杜科选	55.00
稀土提取技术	黄丽煌	45.00
冶金安全防护与规程	刘淑萍	39.00
铅锌冶炼生产技术手册	王吉坤	280.00
电解铝液铸轧生产板带箔材	肖立隆	45.00
湿法提锌工艺与技术	杨大锦	26.00
电解法生产铝合金	杨　昇	26.00
铝合金熔炼与铸造技术	唐　剑	32.00
铝合金材料主要缺陷与质量控制技术	刘静安	42.00
冶金工业节能减排技术	张　琦	69.00
FORGE塑性成型有限元模拟教程	黄东男	32.00
人类共同的选择绿色低碳发展	孟赤兵	80.00